110가지 키워드로 알아보는
세상에서 가장 쉬운
목조주택

110가지 키워드로 알아보는
세상에서 가장 쉬운
목조주택

세키야 신이치 지음 | **박재영** 옮김

110가지 키워드로 알아보는
세상에서 가장 쉬운 목조주택

발행일 2016년 8월 1일 초판 1쇄 발행
　　　　 2022년 6월 10일 초판 3쇄 발행
지은이 세키야 신이치
옮긴이 박재영
발행인 강학경
발행처 시그마북스
마케팅 정제용
에디터 최연정, 최윤정
표지 디자인 김문배, 강경희
내지 디자인 엠디엠
교정·교열 신영선

등록번호 제10-965호
주소 서울특별시 영등포구 양평로 22길 21 선유도코오롱디지털타워 A402호
전자우편 sigmabooks@spress.co.kr
홈페이지 http://www.sigmabooks.co.kr
전화 (02) 2062-5288~9
팩시밀리 (02) 323-4197
ISBN 978-89-8445-798-0(13540)

SEKAI DE ICHIBAN YASASHII MOKUZOU JYUUTAKU ZOUHO KAITEI COLOR BAN
©SHINICHI SEKIYA 2013
Originally published in Japan in 2013 by X-Knowledge Co., Ltd.
Korean translation rights arranged through EntersKorea Co., Ltd. SEOUL

이 책의 한국어판 저작권은 ㈜엔터스코리아를 통해 저작권자와 독점 계약한 시그마북스에 있습니다.
저작권법에 의하여 한국 내에서 보호를 받는 저작물이므로 무단전재와 무단복제를 금합니다.

파본은 구매하신 서점에서 교환해드립니다.

* 시그마북스는 ㈜시그마프레스의 단행본 브랜드입니다.

차례

제1장 플랜과 조사

001 목조주택의 특징 10
002 플래닝 12
003 조닝과 동선 14
004 일조량과 통풍 16
005 부지 환경 파악 18
006 지반 확인 20
007 인프라 정비 22
008 배수 상황 24
009 필요한 수속 26
010 목조주택의 보증 28
011 목조주택 공사비용 30
012 저비용의 핵심 32
013 스케줄 34

[칼럼] 300년을 유지하는 건축 기술 36

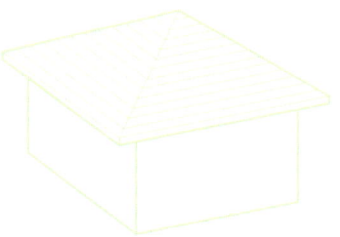

제2장 지반과 기초

014 위험한 지반 38
015 부동침하 40
016 지반 조사법 42
017 지반 조사보고서 보는 법 44
018 지반 보강법 46
019 기초의 종류 48
020 기초 보강과 바닥 하부 환기 50

[칼럼] 목조주택의 면진·제진·감진 52

제3장 골조

021 목재의 성질 54

022 목재의 규격 및 등급 56

023 원목재와 집성재 58

024 수가공과 프리컷 60

025 축조공법 62

026 틀벽공법 64

027 통나무 골조공법 66

028 목조 3층 주택 68

029 가구 설계의 흐름 70

030 구조평면도 72

031 지진에 강한 가구 설계 74

032 토대 76

033 기둥 78

034 들보 설계 80

035 벽량 계산 82

036 내력벽의 역할 84

037 내력벽의 배치 86

038 바닥틀 구조 88

039 강체바닥 90

040 이음 및 맞춤 92

041 접합 철물의 종류 94

042 N값 계산 96

043 지붕틀 구조 98

[칼럼] 단순한 구조의 저비용 주택 100

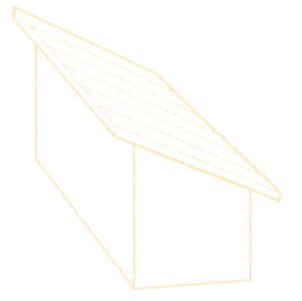

제4장 지붕과 외벽

044 외장 계획 102

045 방화 규정 104

046 지붕 모양 106

047 지붕재 108

048 지붕 모양과 방수 110

049 처마 끝의 마무리 112

050 홈통 114

051 외벽 바탕과 통기공법 116

052 사이딩 시공한 외벽 118

053 나무판을 붙이는 외벽 120

054 금속 시공한 외벽 122

055 미장·타일 시공한 외벽 124

056 발코니 126

057 개구부의 종류 128

058 새시의 종류 130

059 개구부 방수 대책 132

060 천창 134

061 단열 구조 136

062 고기밀·고단열 138

063 단열 방식 140

064 충전단열 142

065 외단열 144

066 지붕 단열과 배열 146

[칼럼] 저탄소 건축물 인정 제도로 친환경적인 집 148

제5장 내장과 마감

067 내장 설계의 핵심 150
068 벽 바탕 152
069 벽지 및 판재를 붙인 벽 154
070 미장·도장 마감한 벽 156
071 천장의 모양 158
072 천장 바탕 160
073 천장 마감 162
074 바닥 바탕 164
075 바닥 마감 166
076 내부 창호의 문 168
077 내부 창호의 마무리 170
078 내장 제한 172
079 방음 및 차음 174
080 다다미방의 기본 176
081 다다미, 도코노마 178
082 반자틀 천장, 툇마루, 내부 마감 180
083 장지문, 맹장지문 182
084 현관 184
085 욕실, 화장실 186
086 주방 188
087 계단 190
088 수납 192
089 붙박이 가구 194

[칼럼] 누구나 쉽게 하는 자연소재 마감 196

제6장 주택의 설비

090 목조주택의 설비 계획 198
091 전기설비, 배선 계획 200
092 전력 계약 202
093 배수 계획 204
094 급수 계획 206
095 냉난방 공조 계획 208
096 환기 210
097 급탕 212
098 욕실 설비 214
099 화장실 설비 216
100 주방 설비 218
101 조명 220
102 LAN과 약전 222
103 홈시어터 224
104 친환경 설비 226

[칼럼] 화목난로, 펠릿난로 228

제7장 주택의 외관

105 외관 230
106 포치, 카포트 232
107 정원 234
108 조경 식재 236
109 덱 238
110 방범 240

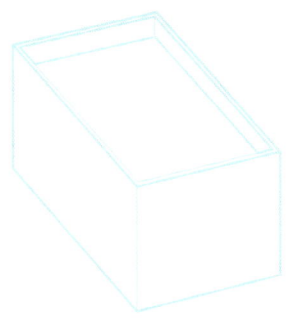

일본 도시 지역의 주택 상황을 살펴보면 목조주택의 건물 수와 주택지에서 차지하는 비율이 압도적으로 높다. 목조주택이 좋다는 점에 대해서는 많은 사람이 공감할 것이다. 현재는 새로운 건축 자재를 이용해 좀 더 쉽게 공사를 할 수 있어서 비용이 절감되고 공사기간도 단축되고 있지만 한편으로는 고도의 목조 기술을 갖춘 장인이 줄어들고 있는 실정이다.

제1장
플랜과 조사

001 목조주택의 특징

일본 도시 지역의 주택 상황을 살펴보면 목조주택의 건물 수와 주택지에서 차지하는 비율이 압도적으로 높다.

목조주택이 좋다는 점에 대해서는 많은 사람이 공감할 것이다. 현재는 새로운 건축자재를 이용해 좀 더 쉽게 공사를 할 수 있어서 비용이 절감되고 공사기간도 단축되고 있지만 한편으로는 고도의 목조 기술을 갖춘 장인이 줄어들고 있는 실정이다.

목조주택의 수명

오래된 민가 중에는 300년 넘게 사용된 집도 드물지 않다. 서양의 주택은 대체로 100년 이상 사용되고 있다. 그런데 일본의 경우 전쟁 후에 지은 목조주택은 30년 정도가 지나면 재건축 대상이 되어왔다. 전후에 지은 주택은 넓이와 질적인 면에서 현대생활에 맞지 않는 부분이 있기 때문이다. 앞으로는 좀 더 오래가는 주택을 지어야 한다. 일본 국토교통성은 현재 장기우량주택을 제안하며 보조금을 비롯해 여러 방법을 시도하고 있다. 주택의 수명을 늘리면 대량으로 배출되는 건축 폐자재를 줄일 수 있다. 뿐만 아니라 목조주택의 수명이 나무가 성장하는 시간과 동등하거나 그 이상 오래간다면 재생 가능한 방법으로 집을 생산할 수도 있다.

지역 공무소와의 협력이 중요

지금까지의 목조주택 건설은 지역 공무소 중심이었다. 하지만 최근에는 주택 제조회사가 공급하는 경우도 많고, 공무소가 담당하는 경우에도 새로 나온 건축자재 위주로 사용하는 탓에 전통적인 목조 기술을 계승하기가 힘들어졌다.

앞으로는 공무소가 지역 사람들과 상호 유기적인 관계를 유지하며 주택 건설 및 유지보수에 대응해온 장점을 살리고, 그 파트너로서 주택 설계자가 공무소를 뒷받침해야 고도의 장인 기술을 계승할 수 있을 것이다.

용어 해설

장기우량주택 일본에서는 주택을 장기적으로 사용해 환경 부담이나 재건축 비용을 절감하겠다는 취지로 '장기우량주택 보급 촉진에 관한 법률'(2009년 6월 시행)이 제정되었다. 이에 따라 일정 기준을 만족한 주택은 세제 혜택을 받을 수 있다.

오래가는 목조주택 짓기

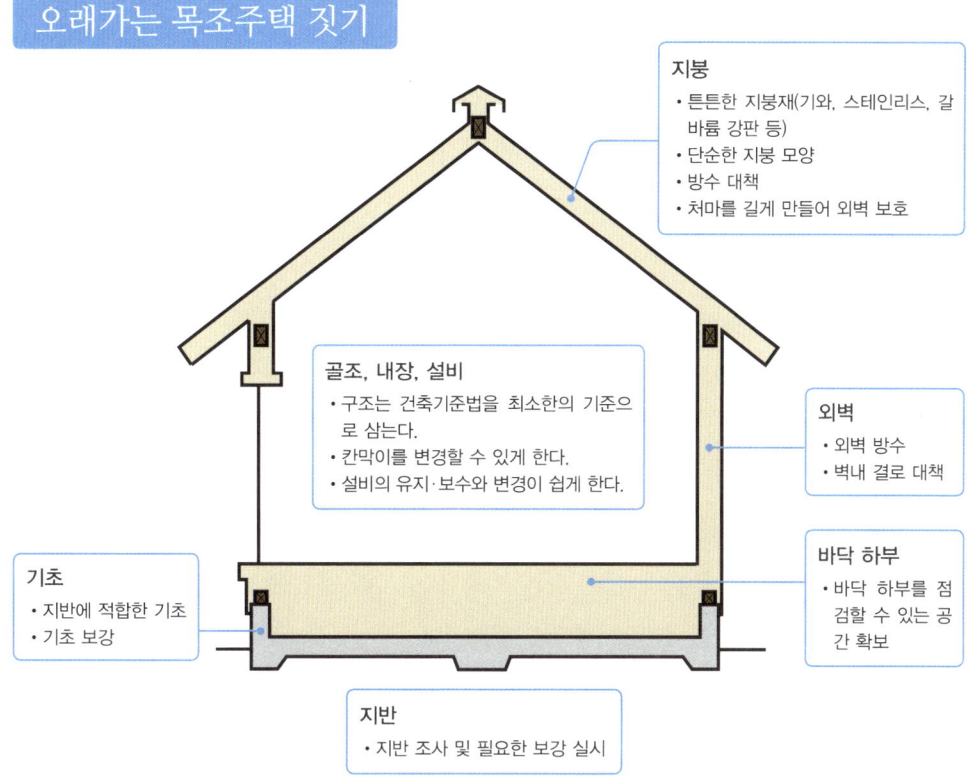

지역의 집짓기 구조

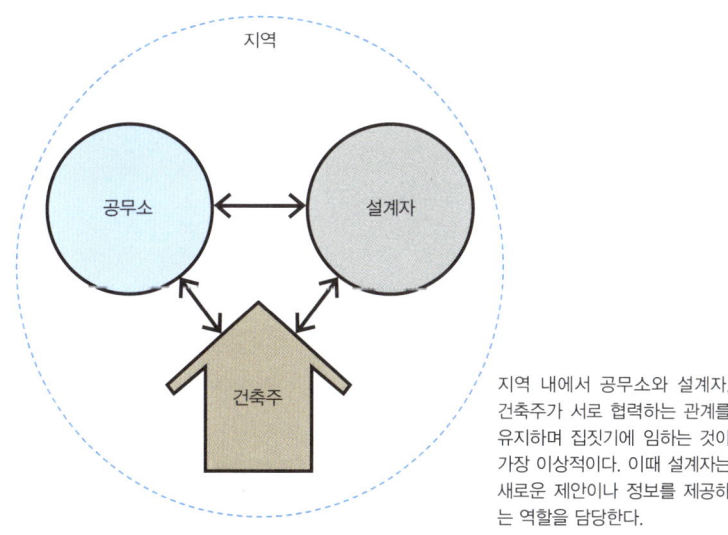

지역 내에서 공무소와 설계자, 건축주가 서로 협력하는 관계를 유지하며 집짓기에 임하는 것이 가장 이상적이다. 이때 설계자는 새로운 제안이나 정보를 제공하는 역할을 담당한다.

Point 미래 목조주택 건설의 목표는 수명이 긴 집을 짓는 것이다. 이를 위해 지역 내에서 공무소·설계자·건축주가 서로 정보를 공유하고 협력하는 관계를 유지하며 집을 지어야 한다.

002 플래닝

플래닝을 할 때 주의사항

목조주택을 설계할 때는 고려해야 할 사항이 매우 많다. 우선 지반을 포함한 구조 및 유해 화학물질에 대한 안전성을 확보하는 것이 가장 중요하다. 그러면서 건축주의 여유롭고 아늑한 생활공간을 실현할 수 있어야 한다.

생활 이미지 공유

사는 사람이 어떤 생활과 공간을 연상하는지 공유하면서 설계 아이디어를 얻는다.

필요한 공간과 기능의 실현

건축주가 필요로 하는 공간과 설비 등의 기능을 정리해 공간을 나누는 일부터 시작한다. 평면뿐만 아니라 단면에 대한 연구도 중요하다.

구조를 의식한 발상

일본의 경우 대지진이 일어난 후에도 쓸 수 있으려면 일본 건축기준법에서 규정한 기준보다 구조강도를 2배 정도 높게 확보해야 한다. 그러나 플래닝^{planning}(조사·설계·시공·완성까지의 절차를 계획하는 것으로, 일반적으로는 공사의 착공에서 완성까지의 표준 소요 일수를 산출하는 작업을 의미한다-옮긴이)을 진행하는 동안 구조가 복잡해지는 경우가 있다. 따라서 처음부터 가구架構(목조건축의 여러 가지 구조 부재를 짜 맞추어 조립하는 구조나 구조물-옮긴이)를 의식하면서 플래닝을 진행하고, 칸막이와 연결하는 것을 고려해야 한다. 지붕의 모양을 정해서 디자인하는 것도 구조를 의식한 발상이다.

일조량과 통풍 확보

겨울에는 일조량을 확보하고 여름에는 햇볕을 차단함으로써 통풍을 좋게 하는 등 가능한 한 기계에 의존하지 않는 패시브 환기 시스템을 마련한다. 또한 처마를 길게 내거나 창문을 적절하게 배치하는 방법도 고려해야 한다.

용어 해설

패시브 환기 자연환기를 의미한다. 건물 내부의 온도가 외부보다 높으면 공기가 건물 지반으로 자연스럽게 들어오는 힘이, 지붕 주위의 높은 곳에서는 밖으로 나가는 힘이 작용하는 원리를 이용하여 환기한다.

시간 디자인

장래의 생활 변화에 대응해 칸막이를 변경하거나 유지 및 보수의 편의성을 염두에 두어야 한다. 튼튼한 재료를 선정하는 것도 중요하다. 뿐만 아니라 시간의 흐름과 함께 더욱 멋스러워지는 천연 목재와 같은 자연소재를 사용해야 한다.

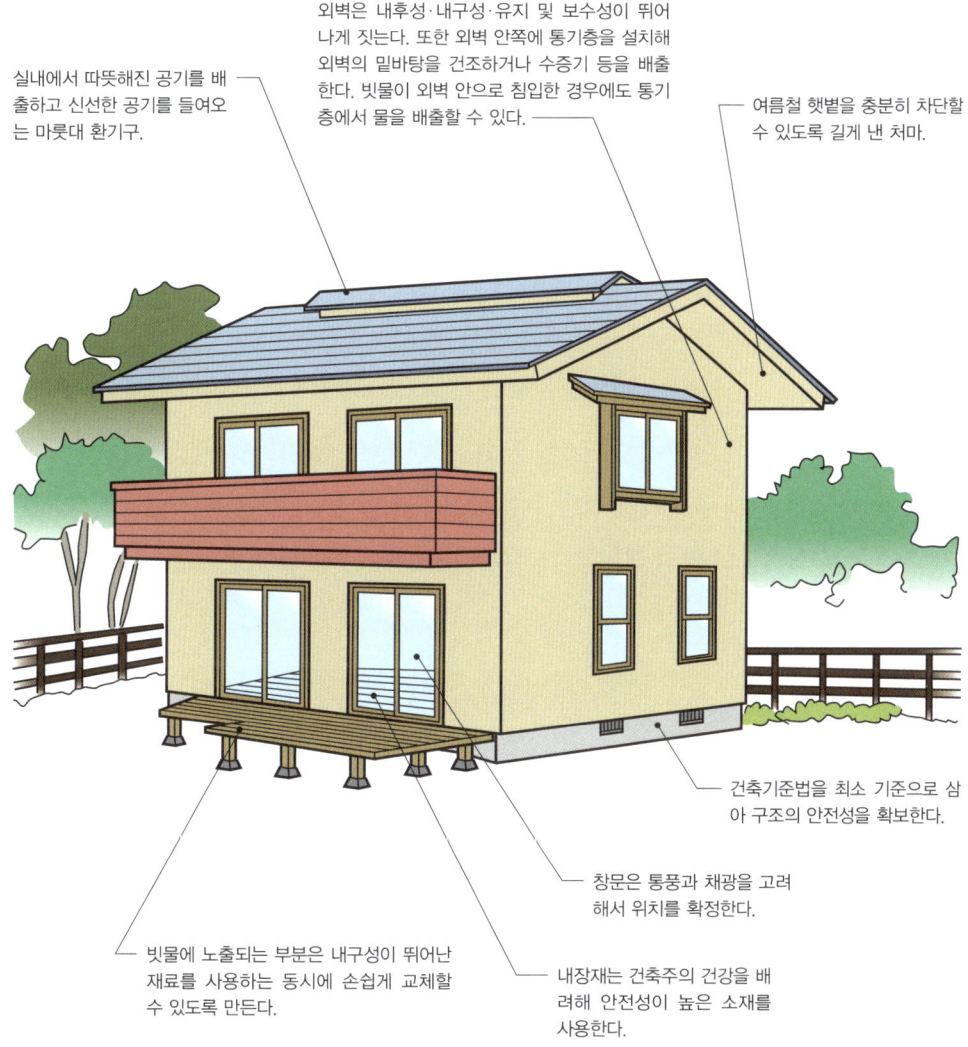

- 실내에서 따뜻해진 공기를 배출하고 신선한 공기를 들여오는 마룻대 환기구.
- 외벽은 내후성·내구성·유지 및 보수성이 뛰어나게 짓는다. 또한 외벽 안쪽에 통기층을 설치해 외벽의 밑바탕을 건조하거나 수증기 등을 배출한다. 빗물이 외벽 안으로 침입한 경우에도 통기층에서 물을 배출할 수 있다.
- 여름철 햇볕을 충분히 차단할 수 있도록 길게 낸 처마.
- 건축기준법을 최소 기준으로 삼아 구조의 안전성을 확보한다.
- 창문은 통풍과 채광을 고려해서 위치를 확정한다.
- 빗물에 노출되는 부분은 내구성이 뛰어난 재료를 사용하는 동시에 손쉽게 교체할 수 있도록 만든다.
- 내장재는 건축주의 건강을 배려해 안전성이 높은 소재를 사용한다.

Point 구조의 안전성과 건축주의 요구사항을 정리해 여유 넘치는 생활을 즐길 수 있는 공간을 연출한다.

003 조닝과 동선

조닝 효과

설계 시작 단계에서는 필요한 각 방과 외부 공간을 기능별로 나누어 배치하고, 이용하는 사람의 동선을 함께 검토한다.

부지 내 조닝

부지 내 조닝zoning(공간을 용도와 법적 규제에 따라 기능별로 나누어 배치하는 일-옮긴이)에는 부지 주위의 상황이 큰 영향을 미친다. 도로의 유무와 크기, 인접 지역에 있는 건물의 위치와 식재, 먼 곳의 경치도 중요한 요소다.

또한 부지 내에 건물을 배치할 때는 남는 공간을 어떻게 활용하느냐도 중요하다. 현관에서 시작되는 어프로치를 특별히 길게 잡으면 여유로움을 연출할 수 있고, 고령자나 장애인을 고려해 슬로프를 설치할 경우 완만한 경사를 확보할 수 있다.

실내 조닝

일단 주택의 중심이 되는 거실이나 식당 등의 위치를 현관에서 시작되는 동선을 바탕으로 결정한다. 그다음에 동선이 관련된 주방과 물을 쓰는 장소, 개인 방의 순서로 배치한다. 아직 조닝 단계라도 방의 넓이를 가정해서 규모를 확인해놓아야 한다.

동선 효과

엇갈리지 않는 동선

많은 동선이 서로 엇갈리면 위험성이 높아져 공간의 안정성이 떨어진다. 그와 반대로 동선이 너무 없어서 정체되는 부분은 안정적인 공간이라 거실 구석에 어울린다.

복도를 없애고 창호 등을 이용해 각 방을 연결하는 등 쓸데없는 동선을 짧게 함으로써 나머지 공간을 조금이라도 넓혀야 한다.

용어 해설

동선 사람이 건물 안에서 자연스럽게 움직일 때 지나가는 경로를 선으로 나타낸 것이다. 건물을 평면 계획할 때 고려한다. 동선을 특별히 고려한 계획은 동선 계획이라고 한다.

움직임이 원활한 동선

플래닝을 하면서 반드시 실현할 수 있는 것은 아니지만 한 방향보다는 두 방향으로 돌 수 있는 동선을 만들면 생활의 편의성이 높아진다. 주방 등에서 특히 편리하다.

조닝

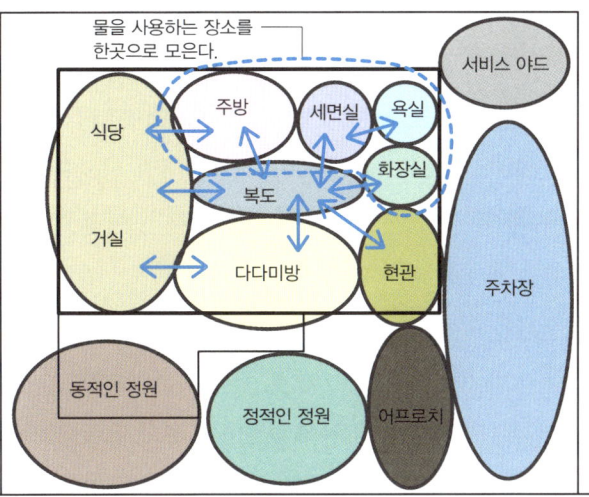

동선

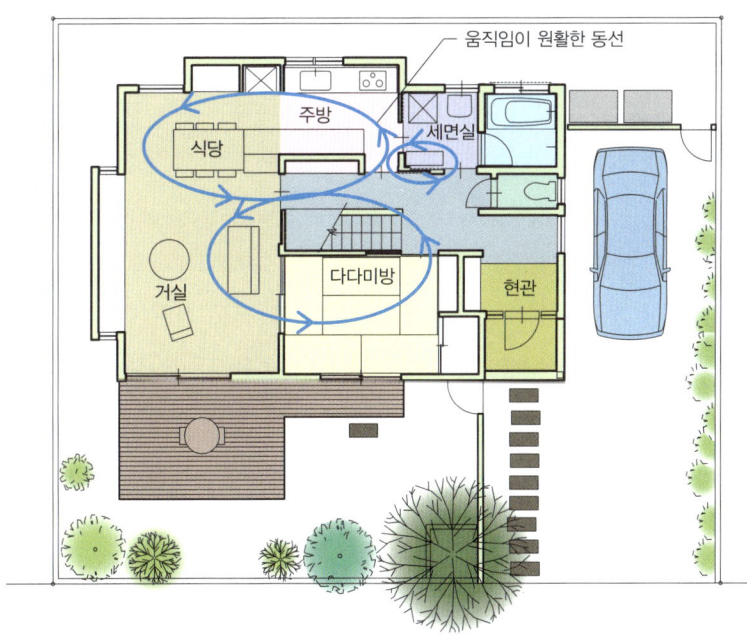

Point 내부뿐만 아니라 외부까지 포함한 조닝을 계획한다. 움직임이 원활한 동선이 편리하다.

제1장 플랜과 조사

004 일조량과 통풍

배치나 플래닝, 단면 계획시 겨울철 일조량과 여름철 통풍을 확보하는 일이 중요하다.

일조량 조절

도쿄에서 태양의 남중고도는 동지 때는 30도 정도이며, 하지 때는 약 80도나 된다. 여름철 햇볕을 차단할 목적으로 처마를 조금 길게 내면 시원한 그늘이 생기는데, 겨울철에는 이와 반대로 햇볕이 집 안 깊숙이까지 들어온다. 이렇듯 배치 계획과 플래닝, 단면 계획으로 일조량을 최대한 확보할 수 있도록 한다.

시가지에서는 건물이 밀집되어 있는 탓에 생각한 만큼 채광이 좋지 않다. 따라서 보이드 공간(바람이 빠져나가는 통로라는 뜻으로, 건물 내부 사이에 천장이나 마루를 두지 않고 몇 개 층을 훤히 뚫어놓는 구조–옮긴이)을 만들어 햇볕이 1층까지 들어오게 하거나 거실을 2층에 만드는 등 역발상 플랜을 도입하면 채광 효과를 높일 수 있다. 이런 식으로 2층 지붕에 햇볕이 잘 들게 하면 일조량을 어느 정도 확보할 수 있다.

통풍 확보

여름철 통풍을 확보하려면 방의 대각선 방향에 창문을 두 개 이상 설치하는 것이 좋다. 또한 따뜻해진 공기는 상승하는 성질이 있으므로 높은 곳에 창문을 만들어 위쪽으로 열기가 배출되도록 한다. 창문을 높은 곳에 설치할 경우 조작식 창문이나 내닫이창으로 만들어놓으면 전용 막대를 이용해 쉽게 개방할 수 있다(135쪽 참조). 또한 실내 전체에서 공기가 흐르는 경로를 확보하도록 한다. 주방 쪽 뒷문 전면에 오르내리창(내리닫이창이라고도 한다–옮긴이)을 달아 채광 통풍창을 만들어 효율적으로 사용하면 좋다.

통풍 확보를 고려할 때는 격자나 셔터가 달린 덧문 등을 설치함으로써 창문을 활짝 연 상태일 경우 방범상의 대책도 함께 충분히 생각해놓아야 한다.

용어 해설

오르내리창 두 개의 유리창이 세로 창틀의 홈을 따라 위아래 방향으로 개폐되는 세로로 긴 창문. 하부 유리창만 위아래로 움직이는 창문을 싱글 형 윈도single hung window(외오르내리창), 상하부의 유리창이 양쪽 다 움직이는 창문을 더블 형 윈도double hung window(양오르내리창)라고 부른다.

충분한 일조량과 통풍을 확보할 수 있는 목조주택 구조

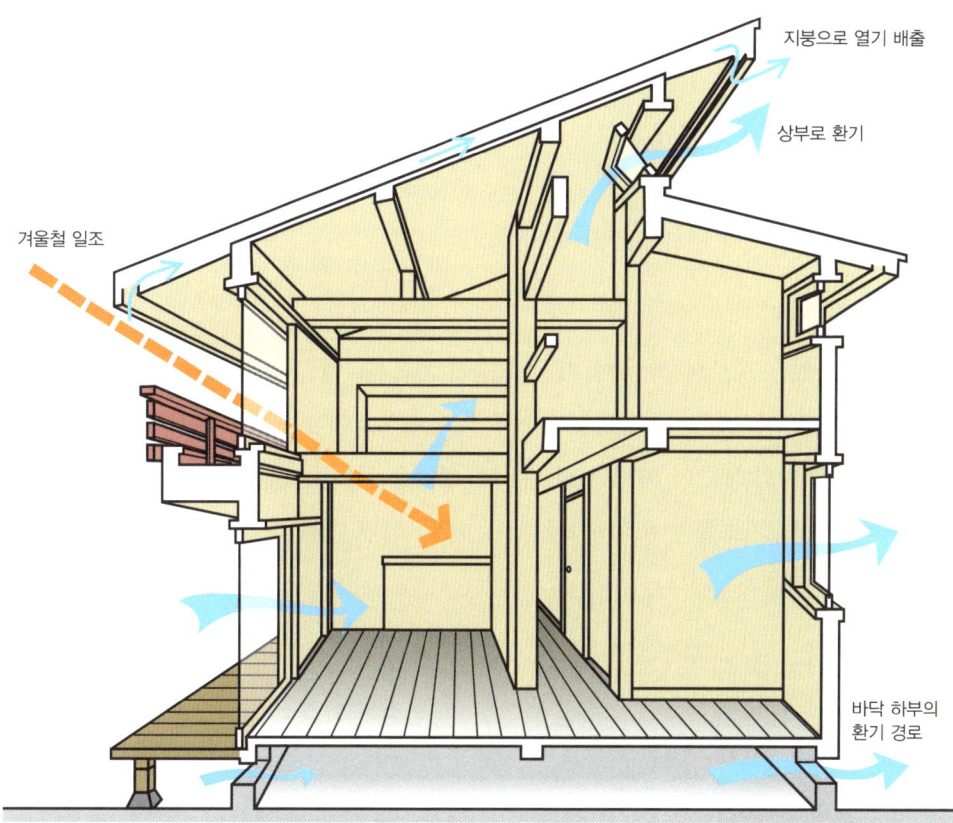

여름철과 겨울철 일조 차이

Point 개구부의 개수가 많더라도 큰 효과를 얻을 수 없다. 필요한 크기의 개구부를 적절한 위치에 설치하는 것이 최선이다.

005 부지 환경 파악

부지가 놓인 환경

설계 초기 단계에서 부지의 환경을 파악한 뒤 설계를 진행하기 위한 기본적인 방향을 결정한다. 이때 실제로 부지에 서보고 부지 자체와 주변 상황을 파악한다. 부지에 서서 어떤 공간이 어울릴지 상상해보자.

도로와의 관계

부지에 접해 있는 도로의 폭 등에 따라 그곳에 지을 수 있는 집의 크기가 달라진다. 또한 조건이 다른 경우도 있지만 원칙적으로 부지는 도로에 2m 이상 접해야 한다(접도 의무). 도로와 부지의 높낮이 차이는 설계에 큰 영향을 준다. 높낮이 차이가 많이 날 경우 옹벽이나 건물의 기초를 이용해 처리하기도 한다. 한편 현관의 위치와 어프로치의 배치도 어느 정도 가정해야 한다.

인근 부지와의 관계

주위에 있는 건물과 개구부의 위치를 파악한다. 건물이 없더라도 가능한 범위에서 앞으로의 일을 가정해놓는다. 경계 부분을 확인해 경계벽이 경계선의 어느 쪽에 접근하는지, 중심에 위치하지는 않는지 확인한다. 신축할 경우에도 경계선의 중심과 앞으로 보수할 때 등을 고려해 경계벽을 부지 내에 넣는 경우도 많아졌다.

자연조건 파악

가능하면 맑은 날뿐만 아니라 비 오는 날에도 부지를 봐두면 좋다. 계절별 상황도 이웃에게 물어본 후 파악해놓는다. 부지 외에 주위의 토지 형태나 토지 조건에 관해서도 자료를 참고하거나 실제로 걸어 다녀보면서 확인해야 한다. 습도와 바람, 비가 올 때의 상황, 햇볕이 드는 모양 등 자연조건을 파악하는 일도 중요하다.

용어 해설

접도 의무 건축기준법에서 규정한, 건축물의 부지가 도로에 2m 이상 접해야 한다는 의무를 말한다(일본 건축기준법 제43조 1항). 도시계획 구역과 준도시계획 구역에서만 존재한다. 도시계획이 결정되지 않은 구역에서는 접도 의무가 없다.

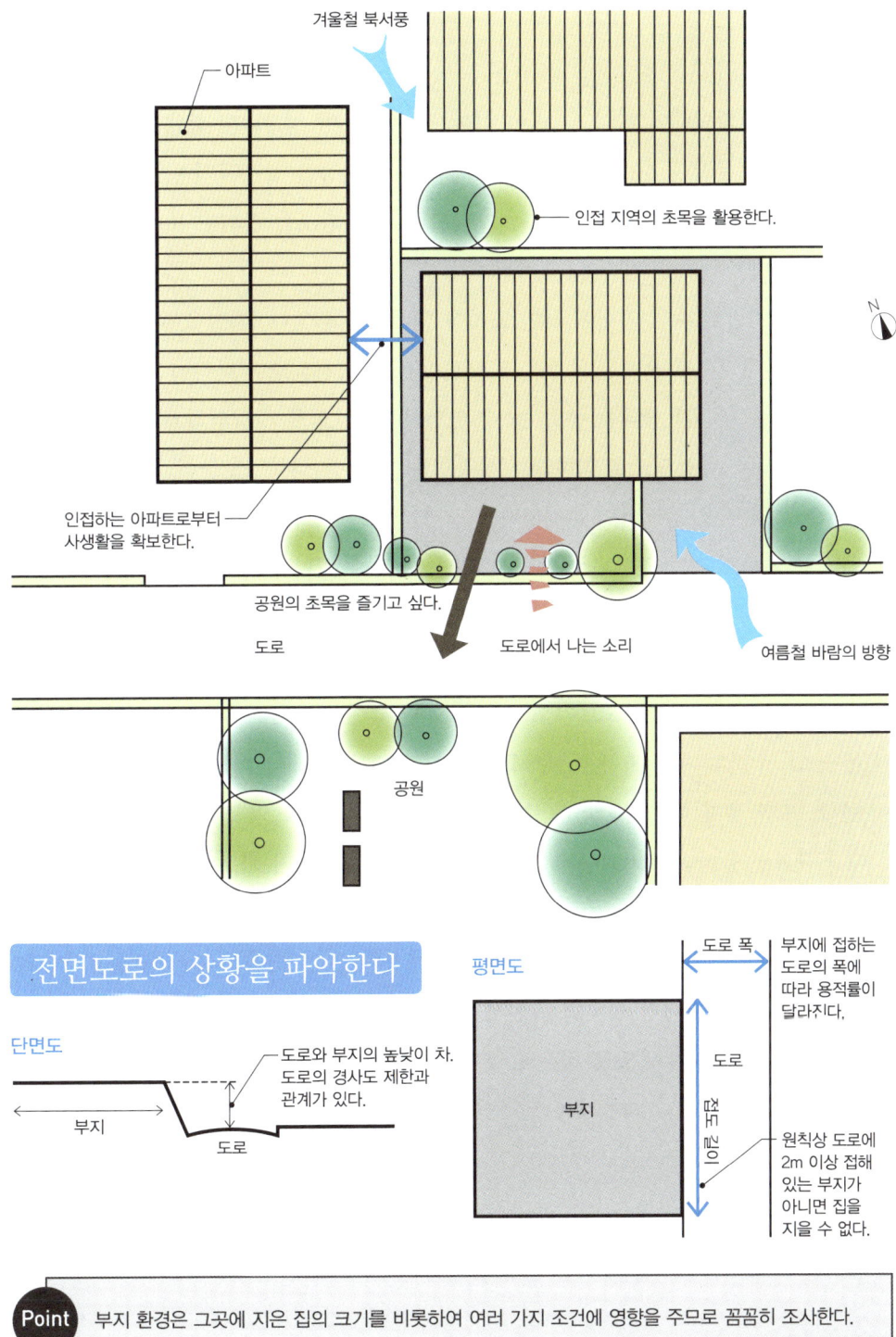

부지 환경을 활용한 주택 이미지

- 겨울철 북서풍
- 아파트
- 인접 지역의 초목을 활용한다.
- 인접하는 아파트로부터 사생활을 확보한다.
- 공원의 초목을 즐기고 싶다.
- 도로
- 도로에서 나는 소리
- 여름철 바람의 방향
- 공원
- N

전면도로의 상황을 파악한다

단면도
- 부지
- 도로와 부지의 높낮이 차. 도로의 경사도 제한과 관계가 있다.
- 도로

평면도
- 부지
- 도로 폭
- 도로 접도 길이
- 부지에 접하는 도로의 폭에 따라 용적률이 달라진다.
- 원칙상 도로에 2m 이상 접해 있는 부지가 아니면 집을 지을 수 없다.

Point 부지 환경은 그곳에 지은 집의 크기를 비롯하여 여러 가지 조건에 영향을 주므로 꼼꼼히 조사한다.

006 지반 확인

지반 불량을 간과해선 안 된다

지반은 반드시 확인해야 한다. 지반이 약할 경우 건물이 침하되어 중대한 결함이 생길 우려가 있기 때문이다. 지반 결함은 보수에 막대한 비용을 발생시키며, 경우에 따라서는 건물을 다시 지어야 할 수도 있다. 그러므로 부지 환경을 살피고 또 반드시 지반을 조사해야 한다.

이전에는 지반에 대한 인식이 낮아 조사를 많이 건너뛰었다. 지반을 충분히 보강하지 않는 경우도 허다해서 오래된 주택을 리모델링할 때 조사해보면 바닥이 지반 침하로 인해 부분적으로 내려간 상태를 종종 볼 수 있었다. 이는 건물이 균일하게 가라앉지 않고 한쪽으로 쏠려서 부분적으로 침하되는 부동침하 현상이다(40쪽 참조).

바닥이 조금 기운 정도라면 문제없다고 생각할 수도 있다. 그러나 거주자의 평형감각에 악영향을 줄 우려가 있으므로 이 또한 가볍게 볼 수 없다.

지반 조사법

목조주택의 지반 조사방법으로는 스웨덴식 사운딩 시험과 표면파 탐상법이 적합하다(42쪽 참조). 주변의 지반 조사 데이터를 참조하고, 조사 결과에 따라서는 지반을 보강해야 한다. 또한 부지 주변 울타리나 주택의 기초에 균열이 없는지도 참고하면 좋다. 지반 상태가 나쁘면 울타리와 기초에 악영향을 끼칠 가능성이 높기 때문이다.

부지와 그 주변 지형에도 주목해야 한다. 주변에 하천이나 무논(물을 쉽게 댈 수 있는 논-옮긴이) 등이 있는 경우에는 연약지반일 가능성이 높다. 더불어 땅을 메우거나 성토 공사를 한 부지가 아닌지 이력도 확인해놓아야 한다. 매립지나 성토 지역은 지반 다지기 시공을 충분히 하지 않았을 경우가 있기 때문이다.

용어 해설

지반 침하 지반이 압축되어 가라앉는 현상을 말한다. 공업용수나 농업용수, 천연가스 등을 지나치게 퍼 올리는 일이 주요 원인으로 작용해서 일어나는 경우가 있다. 또한 원래 연약지반이었던 지역에 건축물을 지을 때 허용 지내력을 초과해 하중이 실린 경우에도 발생한다.

지반의 안전성을 확인한다

직접 조사할 수 있는 것

토지의 역사를 알아야 한다
- 개발한 지 얼마 되지 않은 토지인가?
- 개발 전의 상태나 이용 실태

현재의 토지 상황을 조사한다
- 땅속 매설물의 유무
- 지하 공작물의 유무
- 발로 밟아서 감촉을 확인한다.
- 주변에 강이나 무논이 있는가?
- 이웃하는 건물의 기초에 균열 등이 있는가?
- 되메우기나 성토 공사를 한 토지인가?

지반 조사

전문업자에게 의뢰해 지반 조사를 실시한다
- 목적이나 부지의 성질과 상태에 맞는 지반 조사법을 선정한다.
- 스웨덴식 사운딩 시험
- 표면파 탐상법
- 표준 관입 시험(보링 boring 조사)
- 기타

지반 보강

지반 조사 결과를 바탕으로 필요한 경우에는 지반을 보강한다
- 재다짐 공법
- 기둥 모양 개량
- 표층 개량
- 강관 말뚝
- 기타

지반 조사 결과 지내력이 $2t/㎡(20kN/㎡)$ 미만일 경우에는 지반을 어느 정도 보강해야 한다.

Point 안전한 목조주택을 지으려면 반드시 지반을 확인해야 한다. 지반 불량으로 인한 결함이 발생하면 보수에 막대한 비용이 든다.

007 인프라 정비

급수와 가스의 인입

부지의 급수·가스·전기 등의 현재 상황을 현지 조사 과정 및 행정기관에서 확인하고 필요하면 새로 인입 공사를 해야 하므로 방법을 확실히 알아놓아야 한다.

급수

급수관이 인입되어 있더라도 밸브나 계량기가 설치되어 있는 경우와 이것들 없이 급수관만 인입되어 있는 경우가 있다. 얼마 전까지는 급수계량기의 관경이 13mm짜리가 많았는데 현재는 20mm 이상의 관경을 필요로 한다. 아무리 해도 20mm짜리로 할 수 없을 때는 수압과 사용하는 수도꼭지의 수량을 조절하거나 경우에 따라서는 급수탱크에 저장한 뒤 펌프를 이용해 가압하여 급수하기도 한다.

우물물을 이용할 때는 수돗물과 배관이 직접 연결되지 않도록 해야 한다.

가스

도시가스는 도로에서 인입하여 계량기를 달고 건물 안에 배관한다. 도로에서 부지 내로 가스관을 인입하는 공사까지는 가스회사가 부담하는 경우도 있지만 부지 내의 공사는 자기 부담이다. 프로판가스의 경우 건물을 완공한 후 가스 사용계약을 체결하는 것을 전제로 해서 무료 또는 매우 저렴한 금액으로 배관 공사를 해주기도 한다.

전기의 인입

전기는 도로의 전봇대에서 건물로 직접 인입하거나 인입용 폴(전기인입주)을 세워 일단 전기를 폴로 인입한 뒤 땅속에 매설하여 건물로 끌어들인다. 도로에서 떨어진 건물에 전기를 인입할 때 이웃집을 통과해야 할 경우에는 전력회사의 부담으로 부지 내에 전봇대를 세워 전기를 끌어오기도 한다.

> **용어 해설**
>
> **전기인입주** 전력회사의 가공 배전 선로에서 수요 저택으로 전기를 끌어올 때 수요 저택 구내에 설치하는 전봇대를 의미한다. 전선을 건물에 직접 끌어올 수도 있지만 인입주를 세우면 전선이 강풍에 날려 흔들리는 것을 방지할 수 있다.

수도, 가스, 전기의 인입

수도, 가스의 인입

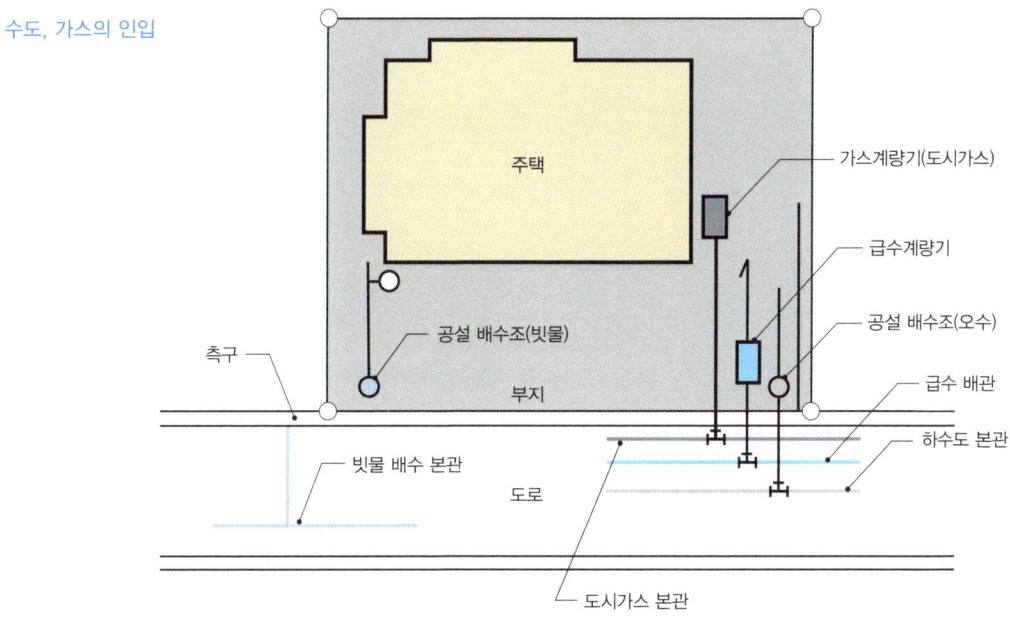

전기의 인입

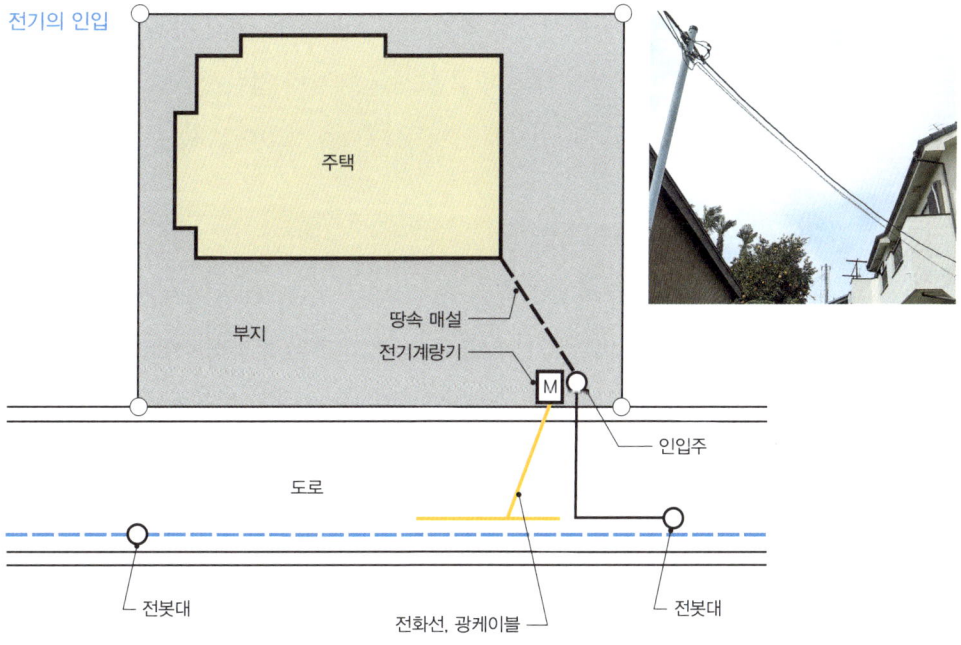

Point 설계하기 전에 주택에 필수적인 수도, 가스, 전기의 인입 상황을 반드시 확인해놓아야 한다.

008 배수 상황

건물을 완공한 후 배수가 문제를 일으키는 경우가 많다. 생활 배수는 공공 하수도에 방류하거나 정화조를 설치하여 오수를 처리한다. 우선 하수도가 부지에 어떻게 연결되어 있는지부터 확인해야 한다.

공공 하수도

하수도가 완비되어 있는 경우에는 도로에서 끌어오는 부분에 공설 배수조가 설치되어 있어 건물에서 나오는 배수관을 공설 배수조에 연결하면 된다. 급수와 마찬가지로 현장과 행정기관에서 하수관과 측구의 현재 상태를 조사해야 한다. 공설 배수조나 배관 안에는 트랩(204쪽 참조)이 설치되어 있어 악취가 역류하지 않도록 방지한다.

하수도는 오수와 빗물을 구분하는 분류식과 오수와 빗물을 구분하지 않는 합류식이 있다. 분류식의 경우 오수는 하수도로 흐르지만 빗물은 부지 내로 침투하거나 도로가의 측구로 흐르게 된다. 일본의 경우 빗물에 관해서는 보조금을 받을 수도 있다. 단, 지하로의 빗물 보급을 위해 빗물 침투통 설치를 추진하는 지방자치단체에 한해서다.

홍수 대책으로는 일시적으로 많이 내린 빗물을 화단 내부나 정원 일부에서 한동안 저장하는 방법이 있다. 단, 빗물 침투통만으로는 홍수 대책을 세웠다고 할 수 없다.

정화조

공공 하수도가 없는 경우에는 정화조를 설치해 정화된 배수를 측구 등으로 흘려보내거나 방류할 곳이 없으면 지하로 침투시키기도 한다. 정화조는 화장실 배수인 오수와 기타 잡배수를 한데 모아서 처리하는 합병정화조가 많이 사용된다. 이전에는 오수만 처리하는 단독정화조를 많이 사용했다. 정화조는 설치 후 유지 및 보수도 중요하다.

용어 해설

공설 배수조 배수를 한데 모아 지하 하수도로 방류하기 전에 통과시키는 배수조를 말한다. 도로와 인접해 있는 부근의 부지 내에 설치한다. 호우시 빗물이 가득 차면 배수가 역류할 우려가 있다.

배수 방식의 종류

합류식 하수도
생활 배수와 빗물을 관 하나에 합류시켜 배수한다.

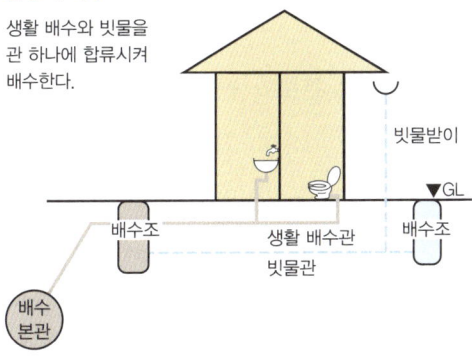

분류식 하수도
생활 배수와 빗물을 각각의 관에 합류시켜 배수한다.

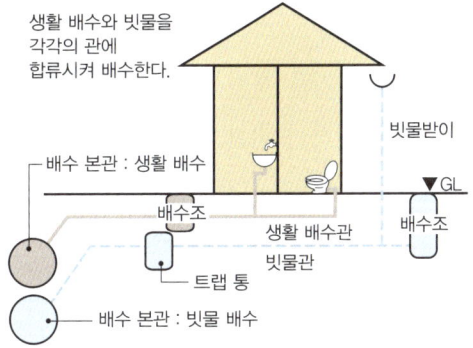

정화조
하수도가 없는 경우에는 정화조로 처리해 도시 하수로로 배수한다.

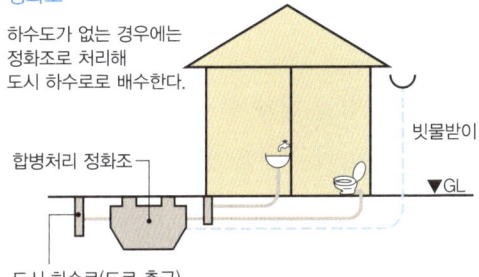

배수 방식은 하수도의 정비 상황에 따라 다르다. 하수도가 정비되지 않은 지역에서는 부지 내의 정화조에서 도시 하수로(도로 측구)로 배수하거나 부지 내에서 처리한다(침투 처리).

정화조의 크기

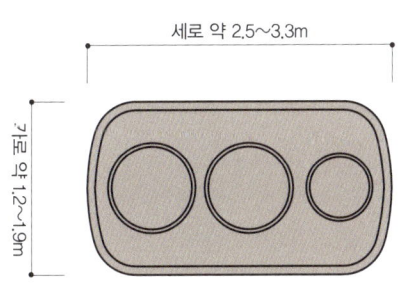

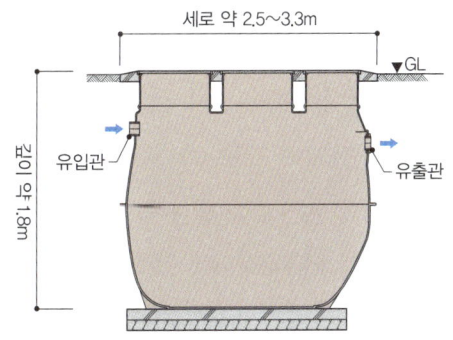

정화조의 크기는 처리 대상자 수로 정해진다. 단독주택에서 처리 대상자가 5인 이하일 경우 보통 자동차 한 대 정도의 크기다.

Point 배수 불량으로 불만을 제기하는 경우가 많으므로 부지의 배수 상황을 반드시 확인해 필요한 대처를 해야 한다.

009 필요한 수속

확인 신청과 허가 신청

목조주택을 지을 때는 여러 가지 수속이 필요하다. 먼저 건물이 건축기준법 규정에 적합한지 확인하기 위한 신청서를 제출해야 한다. 이것이 이른바 '확인 신청'이다. 확인 신청은 착공 전에 신청해서 심사를 받고 '확인완료증'을 교부받아야 한다. 확인 신청은 행정기관 건축지도과 외에 지정된 민간 심사기관에서도 할 수 있다. 확인 신청 수속은 건축사가 건축주의 대리인 자격으로 처리한다.

한편 신청한 계획대로 건물이 지어졌는지 확인하기 위해서 공사 완료 후 완료 검사(필요할 경우 중간 검사)를 받는 일이 의무화되어 있다. 완료 검사를 받으면 '검사확인증'이 교부된다.

그 밖에도 조건에 따라서는 도시계획 등과 같은 신청을 해야 할 수도 있다. 부지가 시가화 조정구역(원칙적으로 새로운 건물을 지을 수 없는 구역)에 위치할 경우, 부지에 1m 이상 성토를 하거나 1.5m 이상 땅을 깎는 등 개발 행위를 할 경우, 행정기관이나 지역 주민이 설정한 지구계획이나 건축협정(건물의 용도, 인접 지역과의 거리 등에 관해서 정한 약속사항)이 제정된 지역에 부지가 있는 경우 등이 있다.

건물 등기

건물을 완공한 후에는 건물 등기를 신청한다. 건물의 소유자와 건물의 용도, 면적 등을 등기부에 기재하면 된다. 그러면 건축주가 해당 건물을 소유하고 있다는 사실이 공시되며 그와 동시에 건물이 보호된다. 등기 신청을 하지 않으면 소유권이 발생하지 않는다. 이 수속은 건축주가 행정사나 토지 가옥 조사사에게 의뢰해 법원에서 신청한다. 또한 건물을 해체한 경우에도 멸실 등기 신청을 해야 한다.

용어 해설

검사확인증 '건축물 및 그 부지가 건축기준법의 규정에 적합함'을 증명하는 문서(일본 건축기준법 제7조 5항). 완료 검사 시 건축 확인 신청서의 내용대로 시공되었는지 확인한 후 특정 행정기관이나 지정된 민간 심사기관에서 교부한다.

확인 신청의 흐름

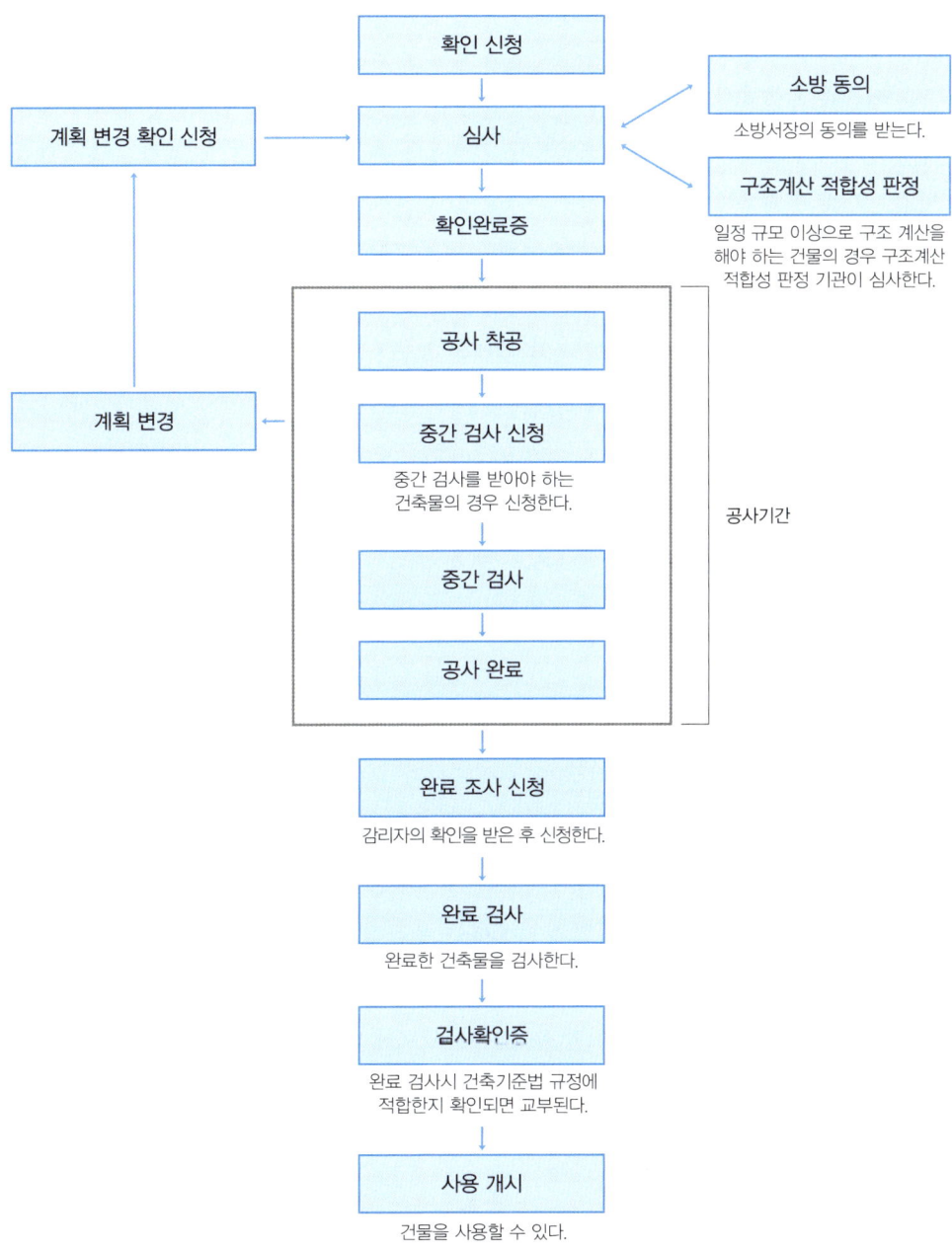

Point   확인신청서를 제출해야 건물을 지을 수 있다. 또한 공사 완료 후에는 완료 검사를 받아야 한다.

010 목조주택의 보증

하자 보증

가전제품 등의 보증기간은 일반적으로 구입한 날로부터 1년이다. 이와 마찬가지로 주택에도 보증제도가 마련되어 있다. 특히 구조상의 문제나 빗물 누수 등의 방수문제에 대해서는 '주택 품질확보 촉진법'에서 보증기간 10년을 의무화하고 있다. 즉 10년 이내에 구조적인 결함이나 빗물 누수가 발생했을 경우 시공업자가 무상으로 보수해야 한다. 또한 계약서에 보증한다는 내용이나 보증기간을 기재하지 않았거나 10년 이하의 보증기간을 기재했더라도 10년 동안의 하자 보증이 우선시된다.

단, 하자 보증의 항목과 기간이 법적으로 의무화되어 있더라도 시공업자인 건설회사 등이 도산하거나 지불 능력이 없는 경우가 발생할 우려가 있다. 이에 대비하여 보수에 드는 비용을 마련하기 위한 보험에 가입하거나 보증금 공탁을 의무화하는 주택하자 담보이행법이 시행되었다. 보증금 공탁액은 집 한 채당 200만 엔 정도여서 보통은 부담이 덜한 보험에 가입하는 경우가 많다.

주택 완성 보증제도

의무는 아니지만 주택을 건설하던 도중 건설회사가 도산해서 공사를 더 이상 진행할 수 없는 상황일 경우 다른 건설회사가 미완성 부분을 인계받아 공사할 때 드는 추가 비용을 마련하기 위한 보증제도다.

그 밖에도 연약지반 등이 원인으로 발생하는 부동침하 사고에 대한 지반 보증제도가 있다. 지반을 조사해서 지반 보강이 필요한 경우 보강 공사를 하면 보증 대상이 된다. 지반 보강 공사 불량 등으로 일어난 부동침하 사고를 보수하는 데 드는 비용은 수백만 엔에 달한다. 최악의 경우 다시 지어야 하는 경우도 있어서 기반 보강 공사를 함께 실시한다면 이 제도를 활용하는 방법을 검토하도록 한다.

> **용어 해설**
>
> **주택하자 담보이행법** 정식 법률명은 '특정 주택하자 담보 책임이행 확보 등에 관한 법률'이다. 일본에서 2009년 10월 1일부터 시행되었다. 이는 주택 취득자를 보호하기 위한 법률이며, 건설업자 및 택지 건물 거래업자에게 재력 확보 조치를 위한 의무를 지운다.

보험 대상 부위

보험의 구조(하자가 발생했을 때)

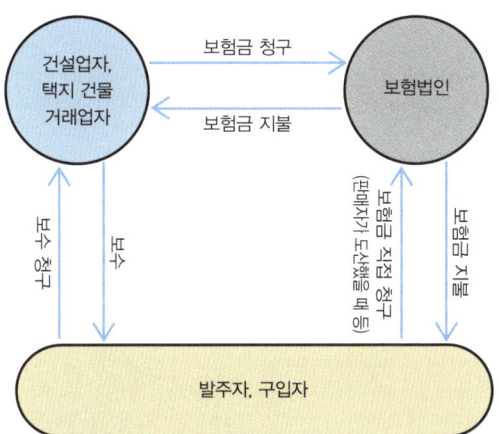

주택하자 담보 책임보험의 개요

보험 대상 부위

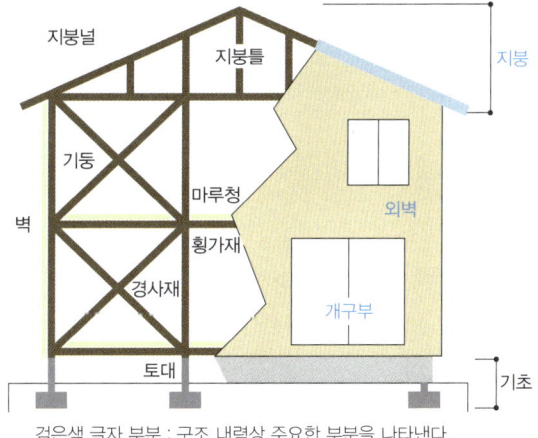

검은색 글자 부분 : 구조 내력상 주요한 부분을 나타낸다.
파란색 글자 부분 : 빗물의 침입을 방지하는 부분을 나타낸다.

보험 계약의 흐름

하자 보험 대상 주택의 보험 계약 흐름

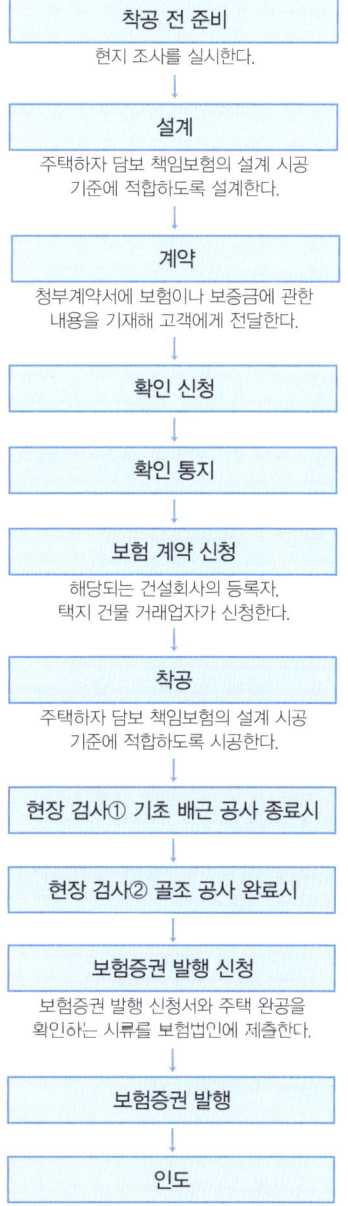

Point 구조상 주요한 부분이나 빗물 누수 등과 같은 방수 처리에 관해서는 10년 동안 보증을 의무화한다.

011 목조주택 공사비용

공사비 내역을 파악한다

목조주택의 공사비를 물으면 어림잡아 계산해서 평당 단가로 말하는 경우가 많다. 그러나 공사비 내역을 물으면 의외로 잘 모른다.

공사비 내역

목조주택의 본체 공사비 중 거의 50%를 목공사가 차지하며, 나머지는 기타 공사와 제경비가 차지한다. 또한 목공사에 드는 비용에서 반은 목재비로, 나머지 반은 인건비로 빠져나간다. 기타 공사에서도 마찬가지로 인건비가 각 공사비의 절반 이상으로 높은 비중을 차지한다. 정화조와 하수도 중 어느 것을 설치하느냐에 따라서도 비용이 달라진다. 설비기구의 비용은 선택하는 기구에 따라 소요되는 비용의 폭이 상당하다.

본체 공사비 외의 비용

본체 공사비에 포함되지 않는 경우가 많은 공사비로는 지반 상태가 좋지 않을 때의 지반 보강비, 도로에서 급배수를 인입하는 비용, 외부 구조 및 커튼이나 블라인드 등의 비품비, 조명기구비 등이 있다. 공사 시작 단계에서 비용을 예측하기 어렵거나 선택의 폭이 넓은 것은 비용을 별도로 하는 경우가 많다.

공사 외의 비용

설계감리비, 확인신청 비용(지정된 민간 심사기관에 지불하는 납부금과 작업 비용), 도시계획법 관련 기타 신청 비용이 든다. 이사, 임시 거주지에 들어가는 비용과 등기 비용, 부동산 취득세 등에 관해서도 설계자는 시공주에게 어느 정도 설명해두어야 한다.

완성 후의 비용

목조주택은 완성 후에도 설비 플래닝 비용이 들 뿐 아니라 유지 및 보수를 하거나 생활의 변화에 맞추어 교체 작업을 진행하는 데도 비용이 발생한다.

용어 해설

부동산 취득세 토지나 가옥을 구입하거나 집을 건축해 부동산을 취득했을 때 등기의 유무와 상관없이 과세되는 세금을 말한다. 단, 상속으로 취득했을 경우에는 과세되지 않는다.

주택 공사비용

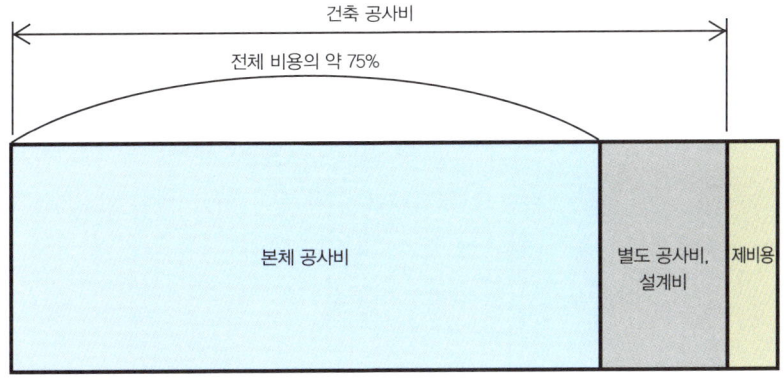

공사비 내역 사례

명칭	금액(엔)	내역
A. 건축 공사	17,581,900	외관 공사, 가스 공사 별도 예산
B. 전기설비 공사	1,425,000	
C. 급배수 위생설비 공사	1,735,000	
D. 제경비	207,000	
합계	20,948,900	

A. 건축 공사비 항목별 내역	금액(엔)	내역
1. 가설 공사	943,300	수평 작업, 발판, 용수, 전력, 양생 외
2. 기초 공사	981,200	기초, 차고 및 욕실 기초, 토방 콘크리트 외
3. 목공사	5,523,800	프리컷 가공, 마감 작업, 못, 철물(프레임 제외) 외
4. 지붕 공사	811,200	콜로니얼 기와지붕, 처마홈통, 선홈통
5. 판금 공사	535,700	깔때기홈통, 내닫이창 지붕, 실링 공사
6. 타일 공사	413,800	현관 주변 자기 타일, 욕실 바닥 및 벽의 타일 외
7. 미장 공사	1,423,100	외벽 라스 모르타르 칠 브러싱 마감, 다다미방 벽의 색토色土 덧칠 외
8. 강철재 창호 공사	1,612,400	픽퐁 알루미늄 섀시, 방충무, 클리닝 외
9. 목재 창호 공사	1,213,500	플러시 도어(프레임, 기성품), 맹장지문, 장지문 외
10. 도장 공사	683,200	외벽 아크릴 리신 스프레이 작업, 내외 도장(창호 프레임 별도) 외
11. 내장 공사	1,385,100	쿠션 플로어, 벽지, 다다미, 욕실용 천장 마감재 외
12. 잡공사	1,523,600	욕조, 주방, 베란다 외
13. 현장 직접 경비	532,000	운반비, 현장 경비
소계	17,581,900	

Point 목조주택의 공사비용은 공사 외의 비용과 완성 후의 비용까지 포함해 시공주에게 설명한다.

012 저비용의 핵심

저비용 설계의 핵심

저비용을 고려할 때 질을 낮추어 비용을 줄이려고 하면 안 된다. 비용을 억제하면서도 기품 있는 공간과 고급스러운 소재를 실현하는 것이 중요하다. 재료 선정에서부터 어떻게 하면 수고를 줄일 수 있는지 평소에 생각해놓아야 한다.

단순한 구조

균일한 평면과 입면으로 최대한 네모지면서 총 2층에 가까운 단순한 모양으로 해야 재료와 수고가 많이 들지 않고 저렴하게 지을 수 있다. 세부적으로 정밀하게 만들지 않는 방법도 시간과 수고를 아끼는 요령이다. 구조적으로 1층의 기둥과 벽의 위치 위에 2층의 기둥과 벽을 놓으면 구조강도가 향상되면서도 비용을 절감할 수 있다.

옹이가 있는 나무 활용

옹이가 있는 일본산 목재는 굉장히 저렴하다. 옹이가 없는 무지 삼나무 기둥 부재의 경우 하나에 3만 엔 정도인 데 비해 옹이가 약간 있는 1등급 기둥 부재는 3,000엔 정도다. 옹이는 나무의 가지 부분이다. 따라서 나무에 옹이가 있는 것이 당연하다고 생각하면 옹이가 있는 목재를 일부러 사용하는 것도 멋스러울 수 있다.

겨울철 일조와 여름철 통풍 대책

겨울에 햇볕이 방에 들어오면 따뜻하게 지낼 수 있고, 여름에 통풍이 잘되면 더위를 견디기 수월하다. 그러면 당연히 냉난방기기를 많이 설치하지 않아도 된다. 냉난방기기를 설치하더라도 유지비에서 크게 차이가 난다.

유지 및 보수가 자유로운 소재

바닥 외의 원목재나 회반죽 칠 등의 미장 공사는 시공 후 별로 손질을 하지 않아도 되므로 유지 및 보수가 자유롭다. 또한 시간이 흐르면 재료 자체의 멋스러움이 더해진다.

용어 해설

미장 흙손이라는 도구를 사용해 건물의 벽이나 바닥을 칠 마감하는 직종을 말한다. 단어의 사용 방법에 따라 마감 자체를 가리켜 '미장 마감'이라고도 한다. 한때는 꺼렸지만 최근에 재평가되고 있는 마감법이라고 할 수 있다.

셀프 빌드 self build

바닥의 오일 도장이나 화지 바르기 등 시공주나 설계자도 쉽게 할 수 있는 공사가 있다. 선반도 단순한 모양이라면 초보자도 쉽게 만들 수 있다.

단순한 형태가 비용 절감으로 이어진다

Point 저비용 주택은 무조건 저렴한 게 아니라 적정한 비용을 검토해서 멋스럽게 지어진 집을 의미한다.

013 스케줄

공정 관리를 파악한다

설계가 시작되면 기본 설계가 확정되기 전까지의 기간 차이에 따라 공사 시작 단계부터 완성 단계까지 스케줄의 폭이 크게 차이 난다.

설계하기 전에

주택을 지을 토지부터 찾는 경우에는 가능한 한 설계자가 직접 시공주와 함께 토지의 상황과 주변 환경까지 포함해 확인하는 편이 좋다. 경사지나 변형지 등과 같이 지가가 낮은 토지라도 설계하기에 따라 적절하게 활용할 수 있는 경우가 있기 때문이다.

단순한 실지 조사뿐 아니라 부지를 관할하는 행정기관 건축지도과나 도시계획, 도로, 상하수도 등과 관련된 규제도 조사해놓는다.

기본 설계

부지 조건, 주택에 대한 시공주의 이미지, 필요한 방, 설비, 예산, 법적인 조건 등을 근거로 해서 기본 설계를 진행한다. 주변 환경과의 관계에서 대략적인 부지 내의 조닝을 결정하고 배치·평면·단면 설계를 실시한다. 협의를 거듭하여 설계안이 정해진 단계에서 실시설계에 들어간다.

신청 업무

기본 설계를 토대로 확인 신청 작업에 들어간다. 상황에 따라서는 확인 신청을 제출하기 전에 도시계획 등의 수속이 필요한 경우가 있다. 확인 신청은 행정기관이나 지정된 민간 심사기관에서 한다.

실시설계

실제로 공사를 할 수 있도록 실시설계를 진행한다. 시공업자가 한 군데일 경우 되도록 앞선 단계에서 예산을 결정하기 위해 견적할 수 있을 만한 도면을 먼저 작성하여 빨리

용어 해설

비교견적 여러 업자에게서 견적을 받는 것을 말한다. 목조주택의 경우 건설 예정 중인 주택의 도면을 여러 공무소에 보내 공사비용에 대한 비교견적을 받을 때가 많다.

견적을 받는 방법도 좋다. 여러 시공업자로부터 비교견적을 받을 경우 좀 더 정확한 비용을 비교하려면 도면이 어느 정도 완성된 상태여야 한다.

공사 감리

공사가 시작된 후 도면대로 시공되고 있는지 감리한다. 필요에 따라 행정기관의 검사도 진행한다.

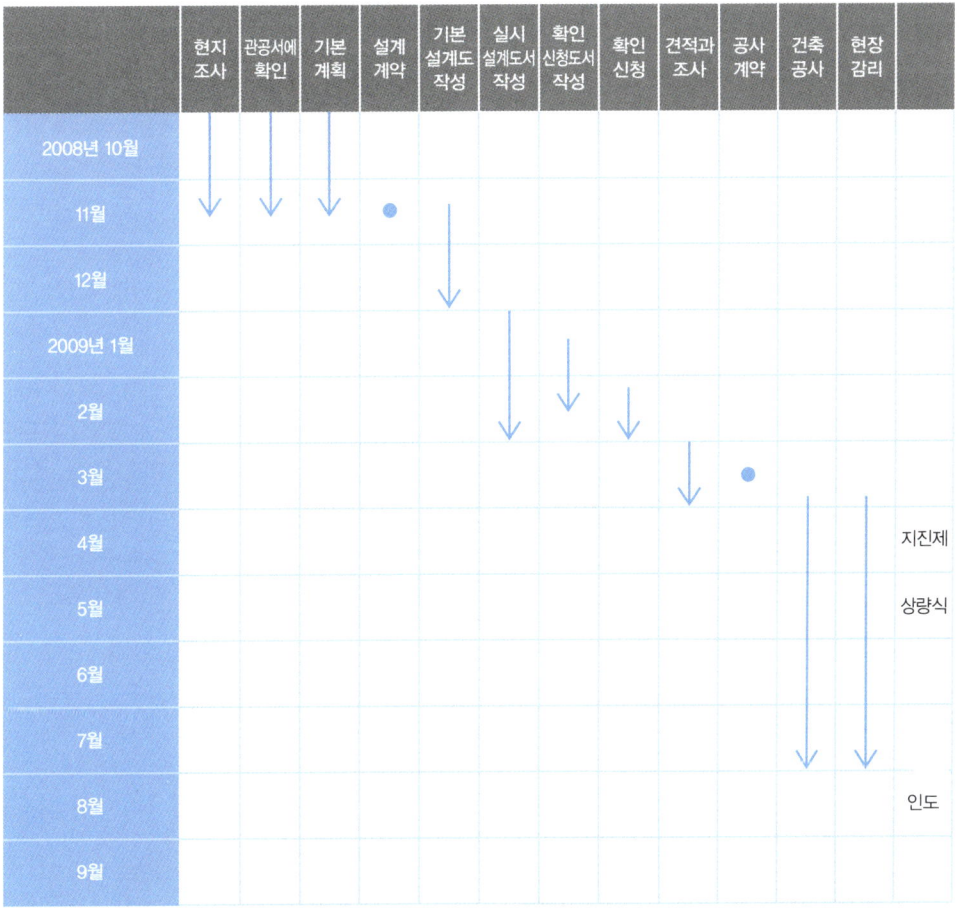

표준적인 목조주택의 스케줄

※ 지진제地鎭祭 : 건축, 토목 공사를 하기 전에 지신地神에게 공사의 안전을 기원하는 제사-옮긴이

Point 준공이 늦어지면 시공주의 생활에 지장을 줄 수 있다. 따라서 설계자, 시공자, 시공주 사이에서 연락을 확실히 취해야 한다.

> **칼럼** 300년을 유지하는 건축 기술

예전 집짓기 방식에서 배우자

예전에 집을 지을 때는 자신이 살 집을 짓기 위해 산에 나무를 심었고, 나무가 자라는 기간보다 훨씬 오래가는 집을 지었다. 따라서 100년 이상 가는 집이 일반적이었으며, 300년 넘게 유지되는 집도 많았다. 이처럼 옛날의 집짓기 방식에는 현대에도 활용할 만한 아이디어가 무궁무진하다. 옛것을 그대로 모방하는 것이 아니라 오랫동안 거듭함으로써 쌓인 경험과 시행착오를 바탕으로 하여 그 시대의 기술과 디자인을 더해 업그레이드해 나가는 것이다. 전통적인 기술에는 창조적인 작업이 필수적이다.

깊은 처마

옛날 집의 특징인 깊은 처마는 비가 많이 내리는 일본의 풍토에서 벽과 구조체가 최대한 비를 맞지 않게 하여 집을 오래 유지시키는 데 중요한 역할을 담당했다. 또한 여름에는 햇볕을 차단하고 겨울에는 실내 깊숙이까지 햇볕이 들어오게 하는 등 깊은 처마가 일조량을 조절하는 기능을 담당했다.

천연소재

집에 사용되는 재료는 나무, 흙, 돌, 종이 등 자연스럽게 흙으로 돌아가 흡수되는 천연소재만을 사용했다. 지역에서 나는 소재를 이용해 에너지 소비도 적고 자연적인 순환 속에서 영속적으로 조달할 수 있는 구조가 정비되어 있었다. 이처럼 지역의 자연소재는 환경을 파괴하지 않고 유지하는 소재라고 할 수 있다.

시원한 여름, 추운 겨울

옛날 집이 여름에 시원한 이유는 개구부가 많아서 통풍이 잘되고, 띠 지붕이나 흙을 발라 고정하는 기와지붕 등이 위에서 내리쬐는 햇볕을 충분히 차단하기 때문이다. 또한 토방의 표면 온도가 낮은 점도 이유로 들 수 있다.

흙과 회반죽을 두껍게 바른 지붕은 지붕과 흙벽 본체의 사이를 벌려서 지붕을 위에 얹듯이 만드는 방법이 있다. 이는 마치 양산처럼 햇볕을 외부에서 효과적으로 차단하는 역할을 한다.

융통성 있는 공간 활용

오래된 민가는 밭 전田 자 모양으로 방을 설계해 맹장지문을 닫으면 독립된 공간이 되고, 맹장지문을 열면 원룸으로 변한다. 독립된 방의 용도를 한정하지 않고 공간을 융통성 있게 사용할 수 있다. 사생활을 배려하면서 현대의 주택 설계에도 응용할 수 있을 것이다. 큼직한 보를 넣어 비교적 큰 경간으로 구조를 만들면 칸막이를 변경하기 좋고, 생활의 변화에도 쉽게 대응할 수 있다는 점이 장점이다.

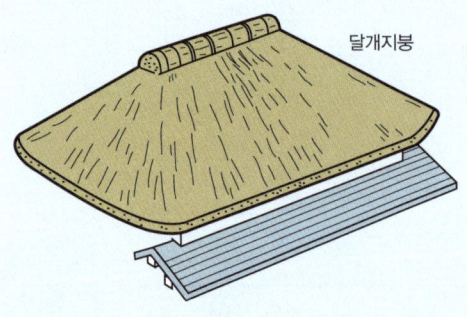

달개지붕

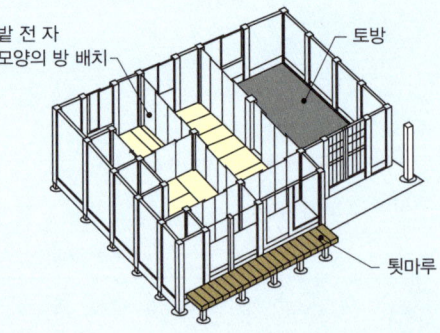

밭 전 자 모양의 방 배치
토방
툇마루

부지는 지반이 가급적 양호해야 문제가 없지만 그렇지 않은 경우도 많다. 따라서 지반 조사는 철저히 실시해야 한다. 문제가 일어나기 쉬운 지반 중에서도 특히 조성지에 주의하자. 한편 주변에서 대규모 건축 공사나 수로 공사 등을 하면 건물에 영향을 미칠 수도 있으므로 주의해야 한다. 지반의 종류를 파악한 후에는 부지 주변의 자료를 참조하여 지반의 이력을 확인하자.

제2장
지반과 기초

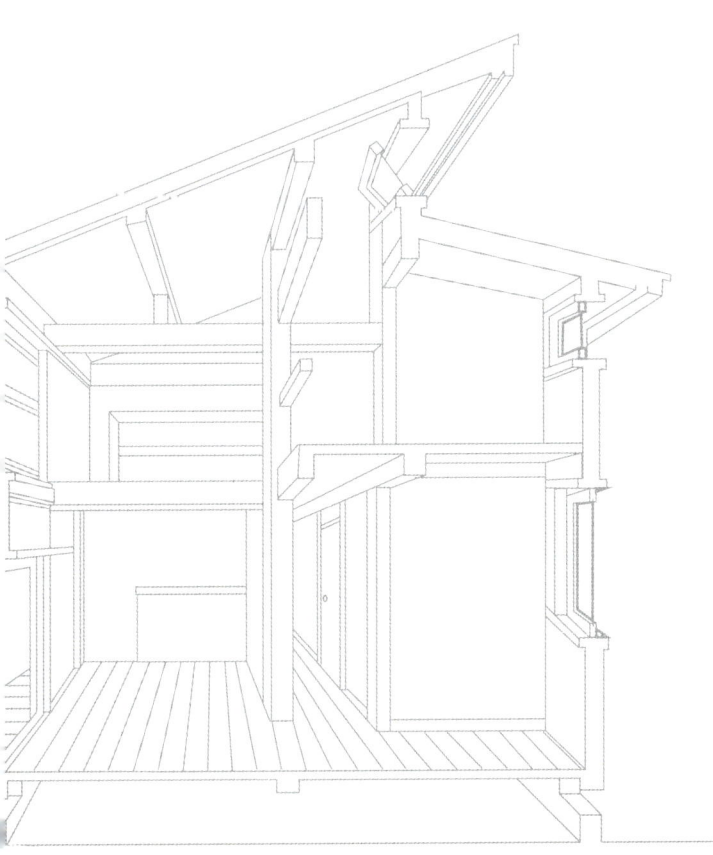

014 위험한 지반

위험한 지반의 종류를 알자

부지는 지반이 가급적 양호해야 문제가 없지만 반드시 그렇지 않은 경우도 많다. 따라서 지반 조사는 철저히 실시해야 한다. 지반을 조사하기 전에 오른쪽 표를 보고 문제가 일어나기 쉬운 지반의 종류를 파악해놓도록 한다.

문제가 일어나기 쉬운 지반 중에서도 특히 조성지에 주의하자. 조성지는 언뜻 보면 아무런 문제가 없어 보이지만 조성에 문제가 있는 경우가 있다. 경사지를 조성할 때 땅을 깎아내거나 성토해서 계단식으로 만드는데, 성토 작업은 흙을 쌓기만 해서 그 상태로는 부드러운 경우가 많다. 특히 옹벽 쪽의 성토 부분은 충분히 다지지 않아서 지반이 약할 수 있다. 또 땅을 깎아낸 부분과 성토 사이에 걸쳐서 집을 지으면 부동침하를 일으킬 우려가 있다.

한편 주변에서 대규모 건축 공사나 수로 공사 등을 하면 건물에 영향을 미칠 수도 있으므로 주의해야 한다.

자료나 지명으로 지반의 이력을 살핀다

위험한 지반의 종류를 파악하고 나면 부지 주변의 자료를 참조하여 부지가 어떤 지반인지 알 수 있도록 지반의 이력을 확인하자. 지질도나 토지조건도 외에도 오래된 지도 등이 참고가 되므로 준비하도록 한다. 또한 관공서에서 부지 주변의 보링자료를 구하거나 인터넷으로 지반의 정보를 얻을 수 있으니 이 참고자료들도 준비하자.

옛날부터 내려오는 지명을 통해 지반의 상황을 유추할 수 있는 경우도 있다. 나가레 流れ(강), 사와沢(저습지), 다니谷(산골짜기) 등 물과 관련된 지명일 경우에는 반드시 주의해야 한다. 옛날에는 수분을 많이 함유하고 있던 지반으로 추측되기 때문이다.

그 밖에도 부지 주변의 블록 담장이나 건물의 기초 등을 살펴보고 침하 때문에 균열이 생기지 않았는지 확인해놓도록 한다.

용어 해설

토지조건도 방재 대책이나 광역 개발을 위해 평야의 형성사(땅을 깎아낸 지역, 성토 지역, 매립지 등), 토지의 높이를 나타낸 지반 고선을 그려 넣은 지도. 긴급대피경로도 작성에 필요한 기초적인 지리 정보로서 정비해놓은 것이다.

문제가 발생하기 쉬운 지반

연약지반

충적층(약 2만 년 전의 최종 빙기 최성기 이후에 퇴적된 지층. 지질학적으로 가장 새로운 지층) 중에서도 부드러운 퇴적물로 이루어진 삼각주, 하천가, 습원, 호수와 늪 자리, 간척지, 매립지 등에서 부동침하(40쪽 참조)가 일어나기 쉽다.

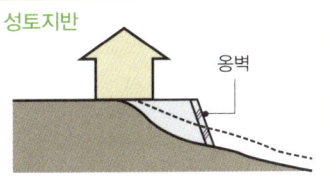

성토지반

성토해서 조성한 지반은 아직 지반이 불안정할 수 있다. 건설시에는 성토 작업 후 얼마 동안 방치해놓았는지 확인해야 한다. 성토한 조성지는 옹벽을 제대로 만들지 않으면 옹벽이 붕괴되어 이동하는 경우가 있다. 또한 건물을 성토지반과 흙을 깎아낸 부분 사이에 걸쳐서 지으면 부동침하가 일어나기 쉽다.

모래지반

지하수위가 높은 모래지반에서는 지진의 진동으로 포화상태가 된 지하수의 수압이 높아지고 모래 입자 간의 결합과 마찰력이 저하된다. 또한 모래층이 액체와 같은 상태로 변해서 유동한다(이를 액상화 현상이라고 한다).

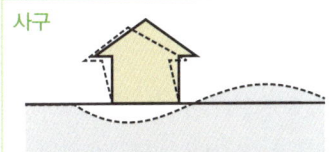

사구

건조한 사구는 지진의 진동 때문에 모래가 이동하기 쉽다.

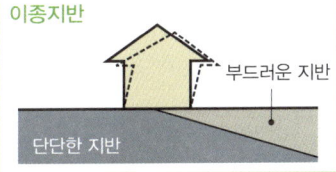

이종지반

집을 단단한 지반과 부드러운 지반 사이에 걸쳐서 지을 경우 지진이 발생했을 때 진동의 성질과 모양이 다르거나 부동침하가 일어난다.

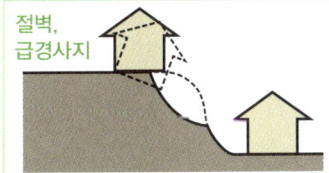

절벽, 급경사지

절벽이나 급경사면에 접근한 장소는 집중호우나 지진으로 토사가 무너지거나 옹벽이 붕괴될 우려가 있다.

자갈층

단단하지 않은 자갈층에서 지진이 일어날 경우 일반적인 지반보다 진동 폭이 커진다.

Point 언뜻 보기에 문제가 없는 조성지라도 성토를 제대로 다지지 않은 경우가 있으므로 주의해야 한다.

015 부동침하

연약지반은 지진 피해가 크다

연약지반이란 수분을 많이 함유하고 있어 부드러운 지반을 말한다. 원래는 바다나 강, 연못, 무논 등이었던 장소가 연약지반일 가능성이 높다.

　연약지반은 건물의 무게 탓에 지면이 내려앉을 뿐 아니라 대지진이 발생했을 때 흔들림이 증폭된다. 따라서 건물에 큰 피해를 불러올 수 있다. 고베 대지진 때는 깊은 연약지반층이 급격히 얕아지는 부분이 마침 바닷가여서 파도가 부서지듯이 지진파가 증폭되어 큰 피해를 입은 곳도 있었다. 또한 연약지반 중에서도 지질이 모래이고 지하수위가 높을 경우에는 지진의 진동으로 지반이 액체 상태가 되는 액상화 현상이 일어날 위험이 있다.

압밀침하와 부동침하에 주의한다

연약지반에 발생하기 쉬운 피해 현상으로는 압밀침하와 부동침하가 있다. 연약지반 속 수분이 증발하거나 지하로 침투해 수분이 있던 부분에 빈틈이 생긴다. 그러면 지반 전체와 그 위에 있던 건물의 무게 때문에 지반의 부피가 압축되어 건물 침하가 일어난다. 이 현상을 압밀침하라고 한다.

　한편 부동침하란 지반 상태가 좋지 않아 장소에 따라 지반의 경도가 다르거나 건물의 하중이 크게 쏠려 건물이 불균일하게 침하되는 것을 말한다. 건물이 균일하게 침하될 경우에는 크게 문제되지 않지만 부동침하는 건물이 비뚤어지므로 문을 열고 닫기가 어렵거나 바닥이 기우는 등 생활에 지장을 초래한다. 또한 건물이 한쪽으로 쏠려 하중이 한곳에 집중되므로 구조적인 문제를 일으킬 수 있다.

　부동침하가 발생할 위험이 있는 지반은 경사지에 있는 조성지에 많다. 따라서 땅을 깎은 부분과 성토가 섞여 있는 장소나 매립지 등은 주의해야 한다.

용어 해설

액상화 현상　지하수위가 높은 모래지반이 지진의 진동으로 액체 상태가 되는 현상을 말한다. 비중이 큰 구조물이 파묻히거나 쓰러지고, 비중이 작은 땅속의 구조물(하수관 등)이 드러난다. 사구 지대나 항만 지역의 매립지 등에서 발생한다.

압밀침하의 구조

건물의 하중이 연약지반에 더해져 땅속의 수분이 증발한 상태.

지반의 수분이 방출되어 부피가 압축된 상태라서 지반의 침하와 함께 건물도 내려앉는다.

부동침하의 구조

건물의 하중과 밑에서 이를 지탱하려고 하는 지내력이 균형을 유지한 상태.

연약지반 때문에 지내력이 약하고, 건물의 하중을 지탱하지 못해서 건물이 불균일하게 내려앉은 상태.

Point 건물이 기울어 내려앉으면 건물의 하중이 한곳에 집중되어 구조적인 문제를 일으킬 수 있다.

016 지반 조사법

지반을 쉽게 확인할 수 있는 방법

지반의 상태를 직접 확인할 수 있는 쉬운 방법을 소개하겠다. 먼저 부지에 한 발로 서서 지반의 경도를 확인하는 방법이 있다. 사람이 한 발로 섰을 때 $1m^2$당 하중은 약 20kN이며, 목조주택의 하중(목조주택의 표준적인 기초 접지압)과 거의 비슷하므로 대략적인 기준이 된다. 지면에 발자국이 찍히면 연약지반일 가능성이 있다. 또 삽으로 시험파기를 하거나 철근을 찔러 넣어서 표면 부근의 지반 경도를 확인할 수 있다.

SWS 시험과 표면파 탐상법

RC조(철근 콘크리트 구조-옮긴이)나 철골조에서 실시하는 보링조사는 목조주택에서는 그다지 하지 않는다. 좀 더 쉬운 방법으로는 스웨덴식 사운딩 시험(이하 SWS 시험)이 많이 사용된다. SWS 시험은 끝이 송곳 모양인 기구에 하중을 가해서 지반에 비틀어 박은 뒤 일정 깊이까지 내려가는 회전수에 따라 지반의 강도를 확인하는 방법이며, 비용이 비교적 저렴하다.

표면파 탐상법은 작은 지진파이기도 한 표면파(레일리파)를 지표에서 일으켜 반사시간에 따라 지반의 경도를 조사하는 방법이다. 지반의 지지력뿐 아니라 침하량(침하 가능성)도 측정할 수 있다. 단단한 지반일수록 파동이 빨리 움직이는 성질을 응용했다. SWS 시험보다 비용이 약간 더 들지만 좀 더 정확한 데이터를 얻을 수 있어서 결과적으로 지반 보강 비용을 줄일 수 있는 경우도 있다. SWS 시험으로는 부드러운 지반의 상세한 사항을 알 수 없으므로 특히 연약지반에서 사용하면 효과적이다.

이러한 조사 방법은 신축하는 주택의 네 모서리와 중앙 등 다섯 군데 이상에서 실시한다. 한 군데만 조사하면 전체의 상황뿐만 아니라 지지지반의 경사를 파악할 수 없기 때문이다.

용어 해설

지지지반 지반이 단단하고 튼튼해서 건물이 침하되지 않는 지층을 말한다. 목조주택의 경우 $20kN/m^2$ 이상의 지반을 지지지반이라고 할 수 있다. 단, 지지지반이 깊은 위치에 있으면 지반을 보강해야 한다.

지반 조사법, 이것만은 알아두자

표준 관입 시험	지반 샘플을 채취하여 지층의 구성 상태를 확인한다. 각 지층의 샘플을 구체적으로 확인할 수 있다는 이점이 있지만 비용이 든다. 중규모 이상의 RC조 건축물을 지을 경우에는 보링조사를 해야 하지만 목조주택에서는 표면이 부드러워도 상관없다.
스웨덴식 사운딩 시험	100kg까지의 추 네 종류를 올린 철봉의 스크루 포인트로 25cm 정도 파내려 갈 때 핸들을 몇 번 회전시켰는지를 측정해서 지반의 강도를 추정한다. 약 10m까지 계측할 수 있고, 단독주택의 지층 조사로 적합하다.
표면파 탐상법	인공적으로 발생시킨 탄성파를 지표면 위에 설치한 수진기를 이용해 속도로 파악하여 속도의 깊이 방향 분포로부터 지층의 구성과 지반의 경도를 확인한다.

표준 관입 시험

스웨덴식 사운딩 시험

표준 관입 시험

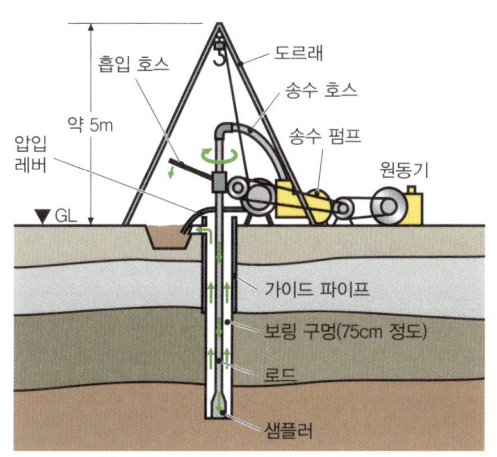

우선 샘플링을 실시하기 위한 구멍을 뚫는다.
다음으로 각 지층의 흙과 바위, 모래 샘플을 채취한다.
작업 공간이 4×5m 정도로 넓다.

스웨덴식 사운딩 시험

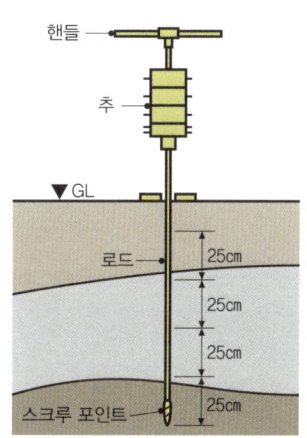

끝이 나사 모양인 스크루 포인트를 회전시키면서 밀어 넣고 핸들의 회전수로 지반의 경도를 조사한다.

표면파 탐상법

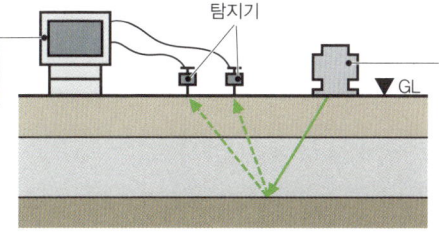

땅속으로 향한 표면파(레일리파)를 탐지기 쪽으로 발신하는 기계.
단단한 지반일수록 지진파가 빨리 전달된다는 표면파의 성질을 활용하여 그 속도를 토대로 지반이 단단한지 부드러운지를 조사할 수 있다.

Point 지반은 원래 지지력뿐만 아니라 침하량까지 측정하는 편이 좋다.

017 지반 조사보고서 보는 법

보고서의 어느 부분을 봐야 할까

지반 조사보고서에는 조사한 위치와 조사 위치별 지반 경도가 기재되어 있다. 지반의 경도를 나타내는 지표로서 지내력地耐力이 있는데 이 지내력은 '지반 지지력도(kN/m^2)'로 나타나며, 목조주택의 경우 $20kN/m^2$ 이상이 필요하다.

주택의 하중을 지탱하는 튼튼한 지반을 지지지반이라고 하며, $20kN/m^2$ 이상의 지내력을 가진 지반이 이에 해당된다. 조사 위치마다 지지지반의 깊이를 확인해 그 깊이에 따라 지반 보강의 필요성을 판단한다. 지지지반이 깊은 위치에 있을 경우에는 지반을 보강해야 한다. 제시된 그림에서는 깊이 0.7m 위치에 $30kN/m^2$의 부지를 확인할 수 있으므로 부지를 보강할 필요가 없지만 표면이 부드러워 다지기 작업을 충분히 해야 한다. 부지 조사 결과는 필요할 경우 구조설계자에게도 확인받으면 좋다.

지반 조사보고서 보는 법

다섯 군데 이상 조사한다

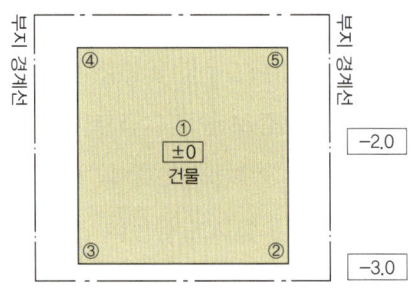

건물의 중심과 네 모서리를 조사하므로 조사시에는 건물의 모양과 배치를 정해 놓아야 한다.

왼쪽 다섯 군데의 지반 지지력도($kN/㎡$)

지반 지지력도($kN/㎡$)					
깊이(m)/측점	①	②	③	④	⑤
(터파기 깊이 30cm)	2.8 / 11	5.7	12	2.4 / 11	3.0 / 8.7
1m	32	13	12 / 26	24	12 / 29
2m	65	38	41	38	62
3m	107	69	62	77	87
4m	131	115	131	215	224

> **용어 해설**
> **지내력** 지반 침하에 대해 저항력이 얼마나 있는지, 지반이 어느 정도의 하중을 견딜 수 있는지를 나타내는 지표. 하중을 지탱하는 힘만 나타낼 경우 지지력이라고 하며, 전문용어로는 '장기 허용 응력도'라고 한다.

스웨덴식 사운딩 시험의 결과

추정 주상도	추정 지하 수위	관입 깊이 (m)	하중 Wsw (N)	반회 전수 Na (회)	1m당 반회 전수 Nsw (회)	환산 N값 (회)	허용 응력도 qa (kN/㎡)	쿵소리	매끄러운 소리	매우 서서히 나는 소리	천천히 나는 소리	굵는 소리	자갈 소리	사각사각 소리	모래 소리	무음
c		0.50	500			1.5	7.5									*
c		0.70	1,000			3.0	30.0									*
c		0.75	1,000	1	20	4.0	42.0									*
c		1.00	1,000	4	16	3.8	39.6									*
c		1.25	1,000	1	4	3.2	32.4									*
c		1.50	1,000			3.0	30.0									*
c		1.75	1,000			3.0	30.0									*
c		2.00	1,000			3.0	30.0									*
c		2.25	1,000			3.0	30.0									*
c		2.50	1,000			3.0	30.0									*
c		2.75	1,000			3.0	30.0									*
c		3.00	1,000			3.0	30.0									*
c		3.25	1,000			3.0	30.0									*
c		3.50	1,000			3.0	30.0									*
c		3.75	1,000			3.0	30.0									*
c		4.00	1,000			3.0	30.0									*
c		4.25	750			2.3	16.9			*						
c		4.40	750			2.3	16.9			*						
c		4.50	1,000			3.0	30.0			*						
c		4.75	1,000			3.0	30.0			*						
c		5.00	1,000			3.0	30.0			*						
c		5.25	1,000	4	16	3.8	39.6						*			
g		5.40	1,000	1	7	2.4	34.0						*			
g		5.50	1,000	16	160	12.7	126.0						*			

- 지표면이 부드러워 충분히 다져야 한다.
- 3m 이상의 깊은 위치에 지내력이 낮은 지반이 일부 확인되지만 위치가 깊어서 문제없다고 할 수 있다.

비고
- c : 점성토
- s : 사질토
- g : 역질토

Point 지지지반이 되는 지반이 있는지, 지지지반이 얼마나 깊이 있는지를 확인한다.

018 지반 보강법

지지지반의 깊이에 따라 다르다

지반 조사 결과 지내력이 2t/m²(20kN/m²) 미만으로 판명된 경우 **지반 보강** 공사를 해야 한다. 그러나 지면에서부터 지지지반까지의 깊이에 따라 보강하는 방법이 다르므로 적절한 방법을 선택하도록 한다. 또한 지반 조사는 가능한 한 시기를 서둘러야 한다.

재다짐 공법

지표면만 보강하는 경우에는 래머^{rammer}(토사나 자갈을 다지는 기계-옮긴이)나 진동롤러를 이용해 지면을 다지는 방법이 일반적인데 래머나 진동롤러는 둘 다 최대 깊이 300mm까지만 효과가 있다. 따라서 그보다 깊이 보강해야 할 때는 지면을 파내려 간 뒤에 다지고 흙을 얹어서 다시 한 번 다진다. 이를 재다짐 공법이라고 한다.

표층 개량

지표면 위에 시멘트 계열의 혼화 재료를 섞어서 표층을 굳히는 방법을 표층 개량이라고 한다. 지질이 달라지는 탓에 식물을 심지 못할 수도 있으므로 주의해야 한다.

기둥 모양 개량

지표면에서 3~5m 정도를 보강하며 직경 600mm 정도의 구멍을 판 뒤 그 부분에 파낸 흙과 혼화 재료, 물을 섞어서 흙을 기둥 모양으로 굳히는 방법이다. 30평 정도의 목조주택에서는 30~40개 정도를 기둥 모양으로 개량한다. 단, 기둥 모양으로 개량하는 끝부분의 시공 상황을 확인하기 어렵다는 점에 주의해 확실히 시공한다.

강관 말뚝

지면에서부터 지지지반까지의 거리가 멀 경우 직경 약 120mm 정도의 강관 말뚝을 회전시키면서 지면에 박아 넣는다. 지지지반에 도달했는지 확인한 뒤 설치를 끝낸다. 30평 정도 크기의 목조주택에서는 강관 말뚝 30개 정도를 박는다.

용어 해설

지반 보강 연약지반을 보강하는 것으로 연약한 지반 자체를 단단하게 굳히는 지반 개량과 기성품 말뚝을 박는 공법이 있다. 건물 하중에 대해서 지반의 허용 지지력도가 크고 압밀침하가 일어날 가능성이 없는 경우에는 보강하지 않아도 된다.

주요 지반 보강법

재다짐 공법

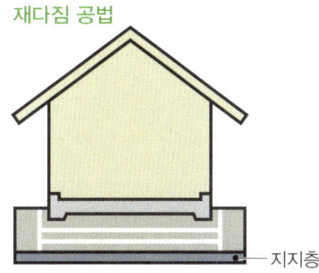

물 또는 석회를 뿌리면서 롤러를 이용해 30cm 간격으로 단단히 다진다. 가장 단순하고 비용이 저렴한 방법이다.

기둥 모양 개량

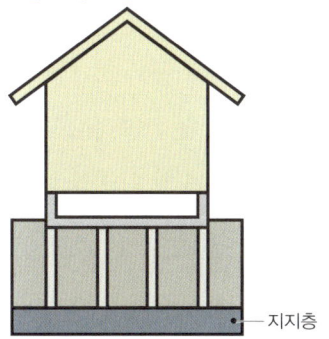

액체 상태가 된 시멘트 계열의 고화제를 원지반에 주입한 뒤 원지반토를 기둥 모양으로 굳혀서 건물을 지탱한다.

표층 개량

① 연약지반을 판다

② 판 부분에 고화제를 살포한다

③ 흙과 고화제를 혼합하여 골고루 섞이도록 휘젓는다
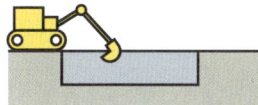

④ 다진다

⑤ 다시 메운다
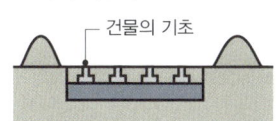

⑥ 완료
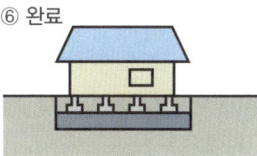

연약한 지반에 시멘트 계열의 고화제를 살포한 뒤 흙과 혼합해 잘 휘저어서 지내력이 크고 안정된 층을 기초 하부에 만든다.

강관 말뚝

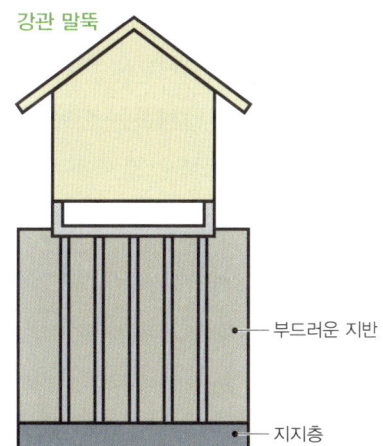

지름 두께 약 114.3~264.7mm의 강관 말뚝을 지지층까지 박아 넣어서 건물을 지탱한다.

특수한 개량 공법

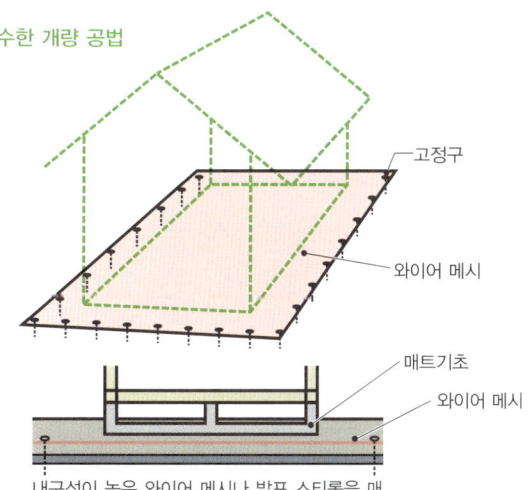

내구성이 높은 와이어 메시나 발포 스티롤을 매트기초의 하부 전면에 깔아 건물의 하중을 분산시킨다.

Point 지반 조사 결과 지내력이 2t/m²(20kN/m²) 미만으로 판명되었을 경우 지반을 어느 정도 보강해야 한다.

019 기초의 종류

줄기초

목조주택의 기초에는 줄기초, 매트기초, 독립기초가 있다. 지반의 강도나 지질과 상태에 따라 기초의 형태가 다르다. 예전에는 철근이 없는 기초도 볼 수 있었지만 현재는 철근 콘크리트를 이용해 기초를 만드는 방법이 의무화되었다.

줄기초는 이전부터 많이 사용되어 왔다. 건물의 규모와 지반의 지지력에 따라 저반(푸팅)의 폭을 결정한다. 예전에는 저반이 없는 기초도 많았지만 폭이 최소한 450mm는 필요하다. 독립기초의 경우 줄기초의 저반 부분을 만들어 그 부분만 연결하면 된다.

기초의 수직부와 저반의 두께는 보통 120mm로 하는데 땅속 부분에 있는 철근의 피복 두께를 확보하려면 두께가 부족해질 수 있다. 배근의 시공 정밀도와 콘크리트 타설 시에 콘크리트가 충분히 퍼지는 것을 고려한다면 두께 150mm로 하는 편이 좋을 때도 있다. 철근의 양과 거푸집을 만드는 시간은 똑같고 콘크리트의 양이 약간 늘어날 뿐이어서 비용만 조금 증가한다.

매트기초의 기본

최근에는 주로 바닥 하부의 전면을 저반으로 하는 매트기초를 만든다. 구조강도를 확보할 수 있고 바닥 하부의 방습 효과도 뛰어난 기초라고 할 수 있다. 콘크리트의 양이 늘어나기는 하지만 시공에 많은 시간이 들지 않는다는 점도 매트기초를 선택하는 이유 중 하나다. 그런데 매트기초의 저반은 구조적으로 슬래브라고 할 수 있어서 슬래브와 마찬가지로 면적이 넓어지면 구조강도가 부족할 수 있다. 수직부를 보로 이용하고 바닥 하부의 통기와 유지 및 보수를 위한 개구부를 뚫을 경우 지중보를 설치하면 좋다. 단, 수직부 또는 지중보로 둘러싸인 부분의 면적이 넓어지지 않도록 주의한다. 가능하면 저반의 두께를 200mm 이상 확보해서 이중으로 배근해야 한다.

> **용어 해설**
>
> **철근 피복 두께** 철근을 덮는 콘크리트의 두께를 말한다. 콘크리트의 알칼리성이 작용해 콘크리트 속의 철근이 녹스는 것을 방지한다. 하지만 콘크리트가 중성화되어 균열이 발생한 부분으로 수분이 유입되면 철이 녹슬기 때문에 철근 피복 두께를 충분히 확보하도록 한다.

줄기초 사양

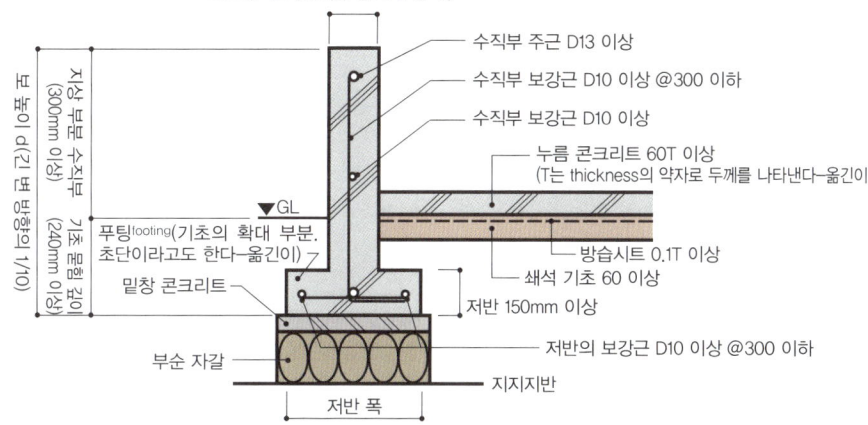

초단(푸팅)의 폭은 건물의 규모와 부지의 지지력에 따라 다르다.

매트기초 사양

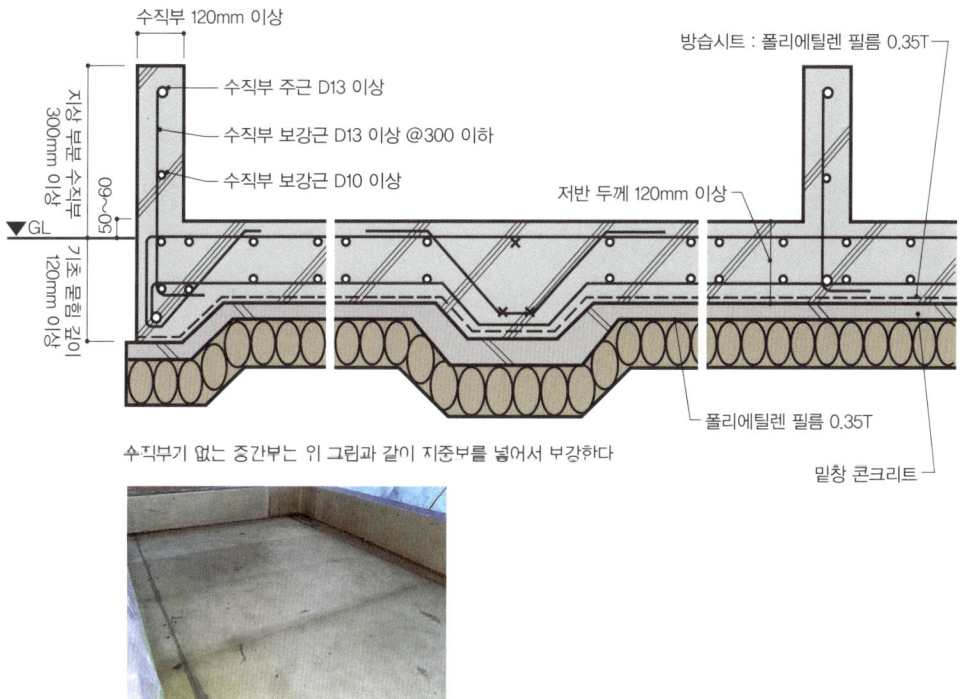

수직부가 없는 중간부는 위 그림과 같이 지중보를 넣어서 보강한다

Point 매트기초로 시공했다고 해서 반드시 안심할 수는 없다. 따라서 면적이 넓을 경우에는 지중보를 넣어 보강해야 한다.

020 기초 보강과 바닥 하부 환기

기초를 보강해야 할 부분

기초의 수직부에는 바닥 하부 환기구나 사람이 드나들 수 있는 개구부, 배관을 위한 관통구 등을 설치하는 경우가 많다. 이럴 때는 기초를 관통한 부분 주위에 배근을 보강해야 한다. 기초 수직부 위에 개구부를 계획할 경우에도 마찬가지다. 한편 매트기초일 경우에는 지중보를 설치해서 보강할 수 있다.

바닥 하부의 습기 대책

바닥 하부의 습기는 목재를 부식시키고 흰개미를 발생시키는 원인이기도 해서 목구조에 악영향을 끼친다. 그런 이유로 목조주택에서는 바닥 하부의 습기 대책이 중요하다.

우선 기본적으로 바닥 하부 지반을 주위 지반보다 높게 한다. 방습시트를 깔거나 **방습 콘크리트**를 치거나 매트기초로 하는 방법도 효과적이다. 또한 기초의 수직부를 지반면으로부터 400mm 이상 높게 잡아서 1층 바닥 높이를 지반면으로부터 600mm 이상 확보하면 좋다. 기초 주위의 수직부에 설치하는 바닥 하부 환기구는 주로 개구부 아래 중앙에 설치한다. 칸막이 밑의 수직부에는 통기구를 만들어 바닥 하부에 공기가 잘 통하도록 한다. 이 통기구는 개구부를 겸해서 바닥 하부의 유지 및 보수에도 도움이 되도록 사람이 지나갈 수 있는 크기로 만든다.

기초 패킹 토대는 기초 위에 수지제 패킹 등을 올려놓고 기초의 상단과 토대 사이에 틈을 20mm 정도 벌려서 기초 상단 전체로 환기하는 방법이다. 환기량을 충분히 확보할 수 있어서 바닥 하부를 환기하는 데 효과적이다. 하지만 겨울철에는 습도가 너무 낮아지므로 바닥 하부의 단열 시공을 확실히 해야 한다. 경사지와 같이 부지가 높은 부분의 기초 저반보다 지면이 높아질 경우 땅속의 수압 때문에 물이 기초 안쪽으로 배어나올 수 있다. 그럴 경우 드라이 에어리어dry area(건물 주위에 판 도랑으로 한쪽에 옹벽을 설치한다. 방습·방수·통풍·채광에 효과적이다-옮긴이)를 만들어야 한다.

용어 해설

방습 콘크리트 땅속에서 올라오는 습기를 막기 위해 타설하는 콘크리트. 지하수위가 높은 부지일 경우 바닥 하부의 습기 대책으로 방습 콘크리트를 치면 효과적이다. 단, 콘크리트의 표면이 쉽게 차가워져 표면에 결로 현상이 발생할 수 있다.

기초를 보강해야 할 부분

보강근이 필요한 위치

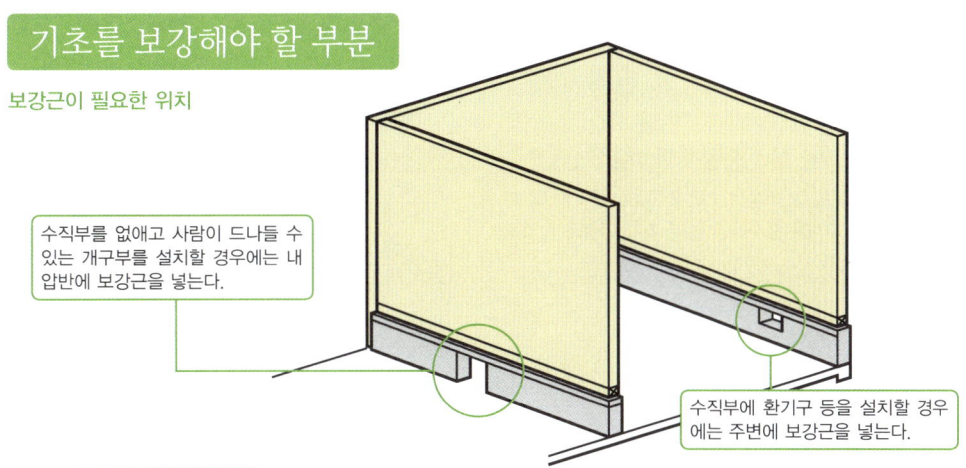

수직부를 없애고 사람이 드나들 수 있는 개구부를 설치할 경우에는 내압반에 보강근을 넣는다.

수직부에 환기구 등을 설치할 경우에는 주변에 보강근을 넣는다.

기초 배근 넣기

관통구 보강

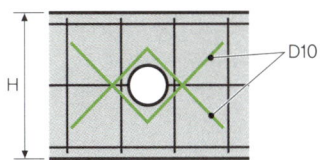

관통구의 지름이 60mm 이상일 경우 보강근을 넣는다. 관통구의 직경은 H/3 이하로 하고, 인접하는 구멍의 중심 거리는 지름의 3배 이상으로 한다.

환기구 보강

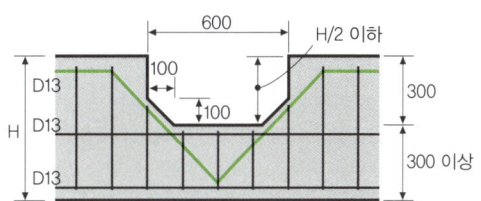

사람이 드나들 수 있는 개구부의 보강

바닥 하부 환기구(줄기초의 경우)

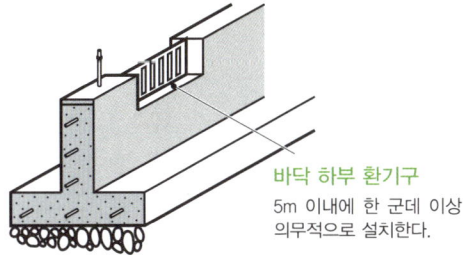

바닥 하부 환기구
5m 이내에 한 군데 이상 의무적으로 설치한다.

기초 패킹 토대(매트기초의 경우)

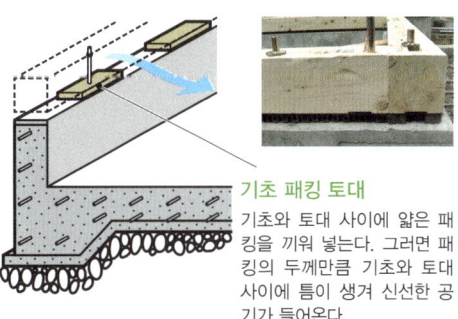

기초 패킹 토대
기초와 토대 사이에 얇은 패킹을 끼워 넣는다. 그러면 패킹의 두께만큼 기초와 토대 사이에 틈이 생겨 신선한 공기가 들어온다.

> **Point** 바닥 하부의 환기를 위해서는 기초에 환기구가 필요하다. 환기구를 설치하려면 기초를 반드시 보강해야 한다.

> **칼럼** 목조주택의 면진·제진·감진

앞으로 지을 목조주택에 필요한 기술

미래에 짓게 될 이상적인 목조주택을 생각할 때 지진의 힘 자체를 흡수하는 여러 가지 기술을 파악해 놓아야 한다.

면진免震 공법

지반과 기초를 구조적으로 분리한 뒤 그 사이에 면진 장치를 설치해서 지진이 일어났을 때 진동이 기초 및 상부 구조로 미치지 않게 하는 공법이다. 면진 장치는 적층고무나 볼 베어링, 마찰재를 사용한 종류가 있으며, 일정 기준 이상으로 지나치게 흔들리지 않도록 댐퍼를 설치한다.

약간의 흔들림에도 대응하므로 건축주의 공포감을 완화해주며, 무엇보다도 지진으로 인해 발생하는 구조적 손상을 대폭 억제할 수 있다. 그러나 면진 장치나 기초 공사에 적어도 300만 엔 이상이 드는 데다 구조 계산도 필요하다.

제진制震 공법

상부 구조의 내력벽에 지진의 충격을 흡수하는 댐퍼나 적층고무 등과 같은 제진 장치를 설치하는 공법이다. 내력벽을 많이 넣어서 고정하는 방법도 넓은 의미로는 제진 공법이라고 할 수 있다.

신축 건물뿐만 아니라 리폼 공사시에도 이용할 수 있다는 장점이 있지만 장관 인정을 취득한 내력벽이 적은 탓에 벽량으로 넣어 계산할 수 없는 경우가 많다. 또한 지진으로 인해 구조가 어느 정도 손상되는 것을 피할 수 없다. 100만 엔 이하로 비용을 줄일 수 있는 재료가 많다.

지반 감진減震 공법

지반과 기초의 가장자리를 사전에 잘 끊어지는 상태로 만들어서 중규모의 지진이 일어날 때는 지반과 함께 흔들리지만 대지진이 일어날 때만 지반과 기초의 가장자리가 끊어져 지진의 힘을 흡수하는 방법이다. 일반적인 확인 신청으로 해결할 수 있으며, 비용은 100만 엔 정도로 면진 공법에 비해 저렴한 편이다. 단, 지반의 상황을 면밀히 확인해야 하므로 표면파 탐상법을 이용해 지반 조사를 실시해야 한다.

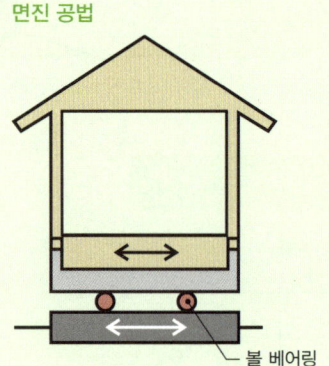

면진 공법 — 볼 베어링

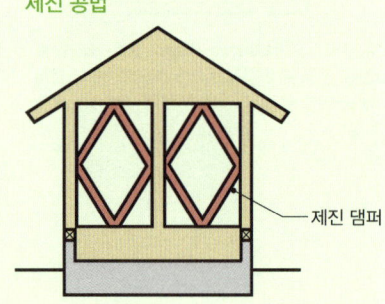

제진 공법 — 제진 댐퍼

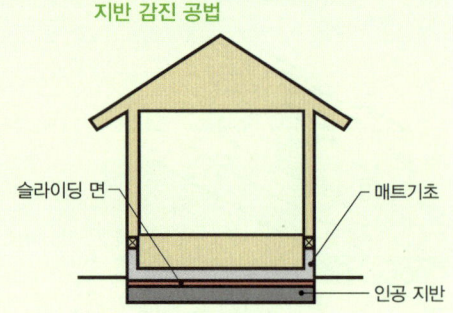

지반 감진 공법 — 슬라이딩 면, 매트기초, 인공 지반

나무는 벌목한 후에 그 나무가 자라온 세월보다 훨씬 오래간다고 한다. 목조주택을 설계할 때는 이러한 성질을 충분히 파악한 뒤 그 특성을 살려 설계할 수 있도록 신경 써야 한다. 건물을 형성하는 골조를 축조라고 하는데 축조공법은 예전부터 전해져오는 목조주택 공법이며, 재래공법이라고도 한다. 다만 시대에 따라 축조공법도 만드는 방법이 변화하고 있다는 점을 명심하자.

제3장
골조

021 목재의 성질

건조의 중요성

나무는 벌목한 후에 그 나무가 자라온 세월보다 훨씬 오래간다고 한다. 목조주택을 설계할 때는 이러한 목재의 성질을 충분히 파악한 뒤 그 특성을 살려 설계할 수 있도록 신경을 써야 한다.

나무는 세포벽에 존재하는 수분(자유수)의 양이 강도의 특성에 큰 영향을 준다. 그러므로 충분히 건조된 상태인지 확인하는 것이 중요하다. 충분히 건조하지 않으면 수축이나 뒤틀림, 휨, 균열 등이 발생하기 쉽다. 건조되지 않은 목재를 손으로 들어보면 묵직한 느낌이 있다.

수분의 함유량은 평형 함수율 15% 이하가 좋다고 한다. 예전에는 나무를 건조시키기 위해 반년 이상 묵혀놓고 충분히 자연건조한 후에 사용했다. 그러나 현재는 건조실에 넣어서 증기를 주입하며 인공건조한 목재를 사용하는 경우가 많다.

목재의 마름질

건축자재로 사용되는 목재는 원목인 통나무에서 낭비가 생기지 않게 어느 위치에서 어떤 부재를 취할 것인지 결정한 뒤 절단하는데 이를 마름질이라고 한다. 목재는 부위에 따라 성질이 다르므로 이를 충분히 고려해 마름질한다.

목재에는 겉과 속이 있는데 수피에 가까운 쪽을 나무겉(목표)이라고 하고, 수심에 가까운 쪽을 나무속(목이)이라고 한다. 나무겉은 나무속보다 세포가 크고 수분을 잘 흡수해서 수축되기 쉬우며, 나무겉 쪽으로 휘는 현상이 일어난다.

마름질 방법에 따라 수심을 포함하며 잘 썩지 않고 강도가 높은 '심이 있는 목재'가 구조재로 가공되며, 옹이가 적고 수심을 포함하지 않는 부분의 '심을 제거한 목재' 등이 조작재로 가공된다. 판재 중에는 통나무의 중심 쪽으로 절단한 곧은결 제재목과 나이테의 접선 방향으로 절단한 널결 제재목 등이 있다.

용어 해설

함수율 목재에 함유되어 있는 수분의 비율을 나타낸다. 대기의 습도와 비슷해질 때까지 건조시켰을 때의 함수율을 '평형 함수율'이라고 한다. 함수율이 목재를 사용할 장소에서의 평형 함수율보다 낮아질 때까지 건조시킨 목재를 사용하면 좋다고 한다.

자연건조

지엽 말리기

수목을 벌채한 뒤 가지와 잎을 떼어내지 않은 상태로 임산지 내에 방치해 줄기 안의 수분을 감소시키는 방법을 말한다.

잎의 증산작용으로 변재에서 수분이 빠져나간다. 또한 변재 속에 함유된 녹말의 양이 감소해 목재로 가공한 후에도 해충이나 곰팡이 등의 피해가 잘 발생하지 않는다. 그러나 건조목이라고 해도 함수율이 12%까지 내려가지는 않으므로 다시 한 번 건조시켜야 한다.

인공건조

제습식 건조법의 구조

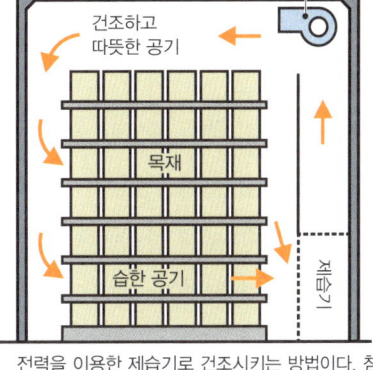

전력을 이용한 제습기로 건조시키는 방법이다. 침엽수 제재 건조의 필요성을 주장하던 시기에 보일러와 건조 기술 없이도 쉽게 건조시킬 수 있다는 점에서 보급되었다. 단, 함수율 20% 이하까지 건조시킬 경우 건조 효율이 조금 나빠진다.

마름질

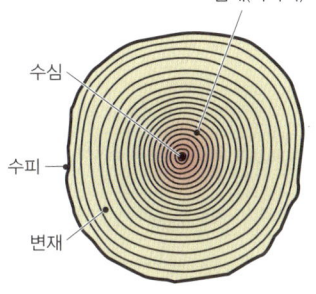

심이 있는 목재
수심을 포함하는 목재. 잘 썩지 않고 단단하다. 주로 토대나 기둥, 보 등 단면이 넓은 부재로 사용된다.

심을 제거한 목재
수심을 포함하지 않는 부분의 각재를 말한다. 옹이가 적고 나뭇결 모양이 예쁘다. 서까래나 장선 등 단면이 좁은 부재나 조작재로 사용된다.

곧은결 제재목
통나무의 중심 쪽으로 절단한 목재. 나이테가 평행한 나뭇결 모양으로 나타난다.

나무겉

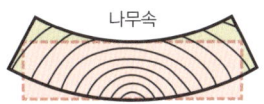
나무속

널결 제재목
나이테의 접선 방향으로 절단한 목재. 나이테가 소용돌이 모양으로 나타난다.

수피에 가까운 부분을 나무겉(목표)이라고 하고, 수심에 가까운 부분을 나무속(목이)이라고 한다. 나무겉 부분이 빨리 건조되므로 나무겉 쪽으로 휜다.

Point 목재는 부위에 따라 성질이 다르므로 적재적소에 배치해 사용해야 한다.

022 목재의 규격 및 등급

JAS 규격

목재의 등급은 품질 기준화를 계획한 JAS 규격과 관용적으로 사용되어온 등급 두 종류가 있다. JAS 규격이란 1950년 일본에서 제정된 '농림 물질의 규격화 및 품질 표시에 관한 법률(JAS법)'을 근거로 하여 1967년에 제정된 목재의 제재에 관한 규정을 말한다.

침엽수의 구조용 제재 규격은 옹이나 둥근모 등을 육안으로 확인해서 등급을 구분하는 '육안 등급 구분 제재'와 기계로 세로 탄성계수를 측정한 '기계 등급 구분 제재'가 있다. 구조용 집성재나 단판 적층재로는 JAS 규격재가 많이 유통되고 있지만 현재 일반 재료에는 JAS 규격재가 거의 유통되지 않는 상황이다.

JAS 제품을 사용하지 않을 경우 무등급 재료를 사용하는데 구조 계산을 함께 해야 할 경우 무등급 재료를 사용하면 제품이나 수종에 따라 강도가 일정하지 않으므로 주의해야 한다. 레드 파인(홍송)은 강도가 비교적 높지만 삼나무는 조금 낮다.

관용적 등급

일본에서 사용되는 관용적 등급은 주로 장식면으로 정해져서 옹이의 크기나 개수가 기준이 된다(JAS 규격에서도 장식면 등급이 있으며, 관용적 등급과 약간 비슷하다).

침엽수 중에서는 옹이가 없는 것을 '무절無節', 옹이의 수가 늘어날수록 '조코부시上小節', '고부시小節', '특1등', '1등' 등으로 부른다. 무절은 당연히 고가이며 1등 목재가 저렴하다. 무절 목재는 옹이가 없는 면의 수가 세 면이면 '삼방 무지無地', 두 면이면 '이방 무지'로 분류해서 부른다. 또한 1등 목재는 부분적으로 모서리에 통나무의 둥근모가 남아 있다는 특징이 있다.

그 밖에도 유통되는 규격 치수를 기억해두어야 한다. 기둥 및 보 부재라면 표준 길이는 3m 혹은 4m다.

용어 해설

세로 탄성계수 재료가 잘 변형되지 않는 정도를 나타낸 값이다. 부재의 응력과 변형을 산출할 때 필요하다. 세로 탄성계수의 값이 클수록 강도가 높고 작을수록 강도가 낮다. 기계 등급 구분 제재에서는 세로 탄성계수의 측정값을 이용하여 E50에서부터 E150까지 6단계로 구분된다.

JAS 규격 등급

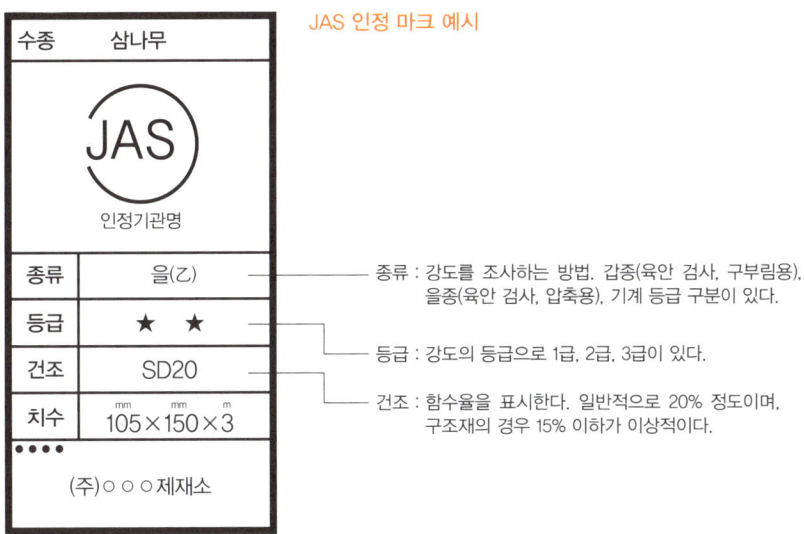

JAS 인정 마크 예시

- 종류 : 강도를 조사하는 방법. 갑종(육안 검사, 구부림용), 을종(육안 검사, 압축용), 기계 등급 구분이 있다.
- 등급 : 강도의 등급으로 1급, 2급, 3급이 있다.
- 건조 : 함수율을 표시한다. 일반적으로 20% 정도이며, 구조재의 경우 15% 이하가 이상적이다.

일본에서 사용되는 목재의 관용적 규격 및 등급

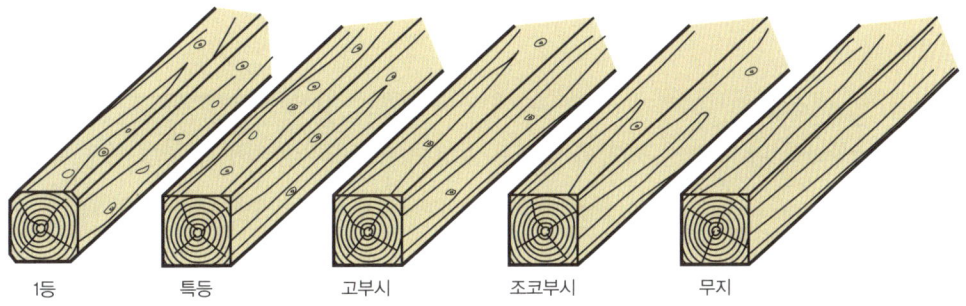

1등 　 특등 　 고부시 　 조코부시 　 무지

1등 : 구조재 / 크고 작은 옹이가 많아서 죽은 옹이나 벌레 먹은 자리 등이 약간 있다. 마루청 등 / 크고 작은 옹이가 있지만 죽은 옹이를 메우기 가공했다. 벌레 먹은 구멍은 없다. 구조재, 마루청 등과 함께 통나무의 심지가 남아 있다.

특등 : 1등 목재와 거의 비슷하다고 할 수 있다. 단, 통나무의 심재가 없다.

고부시 : 직경 25mm 이하의 옹이가 1m 간격으로 한 개 정도 흩어져 있다.

조코부시 : 직경 10mm 이하의 옹이가 1m 간격으로 한 개 정도 흩어져 있다.

무지 : 옹이가 없다. 나뭇결과 색감이 좋다.

Point 구조 계산을 이용하는 건물에서 무등급 구조재를 사용할 경우 강도가 고르지 못한 점에 주의한다.

023 원목재와 집성재

원목재의 매력

원목재(일본에서는 무구재無垢材라고 하며, 한 장의 원목판을 그대로 연마해 사용하므로 잘 휘어지고 무거우며 가격이 비싸다-옮긴이)는 유통상 제재품으로 불린다. 갈라짐이나 수축 등의 변형은 있지만 나무가 가지고 있는 존재감이나 목재 고유의 질감, 시간이 흐를수록 멋이 더해지는 매력이 있다. 균열이 발생하는 경우도 있는데 약간의 균열은 강도 면에서 그다지 문제가 되지 않는다. 원목재를 사용할 때는 조금씩 갈라지거나 변형된다고 인식하도록 한다. 원목재가 가진 매력을 충분히 느낄 수 있는 주택을 만들어야 한다.

최근에는 목재를 얇게 재단해서 접착한 집성재를 사용하는 경우가 많아졌다(얇게 재단한 판재를 라미나laminar라고 한다). 주로 기둥, 보, 조작재, 카운터 상판 등에 사용된다. 집성재는 건조 수축으로 인한 치수의 오차가 잘 생기지 않는다는 장점이 있다. 그러나 집성재 중에서도 화이트우드는 습기에 약하므로 욕실 등과 같이 물을 사용하는 장소에서 구조재로 사용하는 경우만은 가급적 피하도록 한다.

합판의 종류와 용도

대부분의 목조주택에서 합판을 사용하는데 특히 구조용 합판은 내력벽과 바닥 바탕 등 모든 부위에 쓰인다. 구조용 합판은 대부분 침엽수 합판이지만 나왕 합판을 사용하기도 한다. 두께 12mm짜리 나왕 합판은 콘크리트 패널이라고 불리며, 주로 콘크리트 거푸집에 쓰인다.

Ⅰ류(타입Ⅰ)는 내수성이 높으며, 내수성이 낮아짐에 따라 Ⅱ류(타입Ⅱ), Ⅲ류(타입Ⅲ)로 분류한다. 새집증후군과 관련하여 유해물질인 포름알데히드의 발산량에 따라 별의 수로 표시한다(F★★★★ 등). 판상 집성재의 양면에 참피나무 베니어 합판을 접착한 럼버코어 합판은 가구 등에 많이 사용된다.

용어 해설

제재 원목을 제조 및 가공하는 것을 말한다. JAS에서는 제재품을 침엽수 제재(구조용 제재, 조작용 제재, 바탕용 제재, 틀벽공법 구조용 제재), 활엽수 제재, 가장자리에 귀가 달린 판재, 압각押角(통나무를 네 면으로 절단했을 때 단면의 모서리 부분에 통나무의 둥근모가 남아 있는 목재-옮긴이), 얇은 판재, 창호용, 오동나무 판재로 구분한다.

목재의 건조 수축 변화

뒤로 휨

구부러짐

뒤틀림

건조시 갈라지는 현상에 대한 대책

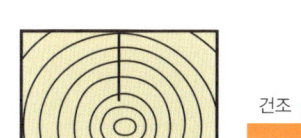

 건조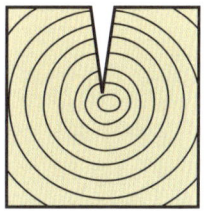

기둥 안쪽에 그림과 같이 배할(목재를 건조하거나 사용할 때 표면이 갈라지는 것을 방지하기 위해 안쪽이 되는 부분에 톱질하여 홈을 내는 방법 – 옮긴이)을 넣어 갈라짐을 배할 부분에 집중시킴으로써 다른 부분이 갈라지지 않도록 한다.

제재의 모양과 명칭

명칭	모양	명칭	모양
판재	나무 단면의 짧은 변이 75mm 미만이고, 긴 변이 짧은 변의 4배 이상인 목재	럼버 lumber ① 판재 ② 기타	• 두께가 7.5cm 미만이고 폭이 두께의 4배 이상인 목재 • 횡단면이 정사각형인 목재 • 횡단면이 정사각형 이외인 목재
각재	판재 이외의 목재	팀버 timber ① 정각재 ② 기타	• 두께가 7.5cm 이상이고 폭이 두께의 4배 이상인 목재 • 횡단면이 정사각형인 목재 • 횡단면이 정사각형 이외인 목재

집성재와 합판

집성재

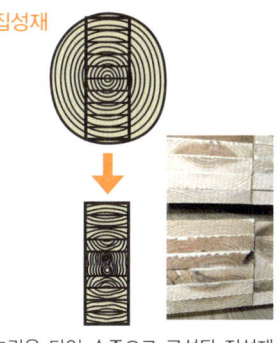

그림은 단일 수종으로 구성된 집성재이며 서로 다른 수종을 조합하는 경우도 있다.

합판 — 단판

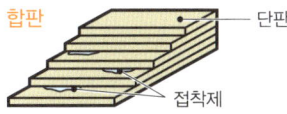

접착제

합판의 종류

종류	용도 등
보통 합판	나왕 합판. 바탕널 또는 플러시 도어 등에 사용된다.
특수 가공 화장합판 (화장합판)	표면 단판에 슬라이스 베니어 등을 붙인 합판. 내장 마감재로 사용된다.
구조용 합판	내력벽 등 구조재로 사용되는 합판. 내수성이 높다.
콘크리트 거푸집용 합판	보통 합판에 준하지만 내수성이 높다. 콘크리트 패널로 불린다.

집성재의 종류

종류	품질, 용도
구조용 집성재	기둥, 보, 아치 등 구조체에 사용되며 대단면재나 완곡재도 만들 수 있다.
장식보 구조용 집성재	슬라이스 베니어를 표면에 붙인 합판. 강도와 내수성이 구조용 집성재와 같다. 주로 기둥, 보 등 직선재에 사용된다.
마감용 집성재	적층면이 보이는 독특한 아름다움이 있다. 보, 계단 난간, 카운터 등에도 사용된다.
장식보 마감용 집성재	내부 마감(중인방, 상인방, 하인방 등)에 사용된다.

Point 집성재는 치수에 오차가 잘 생기지 않지만 수종에 따라서는 습기에 약하므로 주의해야 한다.

024 수가공과 프리컷

집짓기의 전통 기술, 수가공

지금까지 집짓기를 할 때 목조주택의 기둥, 보 등의 구조 부재는 수가공이라고 해서 목수가 손으로 직접 목재에 먹매김을 하여 절단·가공했다. 하지만 숙련된 기술이 필요하며 수고와 시간이 들기 때문에 최근에는 프리컷precut이라고 해서 컴퓨터와 기계를 이용해 구조 부재를 공장에서 가공하는 일이 많아졌다.

수가공으로 작업할 때는 목재가 사용되는 방향과 나뭇결 등을 목수가 일일이 확인하고 맞춤 등의 가공법도 생각해서 조립한다. 많은 제조력을 소비하지 않는다는 점도 높이 평가된다.

하루 만에 가공할 수 있는 프리컷

프리컷으로 가공을 진행할 때는 의장도와 구조평면도(72쪽 참조), 경우에 따라서는 축조도를 프리컷 공장에 건네주고 이를 토대로 시공도(프리컷 도면) 작성을 부탁한다. 시공도를 거듭 확인한 뒤 내용이 확정된 단계에서 가공에 들어간다.

일반적으로는 프리컷용 CAD와 가공 기계가 연동되어 있어서 시공도 대로 가공할 수 있다. 30평 정도를 가공할 경우 하루면 끝난다. 기계로 가공하므로 정밀도가 매우 높아진다. 하지만 쉽게 조립할 수 있도록 장부(목재의 끝부분에 만든 돌기, 92쪽 참조)를 50mm 정도로 짧게 만드는 경우가 많아서 장부를 꽂아 연결했을 때의 접합강도가 충분하지 못할 수 있다. 또한 프리컷 공장에서는 통나무를 목재로 사용하면 가공할 수 없는 경우가 많다. 이럴 때는 프리컷 공장에서 수가공 작업을 하거나 시공하는 목수가 별도로 수가공을 한다.

프리컷 가공이 많아진 탓에 수가공을 할 수 있는 목수가 줄어들고 있는 현실은 목조주택 기술을 후세에 전한다는 의미에서 걱정해야 할 부분이다.

용어 해설

먹매김 부재 자체의 모양이나 부재끼리 접합되는 이음 모양의 선을 목재에 그리는 작업을 말한다. 나무의 특성이나 약점을 파악하여 그 점을 살리면서 먹매김을 한다. 먹매김을 한 후 목재를 가공하고 장식재는 대패질을 해서 다듬는다.

수가공과 프리컷의 특징

수가공은 목수가 나무의 성질을 눈으로 확인해가면서 대패질하는 방법이다.
이음이나 맞춤 부분은 오른쪽 그림처럼 먹매김을 한 뒤 마름질한다.

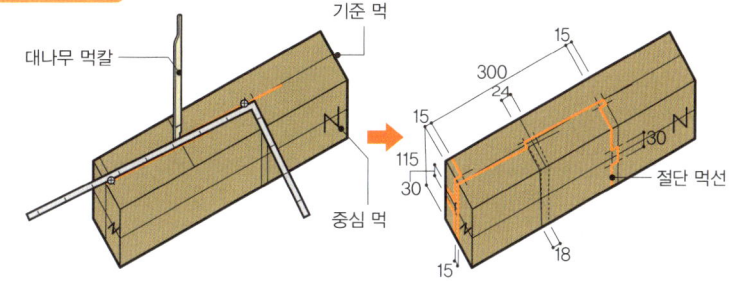

프리컷 공정

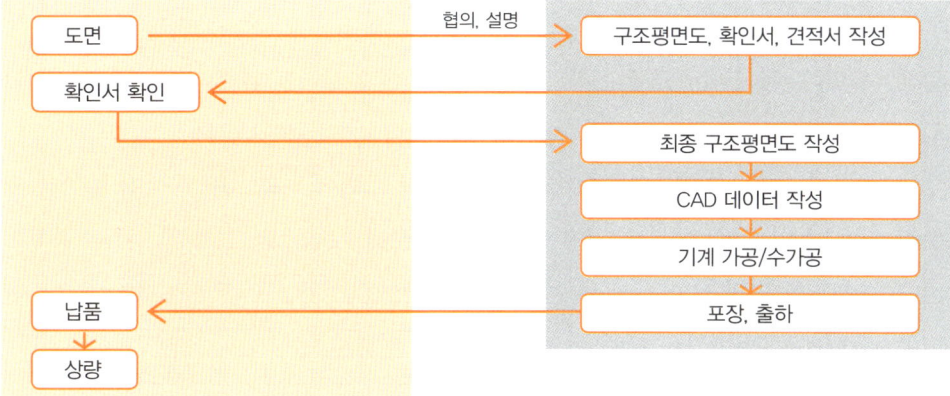

프리컷 이음(일반적인 방식)

턱걸이 메뚜기장이음

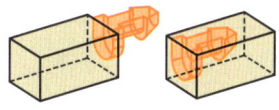

턱걸이 주먹장이음

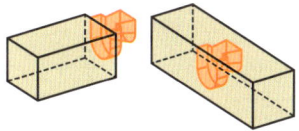

프리컷 의뢰시 필요한 도면

도면	축척	내용, 목적
안내도	1/1,500	건설지의 위치 정보를 시공업자에게 전달한다. 그러면 운반 등의 수배나 예산 산출 등을 정확히 파악할 수 있다.
배치도	1/100	도로 폭이나 부지와의 관계 등 반입을 검토할 때 첨부한다.
평면도 입면도	1/50~100	계획을 이해시킨다.
단면도 단면 상세도	1/30~50	층높이, 사용 재료, 주요 단면 치수, 천장 높이 등 높이 관계를 표시하기 위한 도면
구조평면도	1/50	1층 바닥 구조평면도, 2층 바닥 구조평면도, 지붕틀 구조평면도, 지붕 구조평면도

Point 프리컷 공장에 따라 가공할 수 있는 맞춤 모양이 다르므로 사전에 확인해두도록 한다.

025 축조공법

예전부터 전해져오는 공법

건물을 형성하는 골조를 축조라고 한다. 기둥 등 수직 부재와 토대, 층도리, 도리 등의 수평 부재를 조립하여 고정한 뒤, 그 부분에 1층이나 2층의 바닥틀과 지붕을 형성하는 지붕틀을 조합하고 각각 접합해 축조를 만든다. 축조공법은 예전부터 전해져오는 목조주택 공법이며, 재래공법이라고도 한다. 절, 다실 건축, 오래된 민가에도 쓰였는데 현재 대부분의 주택에서도 사용되고 있다. 현대의 축조공법은 매트기초나 플라스틱 동바리, 두꺼운 합판을 사용해서 장선을 줄인 바닥틀과 합판을 이용한 내력벽 등의 사용이 주류가 되었다. 하지만 바로 최근까지는 이 방법들이 존재하지 않았다. 축조공법이라고 해도 시대에 따라 만드는 방법이 변화되고 있다는 점을 명심해야 한다.

축조공법에서 벽을 만드는 방법으로는 벽의 마감 기법에 따라 기둥과 보를 숨기는 오카베大壁와 다다미방의 벽으로 사용하며 기둥과 보를 보여주는 신카베真壁 두 종류가 있다(152쪽 참조). 전통적인 목조주택에서는 일반적으로 신카베 마감 방식을 채용했지만 현재는 오카베 마감 방식이 일반적이다.

축조공법의 재료

기둥은 삼나무나 편백나무, 보는 레드 파인을 사용하는 경우가 많으며 통나무로 만드는 보에는 일반적으로 일본산 소나무를 사용한다. 또한 기둥과 보에 집성재를 사용하는 경우도 많다. 절에는 편백나무, 다실 건축에는 부드러운 인상을 주기 위해 삼나무를 사용한다. 장식 기둥이나 현관 마룻귀틀(179쪽 참조) 등에는 명목銘木이라고 불리는 고급스럽고 특수한 목재를 사용한다. 토대에 사용되는 나무로는 편백나무와 노송나무가 있으며, 그보다 더 좋은 나무가 바로 침목으로 사용되는 밤나무다. 또 수입산 솔송나무에 약제를 주입한 토대도 사용된다.

> **용어 해설**
>
> **다실** 다실 자체는 정원 가운데 독립해서 지은 건물이다. 다실 건축 양식이란 다실 건축 방법을 채용한 건물을 말한다. 16세기 말 일본에서 유행했으며, 장식성을 배제한 간소한 마감과 네 모서리에 껍질을 남긴 기둥(176쪽 참조)을 사용하는 방식 등이 특징이라고 할 수 있다.

축조공법의 구성 요소

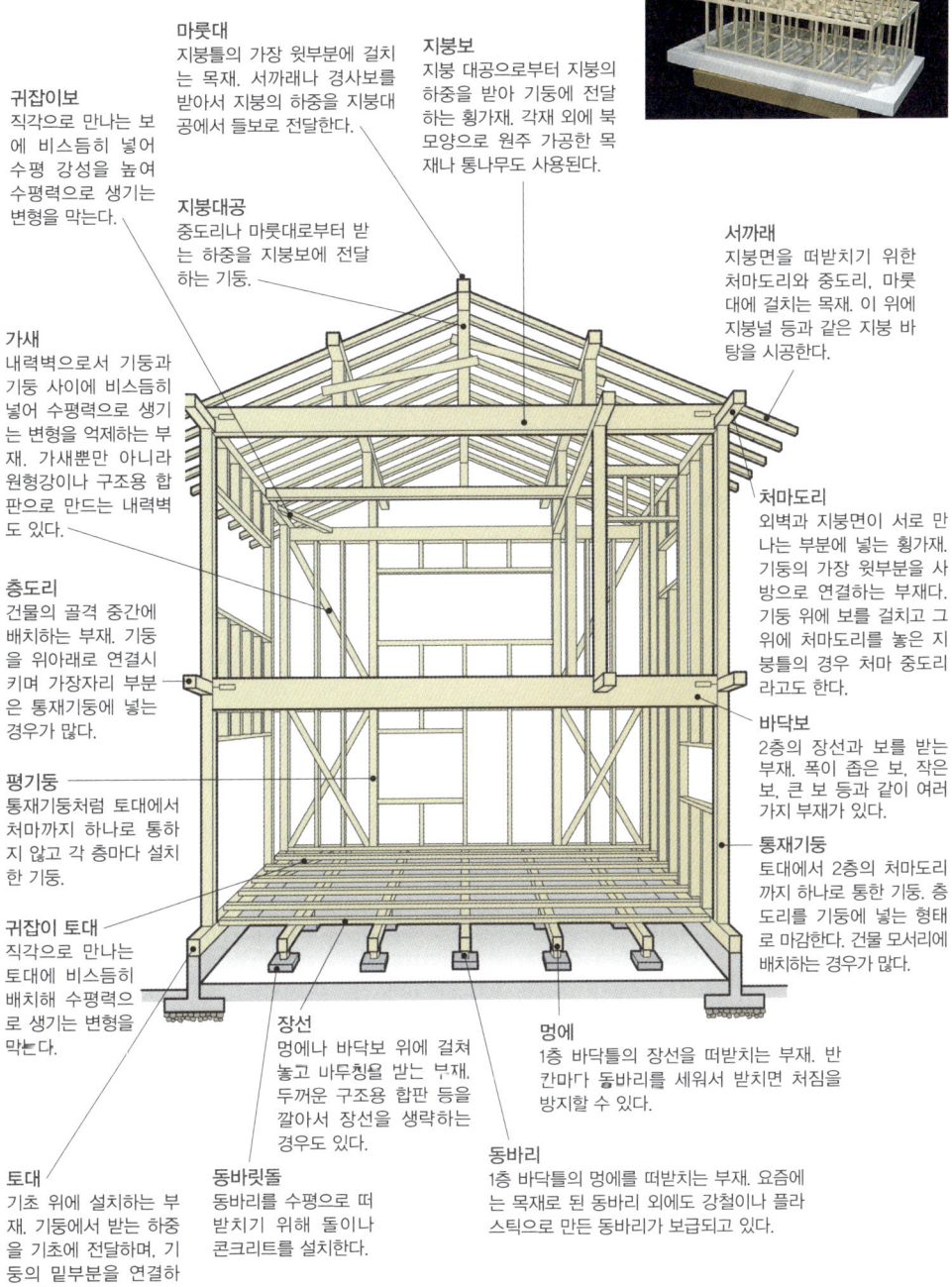

마룻대
지붕틀의 가장 윗부분에 걸치는 목재. 서까래나 경사보를 받아서 지붕의 하중을 지붕대공에서 들보로 전달한다.

지붕보
지붕 대공으로부터 지붕의 하중을 받아 기둥에 전달하는 횡가재. 각재 외에 북 모양으로 원주 가공한 목재나 통나무도 사용된다.

귀잡이보
직각으로 만나는 보에 비스듬히 넣어 수평 강성을 높여 수평력으로 생기는 변형을 막는다.

지붕대공
중도리나 마룻대로부터 받는 하중을 지붕보에 전달하는 기둥.

서까래
지붕면을 떠받치기 위한 처마도리와 중도리, 마룻대에 걸치는 목재. 이 위에 지붕널 등과 같은 지붕 바탕을 시공한다.

가새
내력벽으로서 기둥과 기둥 사이에 비스듬히 넣어 수평력으로 생기는 변형을 억제하는 부재. 가새뿐만 아니라 원형강이나 구조용 합판으로 만드는 내력벽도 있다.

처마도리
외벽과 지붕면이 서로 만나는 부분에 넣는 횡가재. 기둥의 가장 윗부분을 사방으로 연결하는 부재다. 기둥 위에 보를 걸치고 그 위에 처마도리를 놓은 지붕틀의 경우 처마 중도리라고도 한다.

층도리
건물의 골격 중간에 배치하는 부재. 기둥을 위아래로 연결시키며 가장자리 부분은 통재기둥에 넣는 경우가 많다.

바닥보
2층의 장선과 보를 받는 부재. 폭이 좁은 보, 작은 보, 큰 보 등과 같이 여러 가지 부재가 있다.

평기둥
통재기둥처럼 토대에서 처마까지 하나로 통하지 않고 각 층마다 설치한 기둥.

통재기둥
토대에서 2층의 처마도리까지 하나로 통한 기둥. 층도리를 기둥에 넣는 형태로 마감한다. 건물 모서리에 배치하는 경우가 많다.

귀잡이 토대
직각으로 만나는 토대에 비스듬히 배치하여 수평력으로 생기는 변형을 막는다.

장선
멍에나 바닥보 위에 걸쳐 놓고 마루청을 받는 부재. 두꺼운 구조용 합판 등을 깔아서 장선을 생략하는 경우도 있다.

멍에
1층 바닥틀의 장선을 떠받치는 부재. 반 칸마다 동바리를 세워서 받치면 처짐을 방지할 수 있다.

토대
기초 위에 설치하는 부재. 기둥에서 받는 하중을 기초에 전달하며, 기둥의 밑부분을 연결하는 역할을 한다.

동바릿돌
동바리를 수평으로 떠받치기 위해 돌이나 콘크리트를 설치한다.

동바리
1층 바닥틀의 멍에를 떠받치는 부재. 요즘에는 목재로 된 동바리 외에도 강철이나 플라스틱으로 만든 동바리가 보급되고 있다.

> **Point** 축조공법은 바닥틀이나 지붕틀의 수평면과 내력벽을 고정해야 성립되는 공법이다.

026 틀벽공법

벽과 바닥을 일체화한다

틀벽공법이란 일반적으로 2×4(투바이포) 공법이라고 불리며, 구조용 합판 등의 패널을 틀 부재(투바이 목재, 디멘션 럼버dimension lumber라고도 한다)에 못으로 고정해 벽과 바닥을 만들어 전체 구조로 사용하는 공법이다. 미 개척시대에 혼자 힘으로 집을 쉽게 짓기 위해 고안되었다.

틀벽공법은 벽과 바닥을 일체화하여 강성이 높은 벽식 구조를 형성하므로 건물에 가해지는 하중이 벽 전체로 분산되어 전달된다. 따라서 내진성도 충분히 확보할 수 있다. 또한 구조가 단순해 비교적 단기간에 공사를 끝낼 수 있다는 것도 장점이다. 하지만 벽이 구조체인 탓에 칸막이를 변경하기 어려운 점을 전제로 하여 설계해야 한다.

다른 특징으로는 바닥과 벽을 합판으로 에워싸기 때문에 기밀성과 단열성이 높다고 할 수 있다. 이와 같은 이유로 화재시 불이 잘 번지지 않고 방화 성능이 높아서 일반 모르타르 칠이나 사이딩 마감과 비교했을 때 화재보험료가 약 절반으로 줄어들기도 한다.

설계 포인트

틀벽공법이 일본에 도입되면서 건축기준법상 구조 기준이 마련되었으므로 그 기준에 따라 설계한다. 구조 기준에서는 구조체로 둘러싸인 최대한의 범위가 규정되어 있으며(내력벽과 내력벽 사이의 거리는 12m 이하로 한다), 개구부의 폭도 4m 이하로 설정되어 있다. 패널을 고정하는 못은 규격 제품을 사용하고, 정해진 간격 이하로 못을 박는 것이 중요하다.

패널은 구조용 못을 이용해 구조용 합판을 틀에 박아 만든다. 경간이 넓은 바닥 바탕에는 2×6(투바이식스)라고 하는 부재를 사용한다.

용어 해설

구조용 합판 구조 내력상 주요 부분에 사용할 목적으로 만들어진 합판을 말한다. 등급은 강도에 따라 1급과 2급으로 구분되며, 1급의 강도가 높다. 접착 성능은 특류와 1류로 구분된다. 특류는 상시 습윤 상태에서의 접착 성능이 확보되어 있다.

축조공법과 틀벽공법의 차이

축조공법 이미지

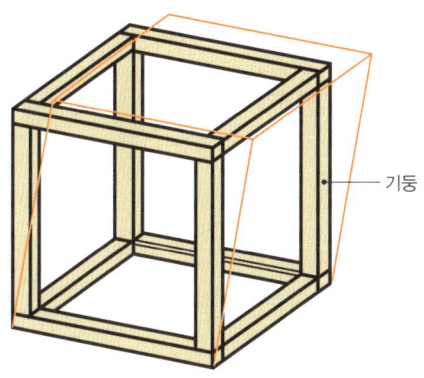

기둥

틀벽공법 이미지

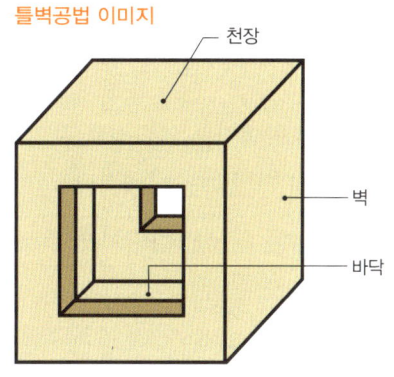

천장
벽
바닥

틀벽공법의 설계 규칙

평면

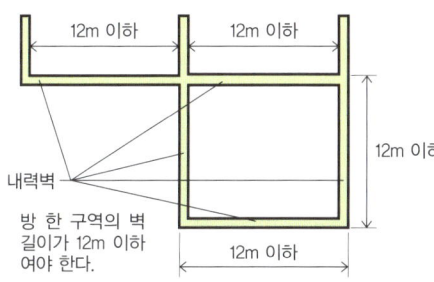

12m 이하
12m 이하
12m 이하
12m 이하

내력벽
방 한 구역의 벽 길이가 12m 이하 여야 한다.

입면

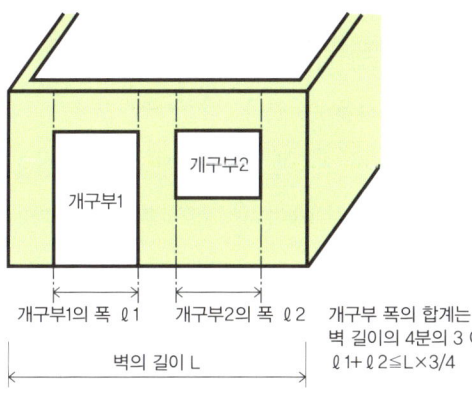

개구부1
개구부2
개구부1의 폭 ℓ1
개구부2의 폭 ℓ2
벽의 길이 L
개구부 폭의 합계는 벽 길이의 4분의 3 이하
ℓ1+ℓ2≦L×3/4

틀벽공법의 틀 구조

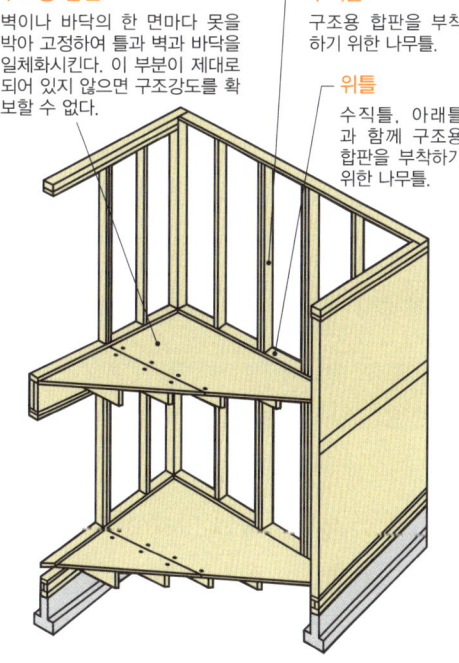

구조용 합판
벽이나 바닥의 한 면마다 못을 박아 고정하여 틀과 벽과 바닥을 일체화시킨다. 이 부분이 제대로 되어 있지 않으면 구조강도를 확보할 수 없다.

수직틀
구조용 합판을 부착하기 위한 나무틀.

위틀
수직틀, 아래틀과 함께 구조용 합판을 부착하기 위한 나무틀.

Point 틀벽공법은 벽과 바닥이 하나로 만들어져 강성이 높지만 방 배치를 변경하기 어렵다.

027 통나무 골조공법

로그하우스=통나무 골조공법

통나무 골조공법이란 일반적으로 로그하우스라고 불리는 공법이며, 통나무를 수평으로 거듭 쌓아서 구조체로 완성한다. 원래는 덴마크와 북유럽에서 발달한 공법으로서 통나무의 단열성을 이용한 한랭지용 주택이다. 통나무를 대신해 각재를 사용하는 경우도 있다. 욕실 등을 제외하고 내·외부 양쪽에 쌓아 올린 통나무를 노출시켜 보여주는 구조재 마감 방식을 채용한다. 이 공법은 틀벽공법과 마찬가지로 자신이 직접 이용해서 혼자 힘으로 집을 지을 수 있다.

통나무 골조공법의 설계 포인트

통나무 재료로는 가문비나무와 같은 수입재를 많이 사용한다. 주택 한 채에 사용되는 목재의 양은 축조공법 등으로 짓는 집에 비해 상당히 많다. 재료는 표준 타입일 경우 가공한 부재를 수입할 수 있어서 비용을 줄일 수 있다. 기초는 축조공법과 마찬가지로 철근 콘크리트를 이용해 만든다.

벽은 통나무를 쌓은 벽이 내진벽이 되므로 개구부의 폭을 넓게 잡기가 어렵다. 또 통나무는 시간이 지남에 따라 건조 수축해서 벽이 내려앉고, 통나무 자체의 무게(자중) 탓에 겹겹이 쌓은 통나무 사이의 틈새가 좁아진다. 그러므로 창문이나 문의 상부에 틈을 만드는 등 침하량을 고려해 설계와 시공을 해야 한다.

굵은 통나무는 쉽게 타지 않고 혹시 타더라도 표면만 타고 끝나기 때문에 시가지의 준방화 지역에서도 일정한 규모까지는 로그하우스를 지을 수 있다. 다른 특징으로는 벽과 천장에 보드를 붙여 마감하지 않으므로 급배수나 전기배선 등의 설비 상태가 어쩔 수 없이 노출되는 경우가 있다. 따라서 이를 처리하기 위한 아이디어를 발휘해야 한다.

용어 해설

준방화 지역 건축물 등의 방화 성능을 집단적으로 향상시켜 화재가 번지는 것을 억제하기 위해 지정된 구역. 방화 지역에 준하는 지역으로 지정된다. 준방화 지역에서는 3층 주택 이하로 총면적이 500㎡ 이하일 경우 목조주택을 지을 수 있다.

통나무 골조공법의 구성 요소

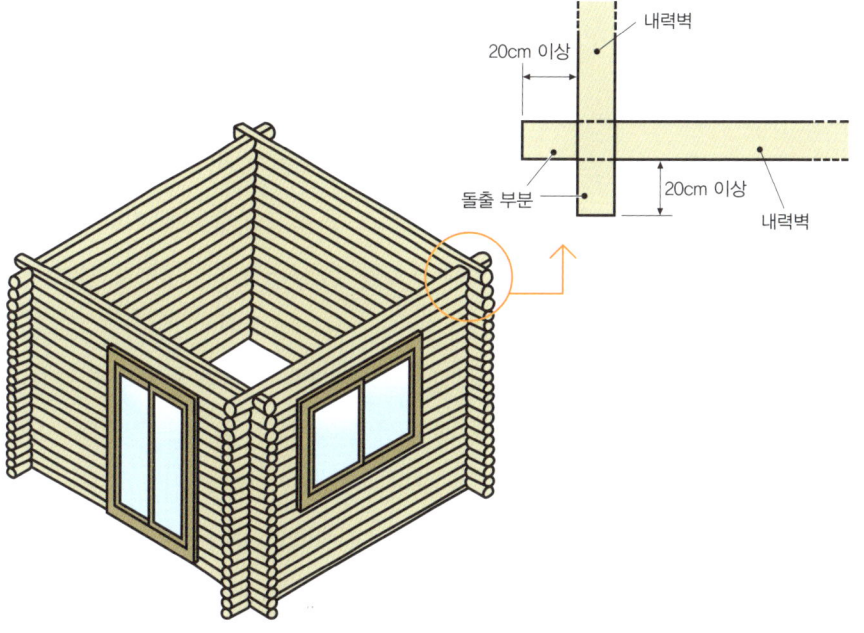

통나무 골조공법의 설계 규칙

내력벽의 규칙

내력벽은 높이 4m 이하로 하고, 폭은 높이의 0.3배 이상으로 한다.

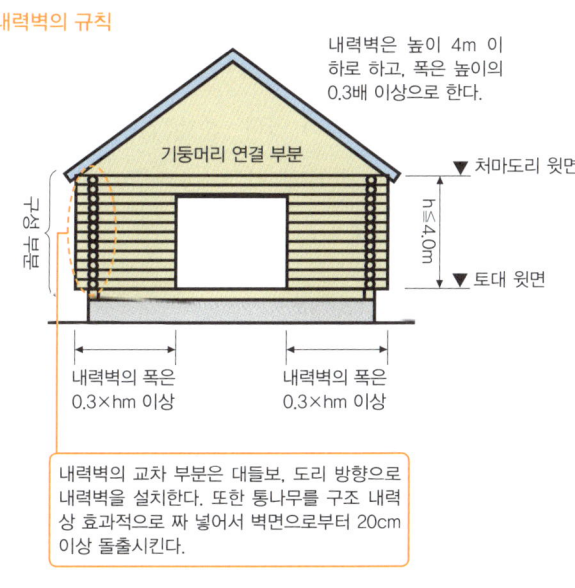

내력벽의 교차 부분은 대들보, 도리 방향으로 내력벽을 설치한다. 또한 통나무를 구조 내력상 효과적으로 짜 넣어서 벽면으로부터 20cm 이상 돌출시킨다.

내력벽과 내력벽의 거리 규칙

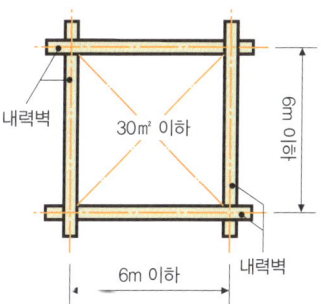

내력벽으로 둘러싸인 부분의 수평 투영 면적은 30㎡ 이하, 내력벽과 내력벽의 간격은 6m 이하로 한다. 단, 실험이나 구조 계산을 통해 구조 내력상의 안전을 확인한 경우에는 내력벽과 내력벽의 간격을 8m 이하, 한 구역의 수평 투영 면적을 40㎡ 이하로 할 수 있다.

Point 목재의 건조 수축 등이 발생하여 통나무와 통나무 사이의 틈이 좁아지는 경우를 고려해 설계한다.

028 목조 3층 주택

목조 3층 주택의 구조 규정

토지 가격의 상승과 주택 사정으로 인해 좁은 부지를 효율적으로 이용할 수 있도록 하기 위해서 일본에서는 1987년부터 준방화 지역 내에도 목조 3층 주택을 지을 수 있게 되었다. 다만 목조 3층 주택은 2층 주택에 비해 구조와 방화 규정이 상세하게 제정되어 있다.

우선 구조 규정부터 보면, 목조 3층 주택의 설계에서는 2층 주택과 달리 구조 계산이 의무화되어 있다. 2층 주택에 비해 1층에 더 큰 외력이 가해지므로 이를 견딜 수 있도록 설계해야 한다. 구조재는 구조 계산에 따라 단면 치수가 필요한데 일본 건축기준법에서는 주요 구조부인 기둥과 보의 작은 지름을 12cm 이상으로 규정하고 있다.

1층이 차고인 플랜을 많이 볼 수 있는데 내진벽이 부족해지기 쉬우므로 이 경우 수평구면을 단단히 하는 방법을 검토하면 좋다. 한편 목조 3층 주택은 확인 신청시 **구조계산 적합성 판정**을 받아야 하는 경우가 있다. 확인 신청에 시간이 걸리므로 염두에 두고 있어야 한다.

목조 3층 주택의 방화 규정

목조 3층 주택은 내·외부에 걸쳐서 방화 규정이 제정되어 있다. 준내화 구조에는 1시간 준내화와 45분 준내화 구조의 두 종류가 있으며, 일반적으로는 45분 준내화로 설계하는 경우가 많다.

45분 준내화 구조로 할 경우 지붕은 불연 재료를 사용하는 한편 외벽 내화(간이 내화 구조) 지붕으로 하거나 석고보드를 이중으로 깔아서 천장을 내화 피복 처리해야 한다. 바닥은 불연 축조(간이 내화 구조)로 하거나 안쪽 또는 바로 아래쪽의 천장 안쪽에 석고보드를 이중으로 깔거나 석고보드 위에 암면을 까는 등 내화 피복 조치가 필요하다.

그 외에 개구부에도 제한이 있다.

용어 해설

구조계산 적합성 판정 확인 신청시 구조 계산과 같은 상세한 심사나 프로그램을 이용해 재계산을 실시하는 일을 말한다. 높이와 구조가 일정한 건축물(목조는 높이 13m 초과, 처마 높이 9m 초과)에 의무화되어 있다.

3층 주택의 구조와 방화 규칙

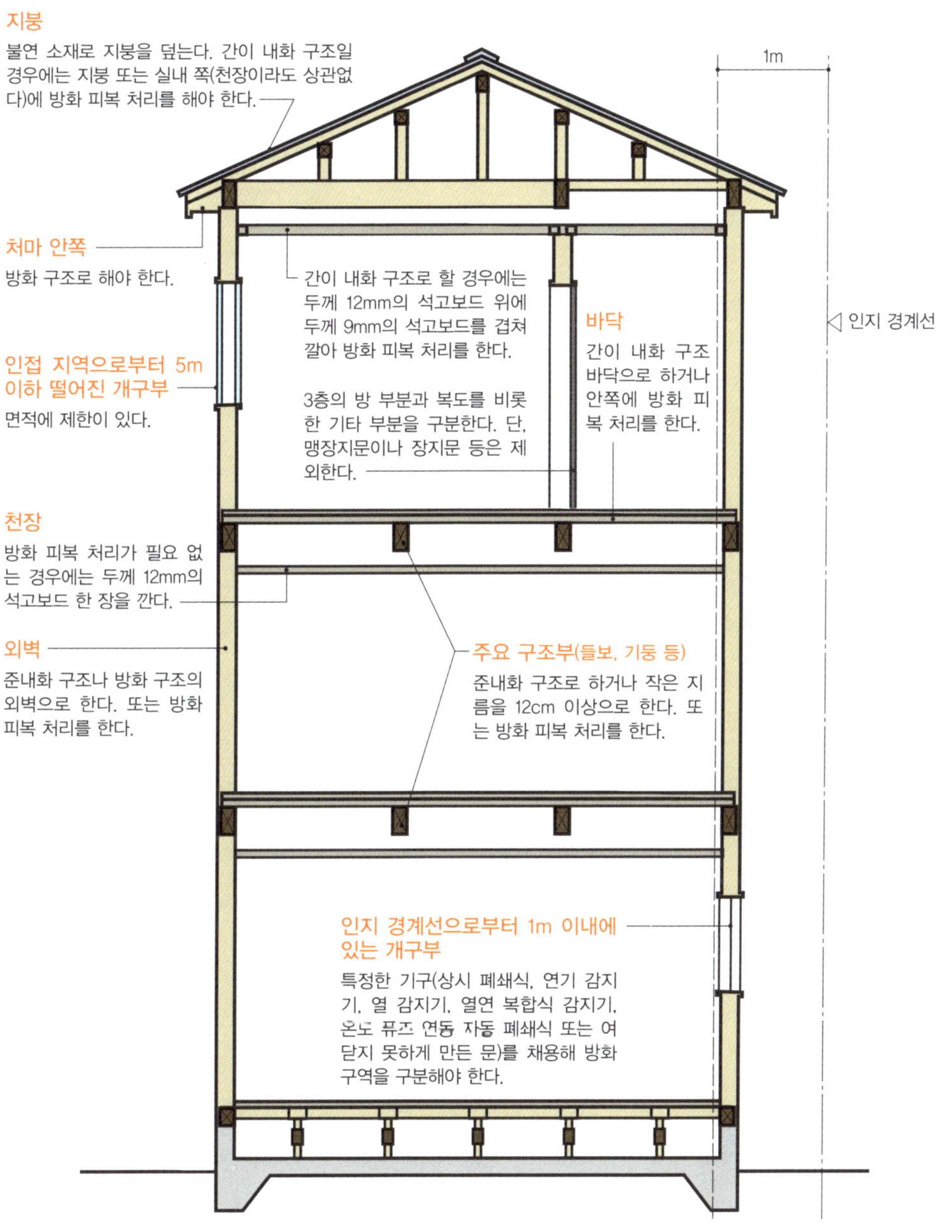

지붕
불연 소재로 지붕을 덮는다. 간이 내화 구조일 경우에는 지붕 또는 실내 쪽(천장이라도 상관없다)에 방화 피복 처리를 해야 한다.

처마 안쪽
방화 구조로 해야 한다.

인접 지역으로부터 5m 이하 떨어진 개구부
면적에 제한이 있다.

천장
방화 피복 처리가 필요 없는 경우에는 두께 12mm의 석고보드 한 장을 깐다.

외벽
준내화 구조나 방화 구조의 외벽으로 한다. 또는 방화 피복 처리를 한다.

간이 내화 구조로 할 경우에는 두께 12mm의 석고보드 위에 두께 9mm의 석고보드를 겹쳐 깔아 방화 피복 처리를 한다.

3층의 방 부분과 복도를 비롯한 기타 부분을 구분한다. 단, 맹장지문이나 장지문 등은 제외한다.

바닥
간이 내화 구조 바닥으로 하거나 안쪽에 방화 피복 처리를 한다.

1m

◁ 인지 경계선

주요 구조부(들보, 기둥 등)
준내화 구조로 하거나 작은 지름을 12cm 이상으로 한다. 또는 방화 피복 처리를 한다.

인지 경계선으로부터 1m 이내에 있는 개구부
특정한 기구(상시 폐쇄식, 연기 감지기, 열 감지기, 열연 복합식 감지기, 온도 퓨즈 연동 자동 폐쇄식 또는 여닫지 못하게 만든 문)를 채용해 방화 구역을 구분해야 한다.

Point 목조 3층 주택은 구조 계산을 해야 하며, 방화에 관한 규칙이 법으로 정해져 있다.

029 가구 설계의 흐름

연직하중을 잘 전달시킨다

여기에서는 축조공법의 가구架構 설계에 관해 설명하겠다. 목조 축조공법은 기둥과 보로 구성되므로(62쪽 참조) 기둥의 배치와 보를 걸치는 방법을 검토하는 작업이 가구 설계라고 할 수 있다.

목조주택은 건물 자체의 무게나 적재하중 등과 같이 힘이 위에서 아래로 흐르는 연직하중(장기적으로 작용해 장기하중이라고도 한다)과 지진이나 태풍 등으로 인해 옆쪽에서 힘을 받는 수평하중(그때만 작용해 단기하중이라고도 한다)을 받는다. 목조주택에서는 기본적으로 연직하중과 수평하중을 따로 검토하는데, 우선 원칙적으로 연직하중을 위에서 아래로 원활하게 전달시키는 가구 설계를 고려한다. 이를 위해서는 목조주택의 연직하중이 흐르는 방향을 파악해야 한다.

축조공법에서 연직하중을 주로 부담하는 구조 부재는 기둥, 보, 지붕 대공, 중도리 등의 뼈대 부재다. 연직하중은 위에서 아래로 흐르므로 아래쪽으로 갈수록 하중이 커진다. 따라서 지붕을 떠받치는 지붕보와 2층 바닥을 떠받치는 바닥보에 필요한 단면 치수가 다르다.

연직하중을 지반으로 잘 전달시키기 위한 설계 포인트는 하중을 한곳에 집중시키지 않고 최대한 균등하게 분산시키는 데 있다.

플랜과 가구는 표리일체

기둥 및 보의 배치와 그 단면 치수 등은 구조평면도라는 도면으로 나타낸다. 이는 뼈대를 평면으로 그린 것이다(72쪽 참조). 여기에서는 먼저 확정시킨 평면 계획을 토대로 하여 구조평면도를 작성하지 않고 평면 계획 단계에서 가구를 가정하며 플래닝을 진행하는 방법이 중요하다.

용어 해설

연직하중 구조체에 작용하는 하중 중에서 구조체의 중량에 따라 중력 방향으로 움직이는 하중을 말한다. 건물 자체의 무게를 고정하중(자중), 주택에 설치하는 가구 등의 적재하중이 연직하중에 해당된다.

연직하중의 힘이 흐르는 방향

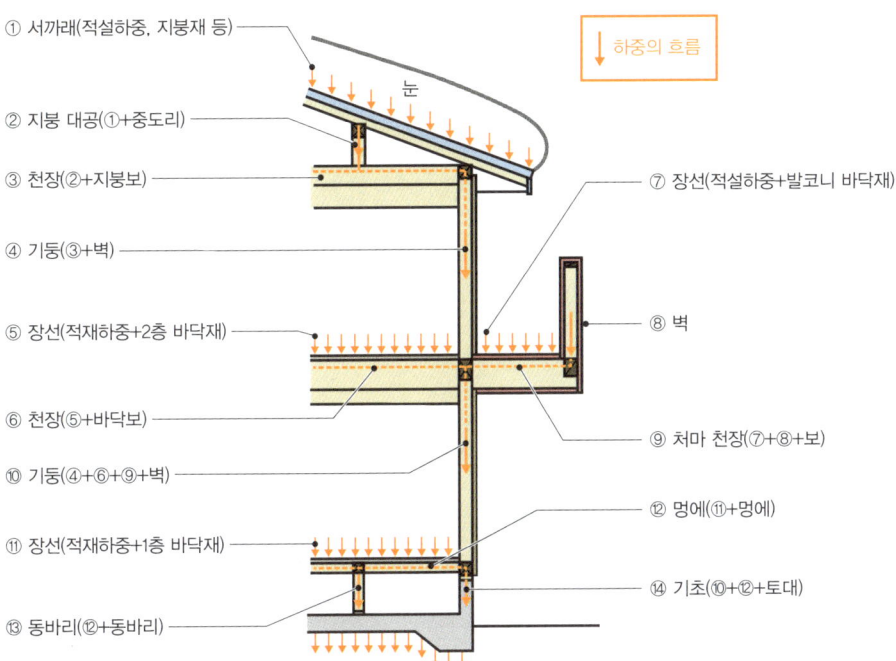

구조평면도는 어느 부분을 그리는가

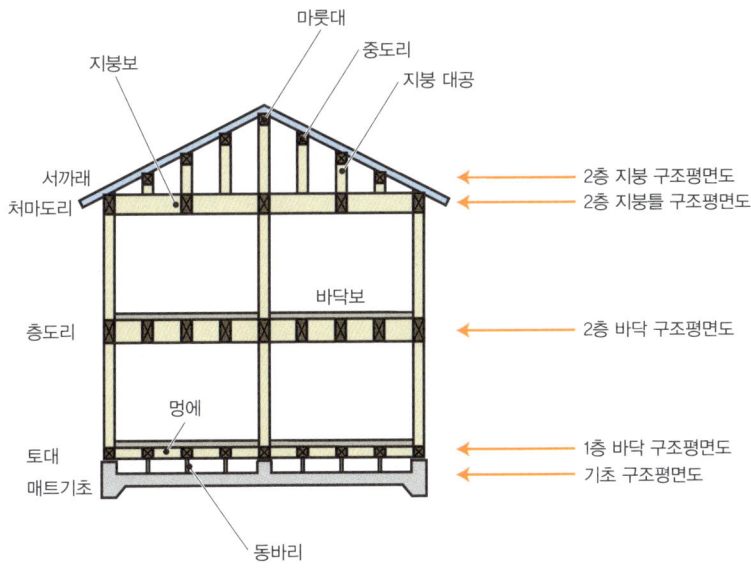

Point 가구 설계는 구조평면도로 표현한다. 구조평면도에는 기둥과 보의 배치, 단면 치수 등을 그린다.

030 구조평면도

구조평면도란
현재는 구조평면도를 작성하는 건축 디자인 설계사가 드물고 주로 프리컷 공장에 맡기는 경우가 많다. 그러나 목조주택은 기본적으로 가구와 방 배치를 하나로 생각해야 하므로 구조평면도를 그리는 방법을 파악해놓아야 한다. 또한 확인 신청시 구조평면도를 제출할 필요는 없지만 앞으로는 구조평면도가 필수적인 도면이 될 가능성이 높다.

구조평면도 작성 순서
오른쪽 그림의 2층 단독주택을 모델로 해서 구조평면도 작성 순서에 관해 설명하겠다. 2층 주택의 경우 일단 1, 2층 평면도를 토대로 2층의 바닥 구조부터 검토한다. 그다음에 2층 평면도와 지붕 구조평면도를 토대로 지붕틀 구조, 2층 바닥 구조평면도를 토대로 1층 바닥 구조를 검토한다. 단, 2층의 바닥 구조를 작성할 때는 1층과 2층의 구조와 관계가 있으므로 1층과 2층의 방 배치를 동시에 검토해야 한다.

 2층의 바닥 구조평면도에서 가장 먼저 칸막이 위의 보를 그려 넣는다. 그다음에 1층의 기둥을 ×로 표시하고 그 위치를 고려해 2층의 기둥을 기입한다. 그리고 경간이 넓은 부분에 보를 얹어서 마지막에 바닥을 깐 방향을 토대로 하여 장선을 그려 넣는다.

 지붕 구조평면도에는 2층 칸막이 위의 보와 경간이 넓은 보를 기입한다. 그리고 지붕 모양의 바탕에 놓을 서까래를 결정하고 중도리와 추녀의 위치를 정한다. 1층 바닥 구조평면도에는 칸막이에 토대를 그려 넣고 멍에와 장선을 기입한다.

 원칙적으로는 칸막이 위에 보가 필요하다. 한정된 목재의 치수와 구조적인 이유로 표준적인 설계는 2칸(3.6m) 정도를 최대 경간으로 한다. 경간은 사용하는 구조재와 단면 치수에 따라 달라지는데 재단법인 일본 주택목재기술센터가 발행하는 경간표 span table 등을 참고하도록 한다.

용어 해설

경간표 구조용 제재 및 집성재를 횡가재나 지붕틀에 사용할 경우 필요한 단면 수치와 경간을 표로 정리한 것이다. 목재의 산지와 재단법인 일본 주택목재기술센터 등에서 발행한다.

구조평면도 그리기

모델 평면도
1층

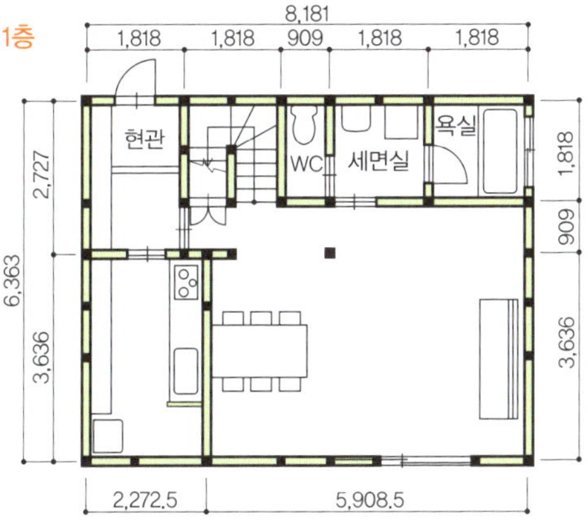

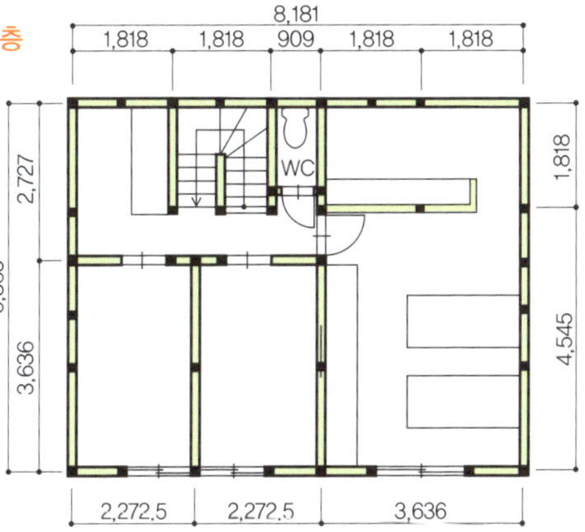

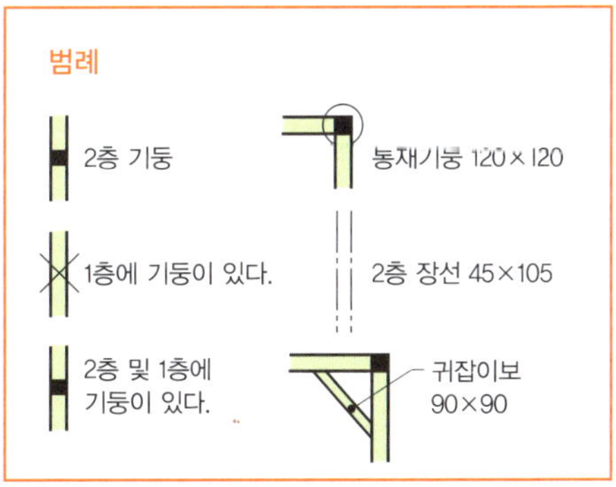

① 외벽과 칸막이를 할 위치에 보를 넣는다

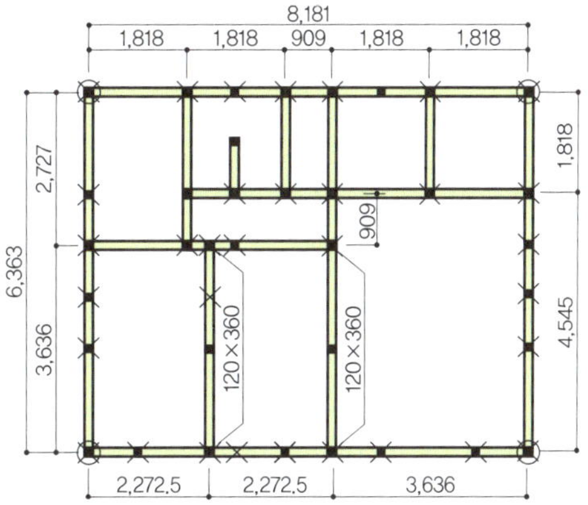

2층

② ① 이외의 공간에 장선이 한 칸 이상인 공간을 넣는다

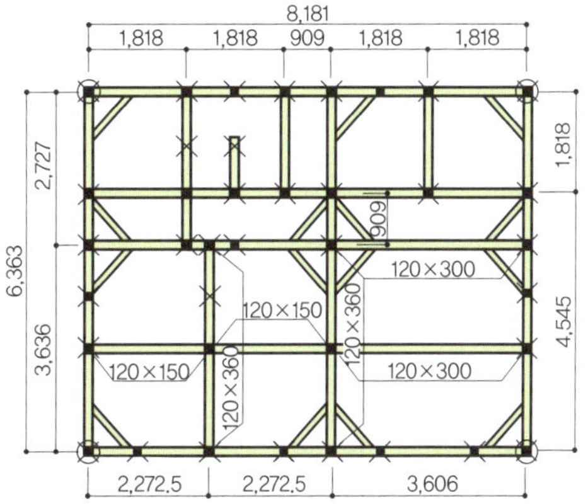

범례
- 2층 기둥
- 1층에 기둥이 있다.
- 2층 및 1층에 기둥이 있다.
- 통재기둥 120×120
- 2층 장선 45×105
- 귀잡이보 90×90

③ 장선을 넣는다

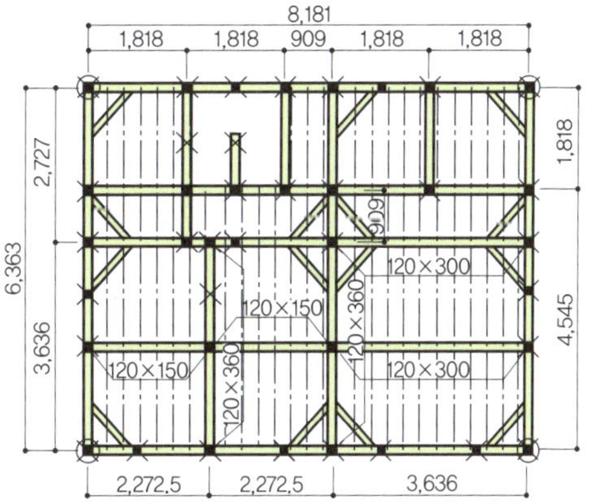

Point 구조평면도는 목조의 뼈대를 나타내는 설계도다. 구조평면도를 이용해 기둥과 보의 배치나 단면 치수를 검토한다.

제3장 골조

031 지진에 강한 가구 설계

건축기준법만으로 괜찮을까

일본 건축기준법에서는 2층 이하이며, 총면적 500m² 이하인 목조주택에서는 구조 계산이 필요 없는 대신에 구조의 안전성을 확인하는 사양 규정이 마련되어 있다. 그런데 사양 규정만 통과하면 대지진이 일어나도 절대로 무너지지 않는다고 할 수는 없다. 건축기준법에 명시되어 있는 사항은 어디까지나 구조 안전성의 최소 기준이기 때문이다. 그렇다면 건축기준법보다 높은 구조 안전성을 확인할 수 있는 품확법의 주택성능 표시제도에 주목해보자.

수평구면은 지붕, 바닥, 귀잡이보 세 종류로 구성된다. 이 수평구면이 강하면 지진력이 작용하여 건물이 뒤틀리는 것을 방지할 수 있고 지진력을 분산시킨다. 건축기준법에서는 이 수평구면이 면의 안쪽에 작용하는 힘을 내력벽까지 확실히 전달할 정도의 강도를 갖는 것을 전제로 하지만 구체적인 기준이 없다. 주택성능 표시제도에서는 '바닥 배율'(90쪽 참조)을 이용해 수평구면의 강도를 확인한다. 따라서 주택성능 표시제도의 바닥 배율 항목을 확인해놓으면 좋다.

단순한 구조를 지향한다

목조주택은 구조적·평면적·입면적으로 볼 때 단순하고 네모난 모양이 좋다. 그리고 가능한 한 1층의 벽 위에 2층의 벽이 놓이도록 하면 힘이 위에서 아래로 원활하게 전달된다. 하지만 플래닝상 1층 벽을 2층 벽 아래쪽에 도저히 설치할 수 없을 경우에는 2층 벽을 떠받치는 보를 큼직하게 만들어서 충분히 보강한다. 또한 보 하나에 너무 많은 하중이 실리지 않도록 보를 걸치는 방법에 대해서도 검토해야 한다.

구조 부재에는 들보에 작은 보를 걸치는 등 목재를 깎아내는 부분이 많은 경우도 있으므로 단면 치수를 조금 여유 있게 선택해야 한다.

용어 해설

품확법 2000년 일본에서 시행된 '주택의 품질확보 촉진 등에 관한 법률'의 약칭이다. 이 법의 주택성능 표시제도란 구조의 안정 등 주택의 성능에 관해 평가하여 주택 취득자에게 신뢰성이 높은 정보를 제공하는 구조로서 임의적으로 활용할 수 있는 제도다.

건축기준법과 품확법의 차이

가정 외의 힘과 확인 공정이 모두 다른 건축기준법과 품확법의 벽량 설계

등급 레벨	건축기준법			품확법		
	내진 등급 1	내풍 등급 1	내진 등급 2	내풍 등급 2	내진 등급 3
	몇백 년에 한 번 발생하는 지진(도쿄에서는 진도 6~7 정도)의 지진력에 대응하여 무너지거나 붕괴되지 않고, 몇십 년에 한 번 발생하는 지진(도쿄에서는 진도 5강 정도)의 지진력에 대응하여 손상되지 않는 정도(주1).	500년에 한 번 정도 발생하는 폭풍(주2)의 힘에 대응하여 무너지거나 붕괴되지 않고, 50년에 한 번 발생하는 폭풍(주3)으로 발생하는 힘에 대응하여 손상되지 않는 정도.	몇백 년에 한 번 발생하는 지진(도쿄에서는 진도 6강~7 정도)의 1.25배의 지진력에 대응하여 무너지거나 붕괴되지 않고, 몇십 년에 한 번 발생하는 지진(도쿄에서는 진도 5강 정도)의 1.25배의 지진력에 대응하여 손상되지 않는 정도.	500년에 한 번 정도 발생하는 폭풍(주2)의 1.2배의 힘에 대응하여 무너지거나 붕괴되지 않고, 50년에 한 번 발생하는 폭풍(주3)의 1.2배의 힘에 대응하여 손상되지 않는 정도.	몇백 년에 한 번 발생하는 지진(도쿄에서는 진도 6강~7 정도)의 1.5배의 지진력에 대응하여 무너지거나 붕괴되지 않고, 몇십 년에 한 번 발생하는 지진(도쿄에서는 진도 5강 정도)의 1.5배의 지진력에 대응하여 손상되지 않는 정도.

확인 항목

1 벽량	건축기준법의 벽량	품확법의 벽량
2 벽 배치	건축기준법의 벽 배치	품확법의 벽 배치
3 바닥 배율		바닥 배율
4 접합부	건축기준법의 접합부	품확법의 접합부
5 기초	건축기준법의 기초	품확법의 기초
6 횡가재		횡가재
	종료	종료

주1. 구조 골조에 대규모 공사를 동반하는 보수 작업이 필요할 정도로 눈에 띄는 손상이 발생하지 않아야 한다. 구조상의 강도에 영향을 주지 않는 경미한 균열 등은 포함되지 않는다.
주2. 1991년 제19호 태풍 발생시 일본 미야코지마 기상대가 기록했다.   주3. 1959년 일본 이세 만 태풍 발생시 나고야 기상대가 기록했다.

수평구면의 역할

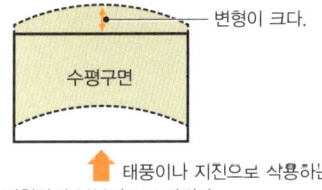

수평구면의 강도와 강성이 낮을 경우
- 변형이 크다.
- 태풍이나 지진으로 작용하는 힘
- 변형량이 부분적으로 커진다.

수평구면의 강도와 강성이 충분한 경우
- 똑같은 변형량
- 태풍이나 지진으로 작용하는 힘
- 모든 바닥의 변형량이 일정해진다.

단순하고 균형 잡힌 구조

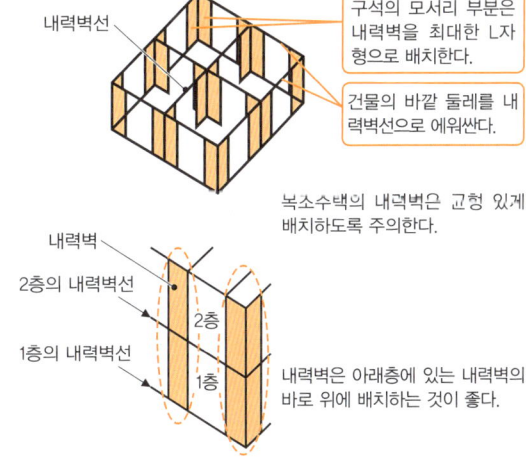

- 구석의 모서리 부분은 내력벽을 최대한 L자형으로 배치한다.
- 건물의 바깥 둘레를 내력벽선으로 에워싼다.
- 복소수숙의 내력벽은 균형 있게 배치하도록 주의한다.
- 내력벽은 아래층에 있는 내력벽의 바로 위에 배치하는 것이 좋다.

Point 건축기준법은 구조 안전성의 최소 기준이므로 좀 더 안전성 높은 설계를 해야 한다.

032 토대

토대의 설계 포인트

토대는 기둥의 하부를 구속해서 건물의 무게를 기초에 전달하는 역할을 하며, 구조상 중요한 부재다. 먼저 기초에 앵커볼트라는 철물을 묻고 그 위에 토대를 올려 앵커볼트로 기초와 토대를 고정한다. 토대의 단면은 기둥과 동일한 치수 이상이거나 105×105mm 이상으로 한다. 표준은 120×120mm로 한다. 토대와 토대를 연결할 경우에는 기둥과 바닥 하부 환기구의 위치, 앵커볼트의 위치와 겹치지 않게 한다.

목재는 가로 방향으로 놓으면 쉽게 손상되는 성질이 있는데 기둥에 작용하는 하중 때문에 토대가 압축되어 기둥의 위치가 내려갈 우려가 있다. 따라서 기둥의 '장부'(기둥과 토대를 접합하기 위해 기둥의 가장자리에 설치하는 가공 형상)를 '긴 장부'로 만들어 토대에 꽂는 구멍을 기초까지 관통시킨다. 장부를 통해 힘이 기초로 잘 전달되어 토대가 무너져서 기둥의 위치가 내려가는 것을 방지할 수 있다.

한편 지진 등이 발생했을 경우 기둥과 토대의 접합부에 인발력이 작용하여 접합이 약해지면 기둥이 뽑힐 수 있다. 그럴 때는 건축기준법에 따라 기둥과 토대도 규정된 철물(홀다운 철물 등)을 설치해 보강해야 한다.

토대의 방부 및 흰개미 방지 대책

토대는 지면에 가깝기 때문에 습기의 영향을 받기 쉽다. 따라서 방부 및 흰개미 방지 대책을 세워야 한다. 즉 잘 썩지 않는 편백나무나 노송나무 등을 재료로 선택한다. 침목으로도 사용되던 밤나무는 토대의 재료로 매우 적합하다. 일본 주택금융 지원기구 사양서에는 편백나무나 노송나무 등에는 방부 및 흰개미 방지제를 반드시 칠하지 않아도 된다고 나와 있다. 효과는 약하지만 노송나무 오일이나 월도月桃(생강과의 여러해살이풀로 일본 규슈 남단, 대만, 인도 등 따뜻한 지방에서 관상용으로 재배한다-옮긴이) 오일 등과 같은 자연소재를 사용하는 방법도 있다.

용어 해설

앵커볼트 기초 상단으로 나오게 하여 토대에 꽂아 조임으로써 기초에 토대를 튼튼하게 연결시키는 철물이다. 앵커볼트의 인발 강도는 앵커볼트가 콘크리트에 인접하는 표면적에 비례한다.

토대와 앵커볼트의 설치 포인트

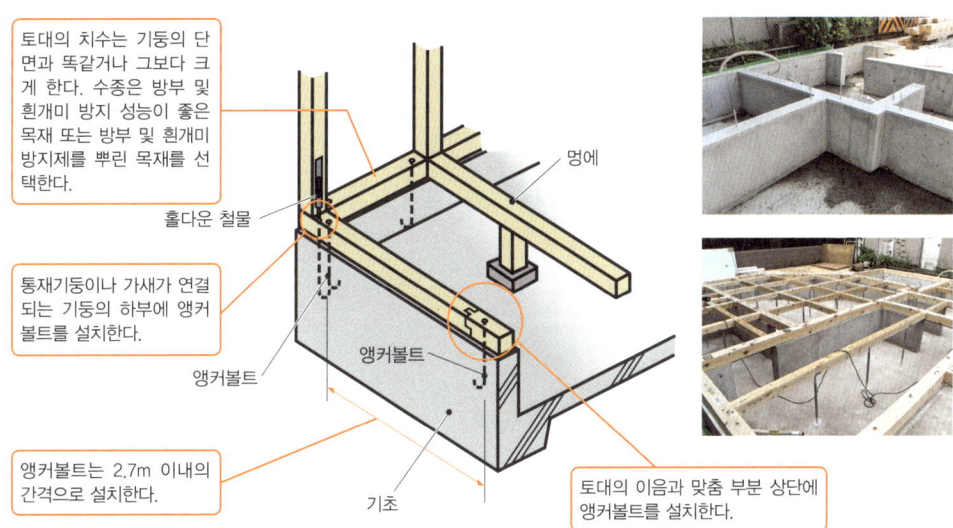

토대의 치수는 기둥의 단면과 똑같거나 그보다 크게 한다. 수종은 방부 및 흰개미 방지 성능이 좋은 목재 또는 방부 및 흰개미 방지제를 뿌린 목재를 선택한다.

홀다운 철물

통재기둥이나 가새가 연결되는 기둥의 하부에 앵커볼트를 설치한다.

앵커볼트

멍에

앵커볼트

앵커볼트는 2.7m 이내의 간격으로 설치한다.

기초

토대의 이음과 맞춤 부분 상단에 앵커볼트를 설치한다.

토대의 이음과 맞춤

토대와 토대의 이음(턱걸이 주먹장이음)

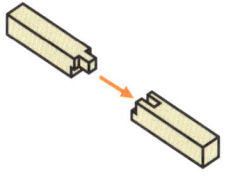

토대의 T자 맞춤(주먹장부 걸침)

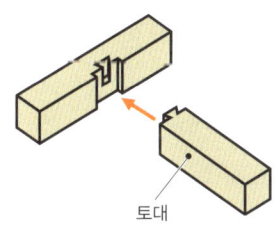
토대

토대에 설치하는 장붓구멍

정면에서 본 그림

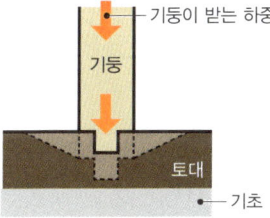
기둥이 받는 하중
기둥
토대
기초

단면도

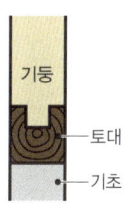
기둥
토대
기초

장붓구멍이 기초까지 관통하지 않으면 기둥이 받는 하중으로 토대가 압축되어 무너질 우려가 있다.

정면에서 본 그림

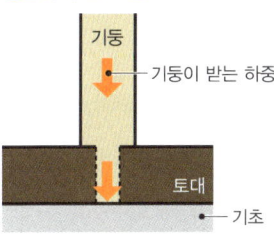
기둥
기둥이 받는 하중
토대
기초

단면도

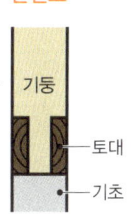
기둥
토대
기초

장붓구멍을 기초까지 관통시키면 기둥이 받는 하중을 기초에 쉽게 전달할 수 있어 토대의 압축을 방지한다.

Point 토대에는 부식이나 흰개미에 강한 목재를 사용하고, 기둥 단면의 치수와 같거나 그보다 크게 만든다.

033 기둥

기둥 치수 결정하기

목조주택의 골조를 이루는 부재 중에서 가장 먼저 기둥의 사양을 결정한다. 제재목과 집성재, 수종, 105×105mm나 120×120mm 등의 단면 치수를 정한다.

기둥은 연직하중을 지탱하거나 수평력에 저항하는 역할을 담당한다. 가늘고 긴 기둥은 좌굴座屈 현상이 일어나기 쉽다. 일본 건축기준법에서는 2층 이상의 건물일 경우 모서리 부분 등에 1층에서 2층까지 중간에 끊어지지 않는 통재기둥을 설치하도록 의무화하고 있다(일본 건축기준법 시행령 제43조 5항). 그러나 구조적으로는 하중만 전달되면 되므로 일반적인 기둥에 도리 등으로 중단된 평기둥을 사용해도 상관없다.

모서리 부분의 통재기둥이 받는 바닥의 하중은 건물 내부에 서 있는 기둥과 비교하면 약 4분의 1 정도여서 구조적인 하중의 부담이 그다지 크지 않다. 하지만 통재기둥에는 2층 바닥을 떠받치는 층도리와 보 등의 횡가재를 설치하기 위한 '장붓구멍'을 뚫어야 하기 때문에 단면 손상이 커져 구조강도가 떨어질 가능성이 있다. 특히 중앙부에 상기둥과 같은 통재기둥을 설치할 경우에는 기둥 주위의 하중을 받는 동시에 사방에서 보를 꽂는 경우가 있으니 단면을 크게 만들어야 한다.

기둥과 횡가재의 접합은 맞춤으로 하는 경우와 철물로 연결하는 경우가 있다.

재료 선택하기

기둥으로 만들 수 있는 목재의 길이는 유통상 표준 치수가 3m이며, 그보다 큰 치수가 4m다. 층높이를 결정할 때 3m짜리 기둥으로 마무리할 수 있는 단면 치수를 설정하면 경제적이다.

일본산 원목재를 선택할 경우에는 대부분 통나무를 네모지게 가공한 심이 있는 목재를 사용한다. 통나무는 강도가 가장 높으며, 통나무를 가공한 목재 중에서도 심을 제거한 목재보다 심이 있는 목재의 강도가 더 높다.

용어 해설

좌굴 기둥과 같이 가늘고 긴 봉 모양의 부재나 얇은 판 모양의 부재가 압축력을 받으면 꺾여서 파괴되는 현상을 말한다. 재료가 동일하고 하중의 조건이 같더라도 짧은 기둥에서는 좌굴 현상이 잘 일어나지 않지만 긴 기둥에서는 쉽게 일어난다.

통재기둥과 평기둥의 차이

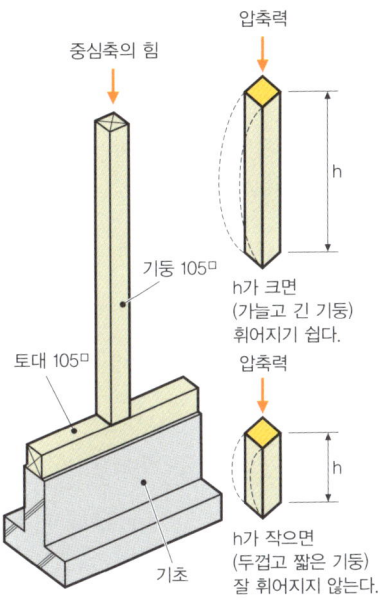
평기둥

기둥에 가해지는 힘

중심축의 힘

압축력

기둥 105□

토대 105□

기초

h가 크면
(가늘고 긴 기둥)
휘어지기 쉽다.

압축력

h가 작으면
(두껍고 짧은 기둥)
잘 휘어지지 않는다.

토대는 기둥 중심축의 힘을 수평 방향의 압축력으로 처리한다. 토대는 기둥의 치수와 같거나 그보다 크게 만든다.

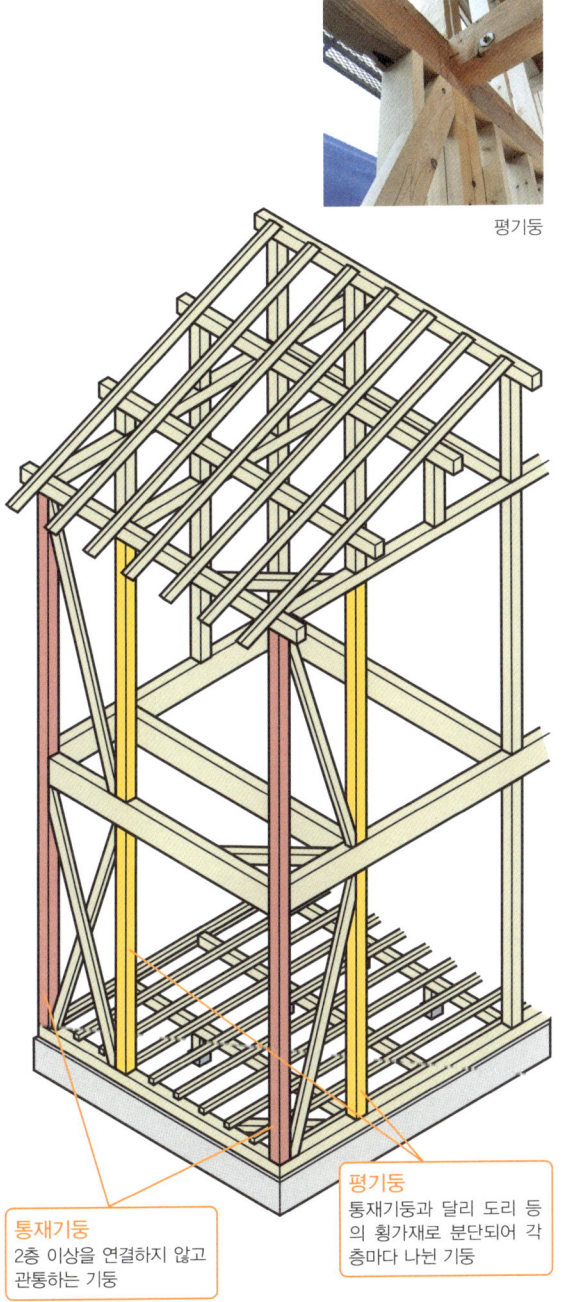

통재기둥
2층 이상을 연결하지 않고 관통하는 기둥

평기둥
통재기둥과 달리 도리 등의 횡가재로 분단되어 각 층마다 나뉜 기둥

통재기둥은 단면 손상에 주의

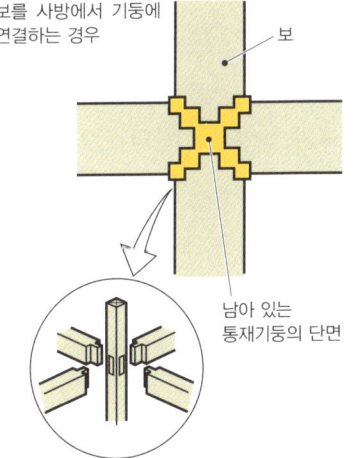

보를 사방에서 기둥에 연결하는 경우

보

남아 있는 통재기둥의 단면

Point 구조 부재 중에서 가장 먼저 기둥의 사양을 결정한다. 바닥틀이 받는 하중을 고려해 설계한다.

034 들보 설계

보의 사양과 종류

목조주택의 가구 설계에서는 보를 걸쳐놓는 방법이 가장 중요하다고 할 수 있다. 일단 보는 충분히 건조하지 않은 목재를 사용하면 처짐 현상이 심해진다.

각재로 사용되는 대부분의 보 재료는 레드 파인이다. 집성재가 사용되는 경우도 많은데 오래된 민가에서는 느티나무 등의 목재가 사용되었다. 레드 파인 외에 일본산 소나무나 삼나무도 사용되고 있다. 보에 어울리는 수종은 비교적 지름이 크고 끈기가 있는 나무라고 할 수 있다.

재료를 프리컷 방식으로 가공할 경우 가공 기계의 특성상 각재를 사용해야 한다. 프리컷 가공이라도 통나무를 사용할 수 있지만 그럴 경우에는 공장이나 목수의 작업장에서 수가공 작업을 해야 하므로 비용이 올라간다.

통나무의 양옆을 수직으로 잘라낸 것을 북 모양의 보라고 한다. 통나무의 강도를 살리면서 가공의 편의성을 고려한 형태다. 각재보다 보의 높이를 낮출 수도 있으므로 디자인적으로 북 모양의 보를 활용하면 재미있을 것이다.

보의 치수 결정하기

보는 어느 정도의 간격을 두고 걸쳐놓느냐에 따라 단면 치수가 결정된다. 보 부재의 길이는 3m, 4m, 폭은 기둥과 같은 치수로 105×105mm나 120×120mm가 표준이다. 보의 높이는 간단하게 2칸(3.6m)일 때 1자(300mm), 1.5칸(2.7m)일 때 8치(240mm), 1칸(1.8m)일 때 3치 5푼(105mm)이다. 이 세 치수를 대략적인 기준으로 해서 1치(30mm)씩 잘라 단면을 조정한다.

2층의 기둥이 놓이거나 하중이 집중되는 보는 단면을 큼직하게 한다. 또 보가 놓인 보는 맞춤 방식으로 부재를 파내는 부분이 많아지므로 보의 높이를 높이거나 폭을 넓혀 대처해야 한다.

> **용어 해설**
>
> **처짐** 구조물이 외력을 받았을 때 특정한 점의 변위량을 말한다. 보는 장기적으로 하중을 받으면 아래쪽으로 휘는 경우가 있다. 계속적으로 하중을 받아 처짐이 심해지는 것을 클리프 현상이라고 한다.

보에 작용하는 힘

인장과 압축

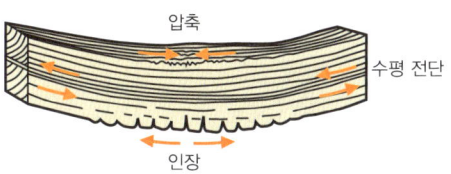

보의 중앙에 수평 전단 응력이 발생한다.

처짐

보의 중앙에 가장 심한 처짐 현상이 발생한다.

인장 부분의 손상

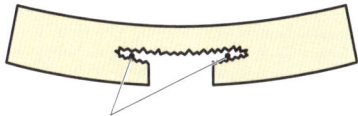

인장 부분이 손상되면 구부러져 둘로 갈라진다.

보 부재의 종류

각재로 만드는 보

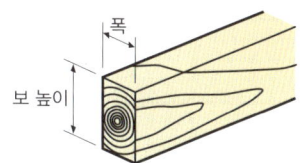

일반적인 보 부재는 그림과 같이 각재로 가공한 나무를 사용한다. 수종은 대체로 레드 파인, 삼나무 등이며 예전에는 느티나무도 사용했다.

북 모양의 보

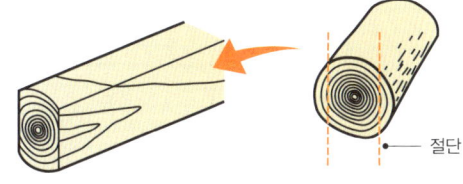

북 모양의 보란 통나무의 양면을 제재하여 단면을 북 모양처럼 만든 부재를 말한다. 모양이 통나무에 가까워 강도가 높은 편이다.

보를 걸칠 때 주의사항

2층의 기둥이 놓이는 보는 단면을 크게 한다

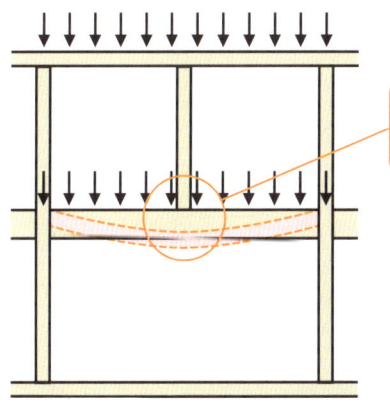

이 보에는 지붕, 2층의 벽과 바닥 등의 하중이 집중되고 있다.

기둥은 위아래층이 서로 일치되도록 배치하는 것이 좋다. 위 그림처럼 일치하지 않을 경우에는 보의 단면을 크게 하거나 보강재를 넣는 식으로 대처해야 한다.

보에 보를 걸치는 경우에는 맞춤 부분의 단면 손상을 고려한다

보와 보를 접합하기 위해 맞춤 가공을 하는데 그림과 같은 경우에는 보 ②의 폭을 큼직하게 하는 방법을 검토해야 한다.

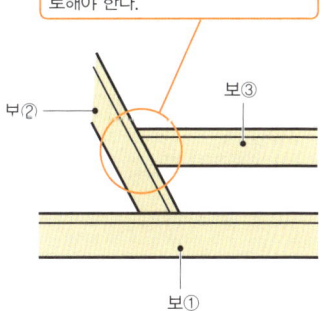

Point 가구 설계시 횡가재의 단면을 결정하는 작업이 가장 중요하다고 해도 과언이 아니다.

035 벽량 계산

목조주택에 필요한 내력벽의 양

목조주택의 설계에서는 구조 계산을 하지 않아도 되는 대신에 구조의 안전성이 의무화되어 있다(일본 건축기준법 시행령 제46조).

① 건물에 내력벽(84쪽 참조)이 균형 있게 배치되어야 한다.

② 내력벽이 효과적으로 작용하도록 바닥틀이나 지붕틀에 귀잡이보 등을 넣어 수평 구면을 튼튼하게 만들어야 한다.

③ 2층 이상 또는 총면적이 50㎡를 초과하는 목조에는 지진력과 풍압력에 대응해서 필요한 길이의 내력벽을 확보해야 한다.

③을 확인하기 위해 내력벽의 양을 계산하는데 이를 벽량 계산이라고 한다.

벽량 계산법

먼저 지진력에 대해 최소한으로 필요한 벽의 양(=필요벽량)을 확인한다. 일본 건축기준법 시행령 제46조에는 지붕 재료의 무게에 따라 각각 바닥 면적당 필요벽량이 규정되어 있으므로 해당되는 값을 선택해 바닥 면적과 곱한다. 그 값이 지진력에 대한 필요벽량이다. 그와 동시에 풍압력에 대한 필요벽량의 조건을 확인한다. 지진력과 마찬가지로 일본 건축기준법 시행령 제46조에서 '특정 행정기관이 지정하는 강풍 구역'과 '일반 구역'의 각각 바람을 받는 면적당 필요벽량이 규정되어 있다. 그 값에 바람을 받는 건물의 면적을 곱해서 풍압력에 대한 필요벽량을 산출한다.

그다음에 건물에 존재하는 벽의 양(=존재벽량)을 산출해서 필요벽량과 비교한다. 존재벽량이 필요벽량보다 크면 구조 안전성을 담보하기 위해 최소한으로 필요한 내력벽의 양을 충족시킬 수 있다. 하지만 목조주택에서 구조 계산을 한 경우 건축기준법의 필요벽량을 충족시키는 것만으로는 구조강도가 부족할 수 있다. 벽량은 벽 배율로 구한 벽량 합계의 약 2배 정도가 필요하다고 생각하면 좋다.

용어 해설

필요벽량 지진이나 태풍 등의 수평하중에 저항하기 위해 최소한으로 필요한 벽의 양을 말한다. 지진력과 풍압력에 대한 필요벽량을 각각 구하고, 필요벽량이 존재벽량보다 크면 안 된다.

최소한으로 필요한 내력벽의 양은 정해져 있다

바닥 면적과 바람을 받는 면적이 크고 층수가 늘어나면 필요벽량도 늘어난다

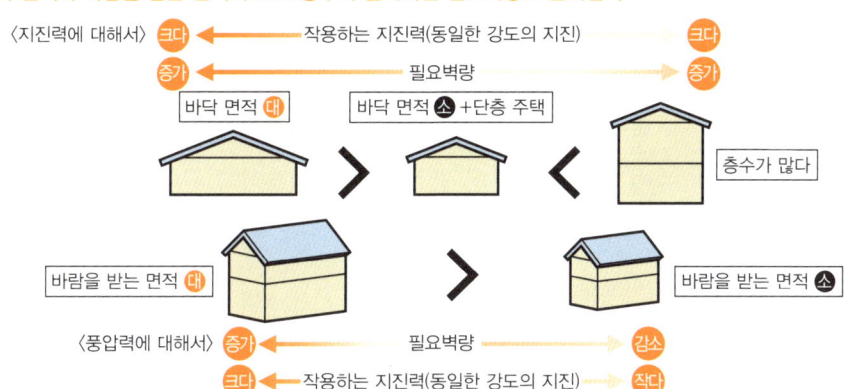

벽량 계산 순서

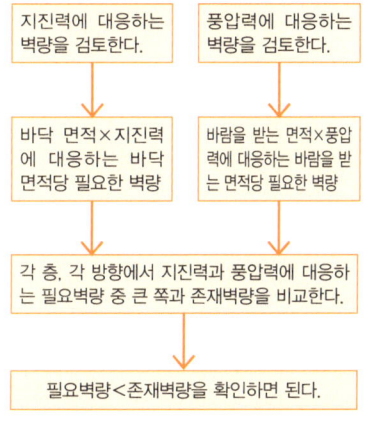

지진력에 대응하는 필요벽량 구하기

바닥 면적당 필요한 벽량을 확인하여 바닥 면적과 곱한다
(바닥 면적당 필요한 벽량×바닥 면적=지진력에 대응하는 필요벽량)

건물의 종류	필요벽량(바닥 면적당 cm/㎡)		
금속판, 슬레이트 지붕 등 가벼운 지붕	11	15 / 29	18 / 34 / 46
흙과 회반죽을 두껍게 칠하거나 기와를 까는 등 무거운 지붕	15	21 / 33	24 / 39 / 50

목조 2층 주택의 1층 부분에 필요한 벽량은 1㎡당 29가 필요하다.

풍압력에 대응하는 필요벽량 구하기

바람을 받는 면적당 필요한 벽량을 확인해 바람을 받는 면적과 곱한다(바람을 받는 면적당 필요한 벽량×바람을 받는 면적=풍압력에 대응하는 필요 벽량)

	필요벽량 (바람을 받는 면적당 cm/㎡)
특정 행정기관이 지정하는 강풍 구역	50 초과 75 이하의 범위 내에서 특정한다. 특정 행정기관이 규정한 수치.
일반 구역	50

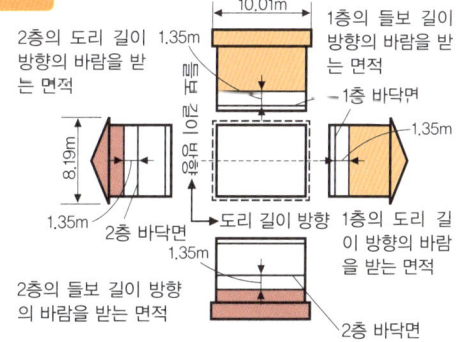

Point 목조주택에 최소한으로 필요한 내력벽의 양은 정해져 있다. 벽량을 계산할 때 '필요벽량<존재벽량'을 확인하자.

036 내력벽의 역할

내력벽으로 수평력에 저항한다

건물은 중력으로 생기는 하중을 항상 떠받치기 때문에 지진 발생시 위아래로 흔들려서 더해지는 수직 방향의 힘에 대해 원래부터 강한 구조로 이루어져 있다. 문제는 수평 방향의 힘에 대한 대처인데, 최대로 중력과 거의 같은 강도의 지진이 발생했을 때 좌우 흔들림에 대한 대응을 검토해야 한다.

수평력에 대해 저항할 때 중요한 부재가 바로 내력벽이다. 내력벽이란 지진력이나 풍압력에 대항하기 위해 설치하는 벽이다. 구조용 합판이나 가새, 석고보드 등을 기둥과 보 또는 토대에 고정한다.

벽 배율

내력벽이 지진력과 풍압력에 대해서 버틸 수 있는 정도를 벽 배율로 나타낸다. 벽 배율 1은 200kgf(1.96kN)의 내력이 있음을 나타내며 1부터 5배까지 있다. 벽 배율은 단독으로 사용하거나 조합해서 사용할 수도 있다. 가새를 비스듬히 교차 설치해서 벽 배율을 2배로 하거나 두 종류 이상의 내력벽을 조합해 최대 5배까지 인정된다.

벽 배율이 최대 5배까지로 제한되어 있는 이유는 내력이 높은 벽일수록 수평력이 더해지면 인발력이 크게 작용하지만 벽 배율 5 이상의 내력벽을 설치하려면 그에 어울리는 강력한 접합부가 필요하므로 비현실적이기 때문이라고 생각할 수 있다.

내력벽은 구조용 합판이나 가새 외에도 석고보드와 모르타르 바탕의 라스 바탕재, 전통적인 인방 공법이나 토벽도 내력벽으로 허용되어 있어서 각각 배율이 인정된다. 내력벽의 부재뿐 아니라 철물 등을 이용해 접합부를 보강하거나 구조용 못을 150mm 간격 이하로 박는 등 확실한 고정 방법이 있어야 비로소 내력벽으로 간주된다.

용어 해설

벽 배율 내력벽의 수평 방향에 대한 성능은 벽의 재질과 부재의 두께 또는 연결법에 따라 다르지만 그 전단력의 크기를 배율로 나타낸 것이다. 수평 길이가 똑같을 때 배율 2인 벽은 배율 1인 벽에 비해 2배의 내력을 갖는다.

여러 가지 종류의 내력벽

내력벽	벽 배율
판재 삽입	0.6
석고보드(두께 12.5mm)	1
흙을 칠한 벽(양면 칠)	
가새(30×90mm 이상)	1.5
하드보드(두께 5mm)	2
가새(45×90mm 이상)	
구조용 합판(두께 7.5mm)	2.5
구조용 패널(두께 7.5mm)	
가새(90×90mm 이상)	3
가새(45×90mm 이상)를 비스듬히 교차하기	4
가새(90×90mm 이상)를 비스듬히 교차하기	5

내력벽은 수평력에 저항한다

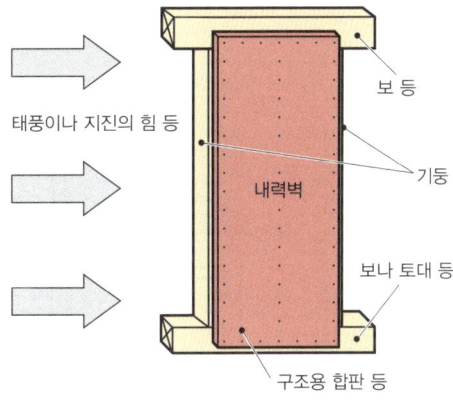

① 내력벽은 보나 토대, 기둥에 고정된 면재나 가새로 구성된다.
② 내력벽이 수평력을 견디는 강도는 배율로 나타낸다(=벽 배율).
③ 벽 배율 1은 200kgf(1.96kN)의 내력이 있음을 나타내며, 단독이든 조합이든 최대 5배까지 나타낼 수 있다.

내력벽을 고정하는 방법에는 규칙이 있다

오카베 사양의 면재 내력형 종류

배율	면재의 종류	면재의 재료			못	
		품질	종류	두께	종류	간격
2.5	구조용 합판	JAS	특수 종류	7.5mm 이상	N50	150mm 이하
	구조용 패널(※)	JAS	구조용 패널에 적합한 재료			
	파티클보드	JIS A5908	파티클보드	12mm 이상		
2	하드보드	JIS A5905	35타입 또는 45타입	5mm 이상		
	경질 목편 시멘트판	JIS A5404	경질 목편 시멘트판	12mm 이상		
1	석고보드	JIS A6901	석고보드 제품	12mm 이상	GNF40 또는 GNC40	바깥둘레 100mm 이하, 기타 200mm 이하
	시딩보드	JIS A5905	시딩 연질 섬유판	12mm 이상	SN40	
	라스 시트	JIS A5524	LS4	0.6mm 이상	N38	150mm 이하

※ OSB(oriented strand board, 얇은 목재를 방수성 수지로 도포한 후 압착하여 생산하는 인공 판재. 구조적으로 강도와 안전성을 극대화시킨 합판이다―옮긴이) 등을 말한다.

면재 내력형 붙이기

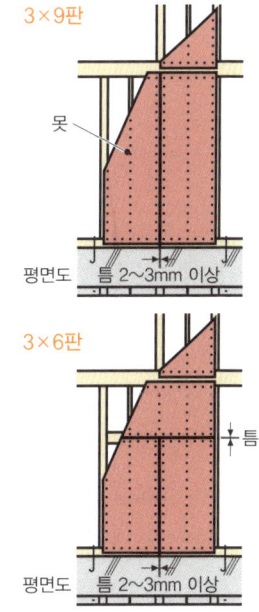

Point 내력벽은 지진이나 태풍의 힘을 견디기 위한 부재다. 강도는 배율로 나타내며, 최대 5배까지 인정된다.

037 내력벽의 배치

벽량을 충족시킨 후에는 균형을 잡는다

일본 건축기준법을 보면 내력벽은 한쪽으로 치우치지 않고 균형 있게 배치해야 한다고 규정되어 있다. 구조 계산시 각 층의 편심률을 계산하여 0.3 이하임을 확인한다. 그러나 구조 계산을 하지 않는 경우에는 4분할법이라고 해서 '목조건축물의 축조 설치기준을 제정하는 건'(2000년 일본 건설성 고시 제1352호)으로 정해진 규정을 토대로 하여 확인해야 한다.

4분할법의 순서를 쉽게 설명하자면 먼저 건물을 평면적으로 들보 길이 방향, 도리 길이 방향으로 각각 4분할하여 구역을 나눈다. 바깥쪽의 두 구역을 4분의 1 가장자리 부분이라고 하는데 들보 길이 방향, 도리 길이 방향마다 4분의 1 가장자리 부분의 존재벽량과 필요벽량을 계산한다. 그다음에 각 가장자리 부분에서 존재벽량을 필요벽량으로 나눈 값이 1을 넘으면 된다. 이 값을 벽량 충족률이라고 한다.

벽량 충족률이 1 이하라는 결과가 나온 경우에는 벽량 충족률이 작은 쪽을 큰 쪽으로 나눈 값(벽 비율)이 0.5 이하면 된다.

불균형한 플랜에 주의하자

일반적인 목조주택에서는 남쪽에 개구부가 많고 북쪽에 개구부가 적어서 남북으로 내력벽의 양이 불균형한 플랜인 경우가 많다. 또 다다미방을 설치하는 플랜에서도 개구부가 많아져 내력벽의 양이 부족해지기 쉽다.

이전 일본 건축기준법에서는 들보 길이 방향, 도리 길이 방향 양쪽에 필요한 벽량만 확보되면 된다고 해서 내력벽의 균형까지 확인하는 규정이 존재하지 않았다. 따라서 기존의 목조주택을 새로 고칠 때는 이전에 내력벽의 배치 균형을 검토하지 않았을 가능성이 있다는 점을 감안해서 작업해야 한다.

용어 해설

편심률 편심은 구조물의 중심重心(질량의 중심)이 강심剛心(강성의 중심)으로부터 떨어져 있는 것을 말하며, 그 범위를 편심률이라고 한다. 편심률이 높으면 평면 모양의 균형이 좋지 않다. 중심이 강심으로부터 멀리 벗어난 위치에 있을수록 편심률이 높아진다.

내력벽이 균형 있게 배치되었는지 확인한다 = 4분할법

벽량을 충족시켜도 균형 있게 배치되지 않으면 중심이 한쪽으로 치우친다

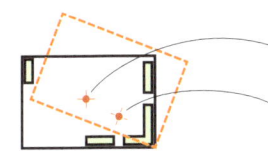

중심은 무게의 중심이며, 주로 바닥의 모양으로 정해진다.

강심은 경도의 중심이며, 주로 벽의 배치로 정해진다.

4분할법은 편심을 쉽게 확인할 수 있다

들보 및 도리 길이 방향의 4분의 1 가장자리 부분의 네 군데에서

$$\text{벽량 충족률} = \frac{\text{존재벽량}}{\text{필요벽량}} > 1\text{이면 OK}$$

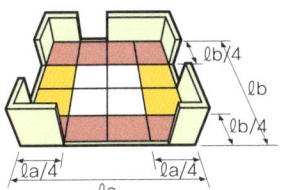

벽량 충족률이 1에 못 미칠 때는 벽 비율 ≥ 0.5를 확인한다.

두 방향의 4분의 1 가장자리 부분에서

$$\text{벽 비율} = \frac{\text{벽량 충족률이 작은 쪽}}{\text{벽량 충족률이 큰 쪽}} \geq 0.5$$

모양이 고르지 않은 입면·평면의 경우

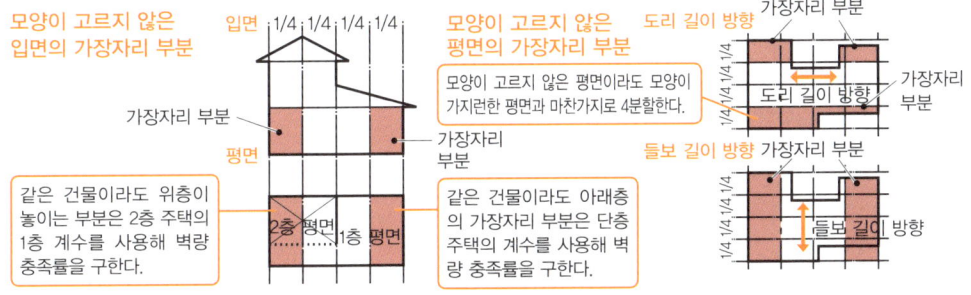

모양이 고르지 않은 입면의 가장자리 부분

같은 건물이라도 위층이 놓이는 부분은 2층 주택의 1층 계수를 사용해 벽량 충족률을 구한다.

모양이 고르지 않은 평면의 가장자리 부분

모양이 고르지 않은 평면이라도 모양이 가지런한 평면과 마찬가지로 4분할한다.

같은 건물이라도 아래층의 가장자리 부분은 단층 주택의 계수를 사용해 벽량 충족률을 구한다.

4분할법을 이용해 지붕 안쪽 수납공간 처리하기

층으로 간주하지 않는(바닥 면적에 넣어서 계산하지 않는) **지붕 안쪽 수납공간 등**

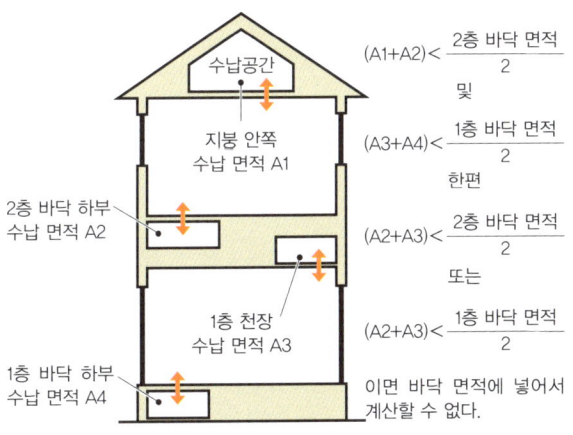

$(A1+A2) < \dfrac{\text{2층 바닥 면적}}{2}$

및

$(A3+A4) < \dfrac{\text{1층 바닥 면적}}{2}$

한편

$(A2+A3) < \dfrac{\text{2층 바닥 면적}}{2}$

또는

$(A2+A3) < \dfrac{\text{1층 바닥 면적}}{2}$

이면 바닥 면적에 넣어서 계산할 수 없다.

필요벽량을 구할 때 바닥 면적에 넣어서 계산하는 지붕 안쪽 수납공간 등

A : 지붕 안쪽 수납공간 등의 수평 투영 면적 (두 개 이상인 경우에는 그 합계)

B : 해당 층의 바닥 면적

h : 지붕 안쪽 수납공간 등의 안치수 평균값 (m). 같은 층에 두 개 이상 있는 경우에는 그중 최댓값

$B \times 1/8 < A < B \times 1/2$ 또는

지붕 안쪽 수납공간 등의 최고 천장 높이 $\leq 1.4\text{m}$일 때

$h/2.1 \times A = a$를 a의 a를 더한다.
($A \leq B \times 1/8$일 때 $a=0$)

Point 4분할법으로 내력벽이 균형 있게 배치되었는지 확인한다. 지붕 안쪽의 수납공간은 크기에 따라 바닥 면적에 넣어서 계산한다.

038 바닥틀 구조

바닥틀의 역할

바닥틀에는 1층 바닥을 떠받치는 동바리마루 구조와 2층 바닥을 장선만으로 떠받치는 장선마루(단상單床 구조), 2m가 넘는 경간에서 바닥보와 장선으로 구성하는 보마루(복상 複床 구조)가 있다. 1층 바닥틀은 아래층 바닥틀이라고도 하며, 바닥 하중을 지반에 전달한다. 2층 바닥틀은 위층 바닥틀이라고 불리며, 바닥 하중을 보나 도리를 통해 아래층 기둥으로 전달한다. 또 2층 바닥틀은 바닥을 떠받칠 뿐만 아니라 1층의 천장을 매다는 역할도 담당한다. 바닥틀을 설계할 때는 바닥재를 까는 방향을 정한 뒤 장선, 멍에, 보의 순서로 배치를 결정한다. 그 후 바닥재의 두께를 고려해 장선의 높이를 정한다.

바닥틀 구조의 종류

동바리마루 구조

1층에서 일반적으로 사용되는 바닥틀로 콘크리트로 된 동바릿돌 위에 목재 동바리를 세워 멍에를 놓고 그 위에 장선을 얹는다. 모서리 부분은 귀잡이 토대를 넣어 보강한다. 장선의 간격은 서양식 방은 300mm, 다다미 밑에서는 450mm 정도로 한다.

납작마루 구조

1층 바닥에서 동바리를 세우지 않고 토방 콘크리트 위에 멍에나 장선을 직접 놓아 바닥을 떠받친다. 바닥의 높이를 억제해야 할 때 사용한다. 단, 바닥 하부의 높이가 거의 없어서 충분한 방습 및 흰개미 방지 대책이 필요하다.

복상 구조(2층 마루 구조)

2층 바닥을 떠받치는 장선은 보의 간격이 2m 이하일 경우 장선만으로 바닥을 지탱할 수 있다. 2m 정도의 장선은 높이가 105mm 정도인 부재를 사용한다. 그 이상일 경우에는 들보나 작은 보를 넣어서 그 위에 장선을 놓는다.

용어 해설

보마루 장선, 바닥보, 층도리로 구성된 2층 부분의 바닥틀을 말한다. 보와 보의 경간이 2.7~3.6m 정도일 경우 그 사이에 무언가를 걸쳐야 장선을 받칠 수 있으므로 경간 사이에 보를 놓는 공법이다.

동바리마루의 구성

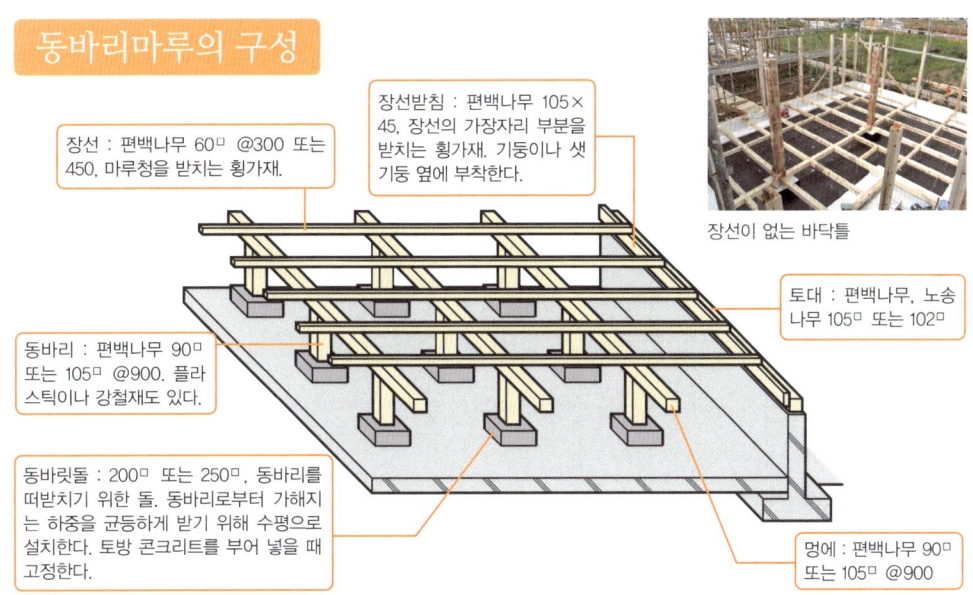

- 장선 : 편백나무 60㎜ @300 또는 450, 마루청을 받치는 횡가재.
- 장선받침 : 편백나무 105×45, 장선의 가장자리 부분을 받치는 횡가재. 기둥이나 샛기둥 옆에 부착한다.
- 장선이 없는 바닥틀
- 토대 : 편백나무, 노송나무 105㎜ 또는 102㎜
- 동바리 : 편백나무 90㎜ 또는 105㎜ @900. 플라스틱이나 강철재도 있다.
- 동바릿돌 : 200㎜ 또는 250㎜, 동바리를 떠받치기 위한 돌. 동바리로부터 가해지는 하중을 균등하게 받기 위해 수평으로 설치한다. 토방 콘크리트를 부어 넣을 때 고정한다.
- 멍에 : 편백나무 90㎜ 또는 105㎜ @900

납작마루의 구성

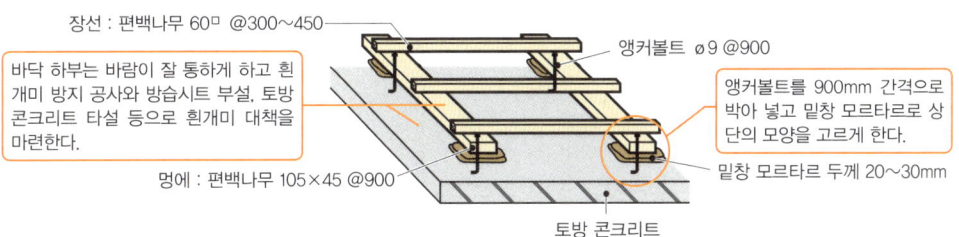

- 장선 : 편백나무 60㎜ @300~450
- 앵커볼트 ø9 @900
- 바닥 하부는 바람이 잘 통하게 하고 흰개미 방지 공사와 방습시트 부설, 토방 콘크리트 타설 등으로 흰개미 대책을 마련한다.
- 앵커볼트를 900mm 간격으로 박아 넣고 밑창 모르타르로 상단의 모양을 고르게 한다.
- 멍에 : 편백나무 105×45 @900
- 밑창 모르타르 두께 20~30mm
- 토방 콘크리트

2층(복상 구조) 마루의 구성

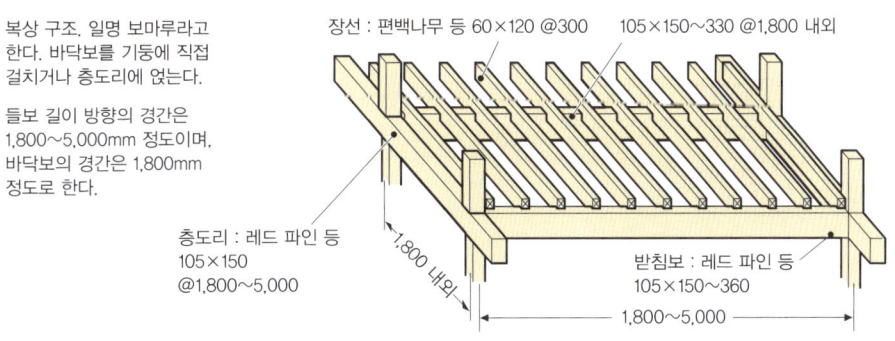

복상 구조. 일명 보마루라고 한다. 바닥보를 기둥에 직접 걸치거나 층도리에 얹는다.

들보 길이 방향의 경간은 1,800~5,000mm 정도이며, 바닥보의 경간은 1,800mm 정도로 한다.

- 장선 : 편백나무 등 60×120 @300
- 105×150~330 @1,800 내외
- 층도리 : 레드 파인 등 105×150 @1,800~5,000
- 1,800 내외
- 받침보 : 레드 파인 등 105×150~360
- 1,800~5,000

Point 바닥틀은 1층과 2층의 구조가 다르다. 또한 서양식 방, 다다미방에서는 장선의 간격이 다르다.

039 강체바닥

강성이 낮은 목조 바닥

지진이나 태풍 등의 수평력에 대해서 내력벽만으로는 버틸 수 없다. 내력벽은 바닥면 자체를 고정해야 강도가 발휘된다.

바닥면은 구조적으로 수평구면이라고 하는데 목조주택은 다른 구조와 비교했을 때 수평구면의 강성이 낮다. 따라서 목조주택에서는 바닥틀의 모서리 부분에 귀잡이보를 넣어서 전체의 모양이 비뚤어지지 않게 해야 한다. 또한 상단 높이를 일정하게 한 바닥 바탕에 구조용 합판을 못으로 박는 방법도 효과적이다. 이를 일반적으로 강체바닥剛床이라고 부른다. 보기 드물기는 하지만 수평 방향으로 철근 꺾쇠를 넣는 방법도 효과적이다. 강체바닥으로 만들면 지진이나 태풍 등의 수평력을 받았을 때 수평 방향으로 뒤틀리는 변형을 억제할 수 있어 내력벽이 조금 불균형하더라도 외력을 분산할 수 있다. 또 상부의 바닥을 강체바닥으로 하면 차고 등 큰 개구부를 확보해야 하는 공간을 보강하는 데 효과적이다.

강체바닥의 마무리

보통 보와 장선의 상단을 수평으로 가지런히 놓고 두께 12mm나 24mm 또는 28mm의 구조용 합판을 구조용 못이나 나사로 고정한다. 이 합판 위에 마감용 바닥재를 깐다. 강체바닥이라고 할 수 없을지도 모르지만 2층의 보 상단을 가지런히 해서 두꺼운 판재를 붙이는 것도 수평구면을 강화하는 방법으로 효과적이다.

품확법의 주택성능 표시제도에서는 벽 배율과 마찬가지로 바닥 구면의 강도를 나타내는 바닥 배율이 규정되어 있다. 구조용 합판이나 귀잡이보 등의 사용 재료와 못의 치수나 못을 박는 간격 등의 사양에 따라 배율이 달라지므로 어떤 방식의 바닥이 튼튼한지 확인해보자.

용어 해설

바닥 배율 벽의 강도를 나타내는 벽 배율과 마찬가지로 바닥의 강도를 나타내는 지표다. 주택성능 표시제도에 규정되어 있는 바닥 배율을 확인한다. 벽처럼 벽량(=길이×벽 배율)을 이용하지 않고 바닥재로 쓰이는 재료나 고정 방법 등과 같은 사양으로 정해진 바닥 배율만 확인한다.

수평구면이 강하면 어떻게 될까

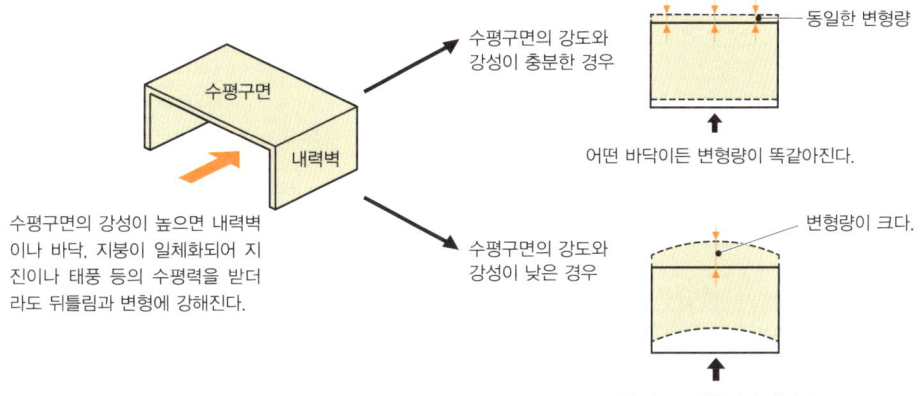

수평구면의 강성이 높으면 내력벽이나 바닥, 지붕이 일체화되어 지진이나 태풍 등의 수평력을 받더라도 뒤틀림과 변형에 강해진다.

- 수평구면의 강도와 강성이 충분한 경우 → 어떤 바닥이든 변형량이 똑같아진다.
- 수평구면의 강도와 강성이 낮은 경우 → 부분적으로 변형량이 커진다.

강체바닥 사양(일례)

두꺼운 합판의 네 변에 철재 둥근못(N75) 박기 사양

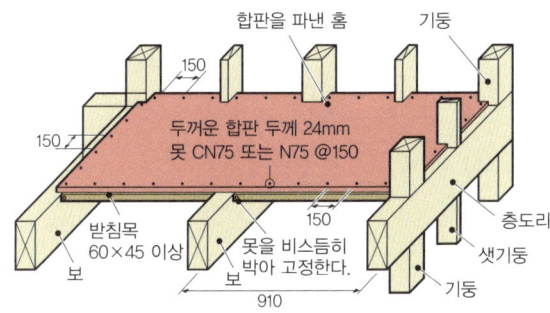

주택성능 표시제도에서는 두꺼운 합판의 네 변에 철재 둥근못(N75)을 박아서 고정한 경우 존재 바닥 배율 3배로 가장 높은 값을 부여한다. 하지만 두꺼운 합판을 사용하더라도 '내 천川 자 못 박기 사양'일 경우에는 존재 바닥 배율이 1.2배가 되므로 두꺼운 합판의 긴 변 방향을 바닥보에 직각으로 배치하여 네 변과 가운데 부분에 못을 박는 사양을 권장한다. 또한 합판을 엇갈리게 배치하면 면내 강성과 처짐 성능을 향상시킬 수 있다.

강체바닥을 밑에서 올려다본 상태

수평구면을 강하게 해야 하는 경우

내력벽과 내력벽의 거리(내력벽선 사이의 거리)가 커지면 그만큼 바닥 구면의 강성을 높여야 한다.

보이드 공간과 같이 바닥이 부분적으로 없는 수평구면은 수평력에 대해서 무너지기 쉬워진다. 수평구면의 평면 모양과 내력벽의 위치 및 길이 등의 조건을 고려하여 수평구면에 필요한 강성(필요 바닥 배율)을 정한다.

내력벽과 내력벽의 거리가 큰 경우

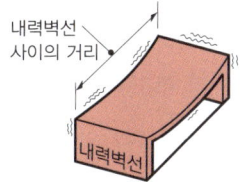

보이드 공간이 있는 경우

Point 지진이 일어났을 때 수평구면은 내력벽과 일체화되어 건물의 변형을 막는 역할을 한다.

040 이음 및 맞춤

이음과 맞춤의 종류

목재로 된 가구에서는 구조강도를 결정하는 데 있어 접합부가 매우 중요하다. 목조의 접합 형식에는 세 종류가 있다. ① 접착을 이용한 접합, ② 이음 및 맞춤을 이용한 접합, ③ 이음 및 맞춤에 접합 철물로 보강하는 접합 또는 철물을 이용한 접합(94쪽 참조)이다. ①은 합판끼리 접합할 때 사용되기도 하지만 구조재끼리는 사용이 금지되어 있다. ②의 이음은 목재를 부재 방향으로 접합하는 방식이며, 맞춤은 부재를 직각으로 접합하는 방식이다. 구조적으로 이음과 맞춤은 목재가 깊이 들어간 부분과 전단 부분에 힘을 전달한다. 목재를 조립하는 방법에 따라서는 매우 큰 구조강도를 확보할 수 있다. 보뿐만 아니라 기둥도 연결할 수 있으며, 지반 부분이 부식된 기둥의 썩은 부분을 제거하여 새로운 목재를 연결해서 구조강도를 확보할 수도 있다.

목조의 이음과 맞춤은 전통적인 기술로서 기본적인 방법부터 특수한 방법까지 종류가 다양하다. 기둥과 보의 맞춤에서는 기둥에 장부를 만들고 보에 장붓구멍을 만들어 끼워 넣는다. 주먹장을 만들어서 잘 빠지지 않게 하거나 산지를 박아 고정하는 등 여러 방법이 이용되고 있다.

이음과 맞춤시 주의사항

목재끼리 조합할 때는 목재의 성질을 눈으로 잘 확인한다. 목재가 뒤틀리는 방향이 서로 반대가 되도록 짜 맞출 경우 조립이 끝난 후에 목재가 뒤틀리면서 더욱 단단하게 접합될 수 있으므로 나무의 성질을 고려해야 한다. 접합부는 엇비슷하게 교차해서 배치하는 것이 원칙이며, 이웃하는 부분끼리 같은 위치에서 연결하지 않도록 한다. 연결한 부분의 접합강도가 떨어지므로 강도가 낮은 부분이 집중되지 않도록 하기 위함이다. 한편 보의 중앙부나 가새의 가장자리 부분과 같이 힘을 받는 부위에서 보를 연결하면 안 된다. 토대의 이음에서는 앵커볼트의 위치와 겹치지 않도록 한다.

용어 해설

장부 목재의 가장자리 부분에 만든 돌기. 두 개의 목재를 접합할 때 한쪽에 뚫어놓은 구멍에 다른 쪽 목재에 만든 돌기를 끼워 접합한다. 구조에서는 주로 기둥과 토대, 지붕 대공과 보의 접합 등에 이용되며 창호나 가구 부재를 접합할 때도 쓰인다.

주요 이음 및 맞춤의 모양

주먹장부 걸침
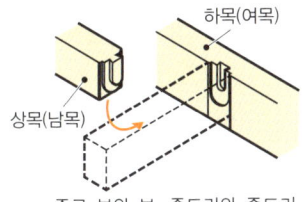
하목(여목)
상목(남목)
주로 보와 보, 중도리와 중도리, 토대와 토대 등의 맞춤 방식.

주먹장부 기둥 걸치기
보와 보+아래기둥, 중도리와 중도리+지붕 대공의 맞춤 방식.

통맞춤

장선, 멍에 등의 맞춤 방식.

장부 꽂기
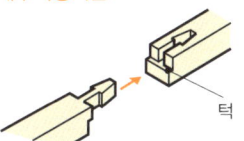
장붓구멍
장부
기둥과 토대나 보, 지붕 대공과 보나 중도리 등의 맞춤 방식.

층도리 맞춤
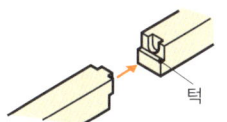
새끼촉
몸통꽂이 장부
층도리와 통재기둥의 맞춤 방식.

도리 꽂기
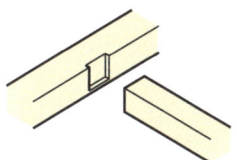
허리맞춤
중도리 경사 부분의 도리와 기둥, 중도리와 지붕 대공 등의 맞춤 방식.

메뚜기장이음
턱
보, 중도리, 토대 등의 이음 방식. 전통적으로는 턱걸이 메뚜기장이음이라고 부르는 형태. 프리컷 가공에서는 턱걸이가 있는 방식을 메뚜기장이음이라고 부르는 것이 일반화되어 있으며, 도면에도 사용된다.

주먹장이음
턱
중도리, 토대 등의 이음 방식. 전통적으로는 턱걸이 주먹장이음이라고 부르는 형태. 프리컷 가공에서는 턱걸이가 있는 방식을 주먹장이음이라고 부른다.

이음 위치에서 주의할 것 (보의 경우)

이음은 기둥에서 떨어진 위치에 만들지 않는다
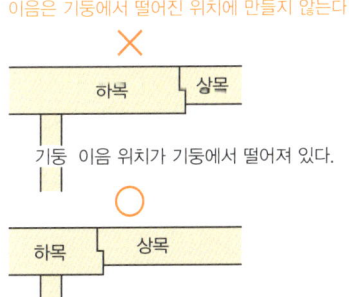
하목 / 상목
기둥 | 이음 위치가 기둥에서 떨어져 있다.

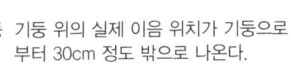
하목 | 상목
기둥 | 기둥 위의 실제 이음 위치가 기둥으로부터 30cm 정도 밖으로 나온다.

집중하중 부근에 이음을 만들지 않는다
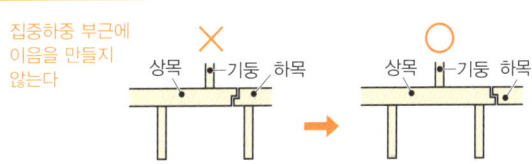
상목 / 기둥 / 하목
집중하중을 받는 경간 내에 이음이 있다. 집중하중을 받는 보가 상목이 되었다.

상목 / 기둥 / 하목
상목과 하목을 반대로 한다. 이음의 위치를 이동시킨다.

내력벽 안에 이음을 만들지 않는다
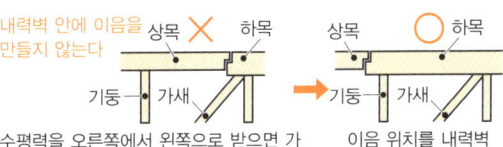
상목 / 하목
기둥 / 가새
수평력을 오른쪽에서 왼쪽으로 받으면 가새가 보를 밀어 올려서 이음 부분을 정점으로 하여 산 모양으로 변형된다.

상목 / 하목
기둥 / 가새
이음 위치를 내력벽 바깥으로 이동한다.

Point 프리컷 가공으로는 전통적인 이음·맞춤에 대응할 수 없는 상황이 발생할 수 있다.

041 접합 철물의 종류

접합 철물의 사용 부위

근래의 목조주택은 이음과 맞춤으로 접합강도를 확보하면서도 철물을 사용해 보강하는 방법이 일반적이다. 일본 건축기준법에서는 접합부에 철물을 설치하도록 규정되어 있다. 철물을 사용하지 않는 전통적인 이음과 맞춤은 종류가 많고 기능적으로 뛰어난 방법도 있지만 가공에 시간과 노력이 든다는 점에서 실용적이라고 할 수 없기 때문이다.

접합 철물은 재단법인 일본 주택목재기술센터에서 품질과 성능을 인정한 Z마크 표시 철물이나 그와 동등하게 평가받은 철물을 사용한다.

접합 철물은 주로 목재가 빠지는 것을 방지할 목적으로 사용된다. 사용 부위로는 일단 기초와 토대가 있다. 이 부위는 앵커볼트를 이용해 고정한다(76쪽 참조). 그다음으로 기둥이 빠지는 것을 억누르기 위해 기초와 기둥을 홀다운 철물로 직접 연결한다. 1층과 2층의 기둥도 마찬가지로 홀다운 철물을 이용해 연결한다.

큰 힘을 받는 부분의 기둥과 보는 주걱볼트 등으로 고정한다. 면재 내력벽이나 가새도 인발력에 대응한 철물을 이용해 고정한다. 또한 나무로 된 산지를 함께 사용하는 방법도 있다. 서까래가 바람을 받아 움직여서 처마가 공중에 뜨지 않도록 하기 위해 비튼 모양의 철물로 고정한다.

나무의 수축에 대응하는 스프링 와셔

나무는 충분히 건조시켜도 반드시 마르기 때문에 언젠가는 볼트가 느슨해진다. 조금 느슨해지면 진동 등에 의해 한층 더 느슨해져서 몇 년 정도 지나면 심하게 헐거워진다. 볼트가 조금 느슨해진 정도로는 접합부가 즉시 어긋나지 않지만 느슨해지는 현상을 최소한으로 막아야 한다. 이럴 때는 스프링 와셔를 사용하면 좋다. 스프링이 나무의 수축에 대응함으로써 볼트가 헐거워지지 않도록 방지하기 때문이다.

용어 해설

Z마크 표시 철물 목조 축조공법 주택을 대상으로 한 고품질 철물이다. 2000년 일본 건설성 고시 제1460호로 규정된 목조주택의 이음 및 맞춤에 사용하는 접합 철물의 기초가 되었으며, 대략 40종류가 있다.

이음과 맞춤 부분을 보강하는 철물

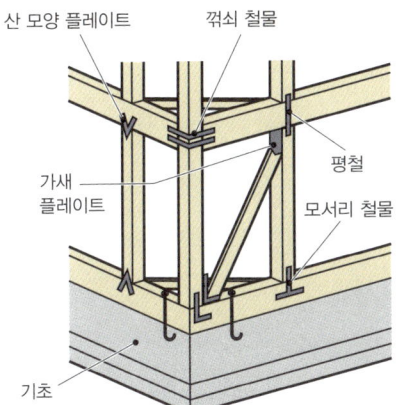

평철 사례

기초

스프링 와셔의 예

스프링 원형 와셔

스프링 사각 와셔

스프링과 와셔를 일체화한 스프링 와셔의 예. 나무가 마르거나 볼트가 느슨해지면 자동으로 조정한다.

평철

위아래층의 기둥을 연결하거나 층도리끼리 연결한다.

꺾쇠 철물

통재기둥과 층도리를 고정한다.

모서리 철물

인장을 받는 기둥의 위아래를 접합한다.

산 모양 플레이트

인장을 받는 기둥의 위아래를 접합한다.

가새 플레이트
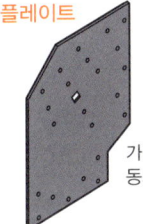
가새를 기둥과 횡가재에 동시에 접합한다.

홀다운 철물

기초와 기둥의 접합 또는 위아래층의 기둥 접합에 사용된다.

내력벽의 지주 기초와 기둥머리에 수평력이 더해질 때

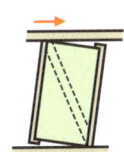  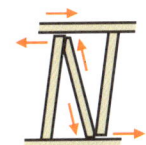 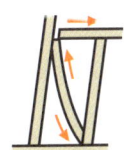 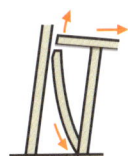

| 내력벽이 회전하면 지주 기초, 기둥머리가 뽑힌다. | 가새가 어긋난다. | 가새가 기둥을 밀어서 기둥이 옆으로 이동한다. | 가새가 통재기둥을 밀어서 층도리가 어긋난다. | 가새가 층도리를 밀어 올려서 층도리가 위쪽으로 어긋난다. |

Point 내력벽이 연결된 기둥머리와 지주 기초에는 내력벽의 강도에 맞는 내력을 가진 철물을 설치해야 한다.

제3장 골조 95

042 N값 계산

N값 계산이란

내력벽의 기둥머리와 지주 기초에 설치하는 접합 철물을 선택하는 방법에는 세 가지가 있다. 첫 번째는 구조 계산을 실시하는 방법이고, 두 번째는 일본 건축기준법 고시표(2000년 건설성 고시 제1460호)에서 선택하는 방법이다. 세 번째는 이 고시를 참고해서 N값을 계산해 선택하는 방법이다.

세 번째의 N값 계산이란 수평력이 작용했을 때 기둥머리와 지주 기초에 작용하는 인발력을 간단하게 계산하는 방법이다. 가새 등의 내력벽이 있는 기둥마다 계산한다. 자동으로 계산할 수 있는 소프트웨어도 있다.

2000년 건설성 고시 제1460호의 표를 참고해서 접합 철물을 선택한 경우에는 해당 내력벽 주변에 있는 내력벽이 효과를 발휘할 것으로 예상할 수 없기 때문에 철물로 지나치게 보강하는 경우가 많다. 그러므로 N값을 계산하여 실제로 발생하는 인장력을 쉬운 구조 계산으로 구하면 낭비 없이 철물을 보강할 수 있다.

N값 계산에서의 철물 검토

오른쪽에 나와 있듯이 기둥의 양쪽에 연결하는 내력벽의 벽 배율 차를 계산식에 이용한다. 또 가새의 경우에는 보정값을 더해야 한다. 이는 압축력과 인장력이 서로 부정해서 인발력이 작아지거나 발생하지 않는 경우도 있기 때문이다. 기둥머리에 연결하는 가새와 지주 기초에 연결하는 가새 중에서는 전자가 가새로서의 내력이 높은 동시에 지주 기초에 인발력이 더 크게 작용한다. 이를 보정값에 따라 계산식에 넣어서 적절한 접합 철물을 판정한다. 계산값으로 나온 접합부의 철물 등은 기둥의 위아래에 넣어야 하며, 2층 기둥보다 1층 기둥의 인발력이 클 경우에는 2층의 지주 기초도 1층의 기둥과 동일한 사양으로 한다.

용어 해설

N값 N값 계산에서 N값이란 기둥에 발생하는 중심축 방향력(인발력)을 접합부 배율로 표시한 값이다. 구체적으로는 접합부의 허용 인장 내력을 1.96kN×2.7m로 나눈 값이다(2.7m는 표준 벽 높이를 나타낸다).

N값 계산의 산정식과 보정값

N값을 계산해서 접합 철물을 선택하기 위한 산정식

단층 주택의 기둥 또는 2층 주택의 2층 기둥일 때 $N \geq A1 \times B1 - L$

N
접합부 배율(그 기둥에 발생하는 인발력을 배율로 표시한 것) 값

A1
해당 기둥 양쪽에서의 뼈대의 벽 배율 차. 단, 가새의 경우 보정표 1~3의 보정값을 더한다.

B1
두 면이 만난 부분의 바깥쪽 모서리일 경우 0.8, 나머지는 0.5

L
두 면이 만난 부분의 바깥쪽 모서리일 경우 0.4, 나머지는 0.6

2층 주택의 1층 기둥일 때
$N \geq A1 \times B1 + A2 \times B2 - L$

N, A1, B1
위와 같다.

A2
해당 기둥 위에 있는 2층 기둥 양쪽 뼈대의 벽 배율 차. 단, 가새의 경우 보정표 1~3의 보정값을 더한다.

B2
두 면이 만난 부분의 바깥쪽 모서리일 경우 0.8, 나머지는 0.5

L
두 면이 만난 부분의 바깥쪽 모서리일 경우 1.0, 나머지는 1.6

보정표1 가새가 한쪽에만 연결된 경우

가새 종류 \ 가새가 연결된 위치	기둥머리 부분	지주 기초 부분	기둥머리, 지주 기초 부분
15×90mm, 직경 9mm의 철근	0	0	0
30×90mm	0.5	−0.5	0
45×90mm	0.5	−0.5	0
90×90mm	2	−2	0

보정표2 가새가 양쪽으로 연결된 경우①

다른 면이 한쪽 가새 \ 한 면이 한쪽 가새	15×90mm, 직경 9mm의 철근	30×90mm	45×90mm	90×90mm
15×90mm, 직경 9mm의 철근	0	0.5	0.5	2
30×90mm	0.5	1	1	2.5
45×90mm	0.5	1	1	2.5
90×90mm	2	2.5	2.5	4

보정표3 가새가 양쪽으로 연결된 경우②

다른 면이 비스듬히 교차된 한쪽 가새 \ 한 면이 한쪽 가새	15×90mm, 직경 9mm의 철근	30×90mm	45×90mm	90×90mm
15×90mm, 직경 9mm의 철근×2	0	0.5	0.5	2
30×90mm×2	0	0.5	0.5	2
45×90mm×2	0	0.5	0.5	2
90×90mm×2	0	0.5	0.5	4

N값의 접합부 사양(2000년 일본 건설성 고시 제1460호 표3에서)

고시표 3과의 대응	N값	필요내력(kN)	접합 방법	
(い)	0 이하	0	짧은 장부맞춤	꺾쇠 C 치기
(ろ)	0.65 이하	3.4	긴 장부맞춤+산지 (15~18mm 각재, 견목) 치기	CP, L 모서리 철물+ ZN65×10개
(は)	1 이하	5.1	CP, L 모서리 철물 l ZN65×10개	VP 산 모양 플레이트 철물+ ZN90×8개
(に)	1.4 이하	7.5	주걱볼트+볼트 M-12	평철+볼트 M-12
(ほ)	1.6 이하	8.5	주걱볼트+ 볼트 M-12+ZS50×1개	평철+볼트 M-12+ ZS50×1개
(へ)	1.8 이하	10	홀다운 철물 S-HD10+와셔 달린 앵커볼트 M-16	
(と)	2.8 이하	15	홀다운 철물 S-HD15+앵커볼트 M-16	
(ち)	3.7 이하	20	홀다운 철물 S-HD20+앵커볼트 M-16	
(り)	4.7 이하	25	홀다운 철물 S-HD25+앵커볼트 M-16	
(ぬ)	5.6 이하	30	홀다운 철물 S-HD25×2+앵커볼트 M-16	
−	5.6 초과 (7.5 이하)	N×5.3(40)	홀다운 철물 S-HD20×2+앵커볼트 M-16	

Point 가새는 부착하는 방향에 따라 기둥머리와 지주 기초의 인발력이 달라지므로 주의해야 한다.

043 지붕틀 구조

일식 지붕

지붕을 지탱하는 골조를 지붕틀 구조라고 한다. 일식 지붕은 지붕보를 건물 바깥둘레의 벽과 칸막이 위에 놓고 그 위에 지붕 대공을 세워 중도리나 마룻대를 떠받치며 서까래를 받는다. 중도리를 약 900mm 간격으로 하거나 마룻대를 약 1,800mm 간격으로 큼직하게 넣는다.

서까래는 금속판처럼 가벼운 지붕재로 덮는 경우와 기와 등과 같이 무거운 지붕재로 덮는 경우에서 단면 치수가 달라지는데 가벼운 지붕재로 중도리 900mm 간격일 경우 45×45mm 이상, 1,800mm 간격일 경우 75×75mm 정도가 된다. 한편 지진에 저항하기 위해서 지붕틀에 들보 길이, 도리 길이의 각 방향으로 내력벽을 넣도록 한다. 모서리 부분에는 귀잡이보를 넣어서 수평 강성을 확보할 수 있도록 한다.

이전에는 지붕보에 통나무를 많이 사용했지만 최근에는 프리컷 방식으로 가공해서 대부분 각재를 사용한다. 그다지 사용되는 방법은 아니지만 트러스를 만들어서 지붕을 떠받치는 지붕틀을 양식 지붕(트러스 지붕 구조)이라고 한다. 폭이 좁은 부재를 조합해서 넓은 경간을 지탱할 수 있다.

경사보, 서까래 구조

경사보, 서까래 구조는 보 등의 수평 부재를 생략한 형식의 지붕틀이다. 일반적으로 보는 수평으로 넣지만 높이가 다른 보를 연결하거나 경사 천장으로 만들기 위해 경사면에 경사보를 놓는 것이 경사보 구조다. 경사보는 보의 일부가 높아져서 위아래의 구조가 안정되는 경우가 있기 때문에 경사보 이외의 부분에 수평 부재를 넣는 경우도 있으니 주의해야 한다.

서까래 구조는 서까래의 높이를 높여서 중간에 중도리나 보를 넣지 않는 지붕틀이다. 목재의 사용량이 조금 늘어나지만 가구가 단순해서 구조를 노출했을 때 산뜻해 보인다.

용어 해설

일식 지붕 지붕보 등에 지붕 대공을 세워서 조립하는 지붕틀을 말한다. 칸막이가 많고 보의 칸수가 작은 주택에 사용된다. 수평력에 대해 취약하므로 보강 공사를 하면 좋다.

지붕틀 구조(일식 지붕)

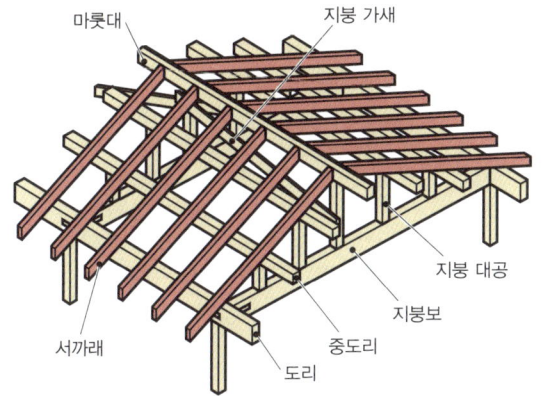

지진에 강한 지붕틀

지붕틀에 내력벽을 넣으면 수평력에 저항하는 힘을 강화할 수 있다

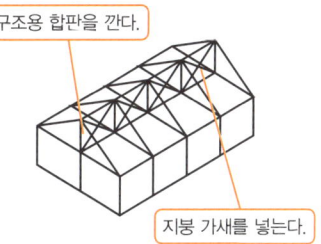

보와 처마도리의 연결 종류

보와 처마도리의 접합부 마감법

① 꽂아서 연결하기

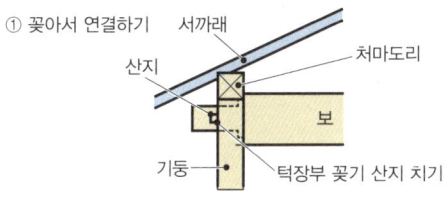

② 교로 틀 (걸침턱맞춤. 기둥 위에 도리를 걸치고 그 위에 지붕보를 얹는 지붕틀 구조—옮긴이)

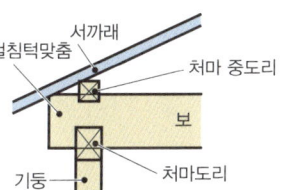

③ 교로 틀(투구식 주먹장부 걸침)

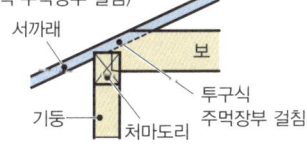

④ 오리오키 틀 (기둥 위에 직접 지붕보를 얹고 그 위에 도리를 걸치는 지붕틀 구조—옮긴이)

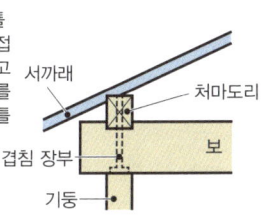

서까래 구조

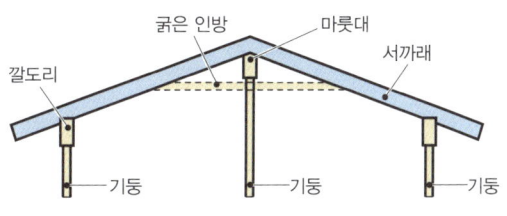

경사보 구조

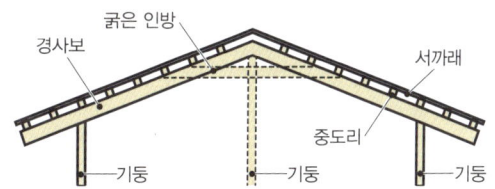

양식 지붕(트러스 지붕 구조)

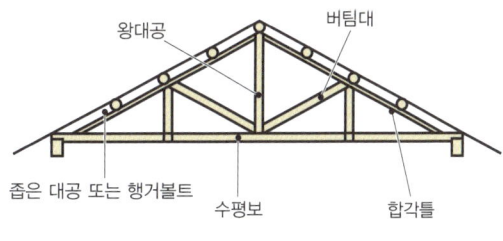

Point 튼튼한 지붕틀을 만들려면 지붕틀에도 지붕 가새 등과 같은 내력벽을 넣어 수평력에 저항한다.

> **칼럼** 단순한 구조의 저비용 주택

오래된 민가의 구조를 살리자

필자는 오래된 민가에서 배운 점을 활용하여 단순한 구조로 만들어서 비용이 적게 드는 주택 설계를 실천하고 있다. 오래된 민가는 전체가 균일한 직사각형 모양이고, 기둥과 보가 두꺼운 편이며, 두 칸 이상의 간격이 넓은 보로 구성되어 있다. 예전에 민가의 재생을 위해 직접 나섰을 때는 특수하고 복잡한 기술을 사용하지 않고 지역의 목수만 참여하여 해체와 조립을 할 수 있었다. 경간이 넓어서 내부의 칸막이를 변경하는 데도 문제가 없었다. 100년 이상은 거뜬히 버틸 수 있는 구조여서 목재가 성장하는 시간 이상으로 집이 오래 유지되며, 해체 비용이나 해체시 에너지 소비를 줄일 수 있다. 장기적으로 보면 비용을 대폭 절감하는 동시에 환경 파괴 없이 지속적으로 자원을 활용할 수 있다.

저비용으로 만드는 비결

구조재로는 일본산 목재 중에서 옹이가 있는 나무를 사용한다. 일본산 목재는 비용이 높다는 인식이 있지만 옹이가 있는 나무를 선택하면 합리적이다. 또 기둥을 노출시켜 구조가 그대로 마감 양식이 되도록 만든다. 시공에서는 상량이 끝나고 지붕이 올라가면 주택의 상당 부분이 완성되어 공사기간을 단축할 수 있다. 즉 이 말은 인건비를 줄일 수 있다는 뜻도 된다. 공간을 세밀하게 배치하지 않고 내부 벽의 표면적을 줄이면 창호도 최대한 줄일 수 있다. 디테일을 간소화하고 마감도 단순하게 한다. 30평 이하의 주택일 경우 너무 세밀하게 만들지만 않으면 3~4개월 안에 완성된다.

현대 주택에 필요한 기능을 더한다

오래된 민가의 기술을 살려서 지은 집이라고 해도 현대의 주택에 필요한 기능을 반드시 추가해야 한다. 밭 전 자 모양의 설계는 창호를 닫으면 독립공간이 되고, 창호를 열면 넓은 개방형 공간이 되므로 융통성 있게 활용할 수 있다. 하지만 기밀성이 낮아져 겨울철 추위와 방음에 관한 대책을 마련해야 한다. 또한 여름철 더위에 대비한 배열 대책에 관해서도 꼼꼼히 연구해야 한다. 지붕재 바로 안쪽에 통기층을 설치한 뒤 단열재를 깔고 처마 끝에 환기구를 연결해 달아서 열기를 배출시킨다. 한쪽으로 경사진 지붕이라면 모양이 좀 더 단순해서 지붕면의 열기를 쉽게 배출할 수 있다.

한편 땅속의 온도가 연중 일정한 점을 살려서 겨울철에는 바닥 하부 환기구를 닫아놓고 지열을 이용해 바닥 하부의 온도가 내려가는 것을 방지한다. 그러면 바닥 하부의 온도를 바깥 기온보다 높게 유지할 수 있다.

지붕과 외벽 등으로 구성되는 주택의 외장은 비바람과 일조, 화재 등으로부터 건축주의 생활을 지키는 중요한 요소다. '일본 건축의 아름다움은 지붕의 형태에 있다'라는 말이 있듯이 비가 많이 내리는 일본에서는 다양한 모양의 지붕을 만들어왔다. 외벽에는 방수·방화·단열 대책이 필요하다. 또한 외부의 자연환경에 대한 내구성과 내후성도 갖추어야 한다.

제4장
지붕과 외벽

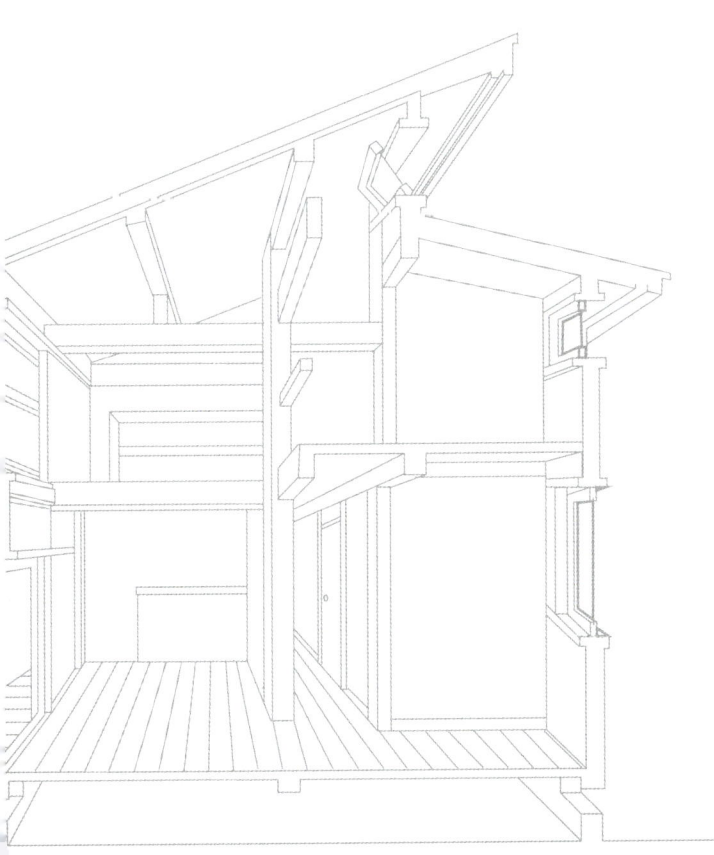

044 외장 계획

빗물 누수 방지 시공을 고려한다

지붕과 외벽 등으로 구성되는 주택의 외장은 비바람과 일조, 화재 등으로부터 건축주의 생활을 지키기 위해 중요한 요소다. 지붕은 지붕재 밑에 루핑을 깔아서 방수성을 담보한다. 구조상으로 바탕재 위에 기와를 올린 듯 보이는 기와지붕에도 기와의 틈새로 침입한 빗물의 누수를 방지하기 위해 루핑을 깐다. 그와 동시에 지붕 물매를 확보해 침입한 빗물을 처마 끝으로 빼낸다. 외벽도 마찬가지로 바탕에 방수시트를 깔아 방수성을 담보한다.

지붕이나 외벽은 실링에만 의존해서 마감하면 안 된다. 실링은 시간의 흐름에 따라 터질 수 있기 때문이다. 또한 목조는 지진이나 진동 등이 발생해서 흔들리면 뼈대가 조금씩 움직이는 탓에 방수층이 끊어지기 쉽다. 따라서 방수층에만 의존하는 평지붕은 목조건물에 사용하지 않는 편이 좋다.

외벽면의 개구부 주위에도 빗물이 침입하기 쉽다. 바탕을 시공하는 단계에서 새시 주변에 방수테이프를 붙여야 한다.

방화성과 내구성을 높인다

방화와 관련하여 시가지에서는 방화 지역, 준방화 지역, 법 제22조 지역(104쪽 참조)으로 도시계획 구역에 따른 규제가 마련되어 있다. 방화 지역에서는 $100m^2$까지의 단독주택일 경우 준내화 구조 이상, 준방화 지역 내에서는 연소될 우려가 있는 부분을 방화 구조로 해야 한다.

내구성에 관해서는 외벽에 내후성이 높은 재료를 선택하고 처마를 길게 내서 대처해야 한다. 갈바륨은 내후성이 높고 튼튼한 소재라고 할 수 있다. 의외라고 생각할 수도 있지만 미장 마감의 회반죽벽도 내후성이 뛰어나다. 물리적으로 손상되지 않으면 다시 칠할 필요가 없어서 유지 및 보수가 자유로운 외벽 마감 방식이라고 할 수 있다.

용어 해설

빗물 누수 방지 시공 건물에 침수 방지 처리를 하는 것을 말한다. 빗물이 침입하지 않도록 높은 밀폐성을 갖는 구조로 하거나 빗물이 침입했을 때 외부로 신속하게 흘러나가는 구조로 하면 좋다.

기능상 외장에 필요한 요소

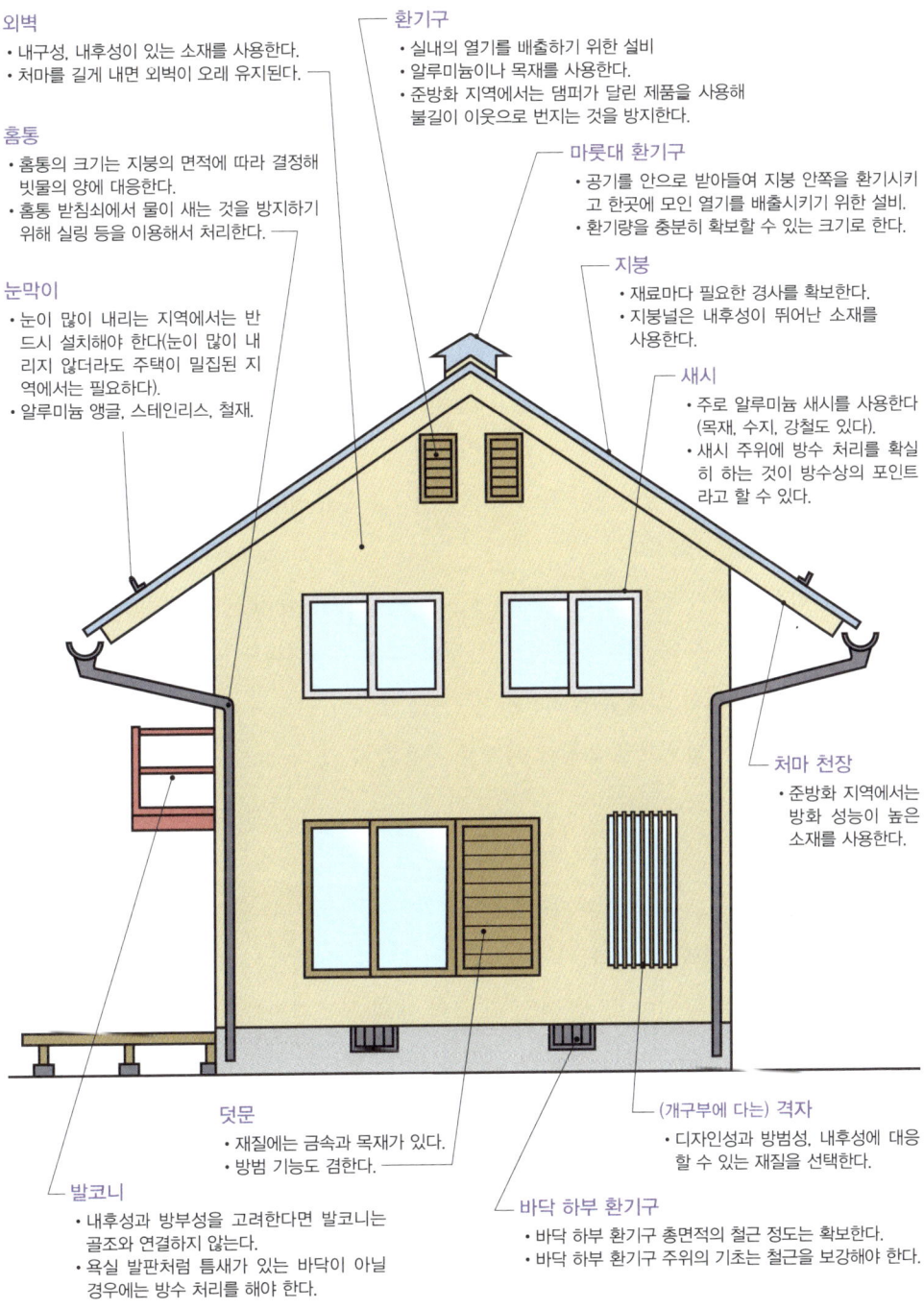

외벽
- 내구성, 내후성이 있는 소재를 사용한다.
- 처마를 길게 내면 외벽이 오래 유지된다.

홈통
- 홈통의 크기는 지붕의 면적에 따라 결정해 빗물의 양에 대응한다.
- 홈통 받침쇠에서 물이 새는 것을 방지하기 위해 실링 등을 이용해서 처리한다.

눈막이
- 눈이 많이 내리는 지역에서는 반드시 설치해야 한다(눈이 많이 내리지 않더라도 주택이 밀집된 지역에서는 필요하다).
- 알루미늄 앵글, 스테인리스, 철재.

환기구
- 실내의 열기를 배출하기 위한 설비
- 알루미늄이나 목재를 사용한다.
- 준방화 지역에서는 댐퍼가 달린 제품을 사용해 불길이 이웃으로 번지는 것을 방지한다.

마룻대 환기구
- 공기를 안으로 받아들여 지붕 안쪽을 환기시키고 한곳에 모인 열기를 배출시키기 위한 설비.
- 환기량을 충분히 확보할 수 있는 크기로 한다.

지붕
- 재료마다 필요한 경사를 확보한다.
- 지붕널은 내후성이 뛰어난 소재를 사용한다.

새시
- 주로 알루미늄 새시를 사용한다(목재, 수지, 강철도 있다).
- 새시 주위에 방수 처리를 확실히 하는 것이 방수상의 포인트라고 할 수 있다.

처마 천장
- 준방화 지역에서는 방화 성능이 높은 소재를 사용한다.

덧문
- 재질에는 금속과 목재가 있다.
- 방범 기능도 겸한다.

발코니
- 내후성과 방부성을 고려한다면 발코니는 골조와 연결하지 않는다.
- 욕실 발판처럼 틈새가 있는 바닥이 아닐 경우에는 방수 처리를 해야 한다.

(개구부에 다는) 격자
- 디자인성과 방범성, 내후성에 대응할 수 있는 재질을 선택한다.

바닥 하부 환기구
- 바닥 하부 환기구 총면적의 철근 정도는 확보한다.
- 바닥 하부 환기구 주위의 기초는 철근을 보강해야 한다.

Point 외장재는 비바람으로부터 집을 보호하는 역할을 한다. 잘 손상되지 않고 튼튼한 구조로 만드는 것이 중요하며, 유지 및 보수에도 충분히 신경 써야 한다.

045 방화 규정

방화 지역, 준방화 지역

일본 건축기준법에 명시된 방화 규정 중에서 가장 엄격한 지역이 방화 지역이며 그다음이 준방화 지역이다. 예전에는 방화 지역에 목조주택을 건축할 수 없었지만 지금은 일정한 방화 성능을 충족시킨 준내화 구조의 목조주택은 지을 수 있게 되었다. 준방화 지역 내의 목조건축물은 외벽 및 처마 안쪽의 '연소延燒될 우려가 있는 부분'을 방화 구조로 해야 한다. 연소될 우려가 있는 부분이란 화재가 일어난 경우 불길이 번질 위험성이 있는 불의 열원에서 일정한 거리에 있는 부분을 말한다. 그 범위 안의 외벽과 개구부는 방화상의 조치가 필요하다. 부지 내에 둘 이상의 건축물이 있을 때 상호 외벽 간의 중심선, 인지 경계선과 도로 중심선의 각 선으로부터 1층 부분에서 3m 이내, 2층 이상의 부분에서 5m 이내를 가리킨다.

불길이 번질 우려가 있는 부분의 새시에는 망이 들어간 유리 등을 끼워 넣으면 인근에서 화재가 일어났을 때 외부의 불길 때문에 유리가 깨지더라도 망이 있어서 유리조각이 튀지 않으며 불길이 실내로 들어오지 않는다. 불길이 번질 우려가 있는 부분 이외에는 방화상의 제한이 없으므로 외장에 목재를 사용할 수 있다.

법 제22조 구역

법 제22조 구역(일본 건축기준법 제22조로 정해진 지역. 지붕이나 외벽에 불연 재료를 사용해야 한다-옮긴이)은 방화 지역, 준방화 지역 이외의 목조건축물이 많은 시가지에서 지붕 등의 방화 성능을 규정한 구역이다. 법 제22조 구역 내의 목조건축물은 외벽에서 불길이 번질 우려가 있는 부분을 준방화 성능을 갖는 구조로 만들어야 한다. 또한 방화 지역, 준방화 지역, 법 제22조 구역에서는 지붕을 불연화해야 하므로 기와 등의 불연 재료로 지붕을 덮는다.

용어 해설

방화 구조 건축물 주위에서 발생하는 화재가 이웃으로 번지는 것을 억제하기 위해 외벽 또는 처마 안쪽에 필요한 방화 성능을 보유하는 구조를 말한다. 사양으로는 철망 모르타르, 나무 졸대 바탕의 회반죽 칠 등을 예로 들 수 있다.

방화 규정에 따라 지을 수 있는 목조건축물

방화 지역에 지을 수 있는 목조건축물

- 2층 이하 또는 총면적 100㎡ 이하의 준내화 건축물

준방화 지역에 지을 수 있는 목조건축물(일본 건축기준법 제62조, 시행령 제136조 2)

- 3층 이하이며 총면적 1,500㎡ 이하인 준내화 건축물
- 단층 주택이나 2층 주택의 방화 구조 건축물
- 주위에 충분한 공터(1층은 3m 이상, 2층 이상은 5m 이상)가 있는 경우 지붕을 불연 소재로 만든 목조건축물

법 제22조 구역에 지을 수 있는 목조건축물(일본 건축기준법 제22조)

- 지붕을 불연화하고 외벽으로 불길이 번질 우려가 있는 부분은 연소를 방지하는 구조로 만든 목조건축물

준내화 구조의 사양

지붕의 불연화
준내화 구조(불연 재료)

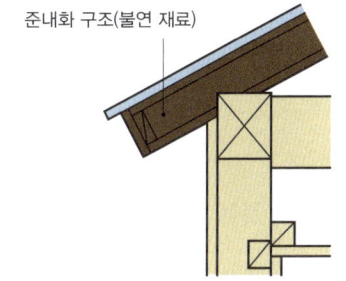

일반적인 화재가 종료될 때까지(1시간, 45분) 건물이 무너지거나 불길이 번지는 것을 막을 수 있도록 각 부위의 내화 성능 기준이 제정되어 있다.

1시간 준내화 구조 외벽

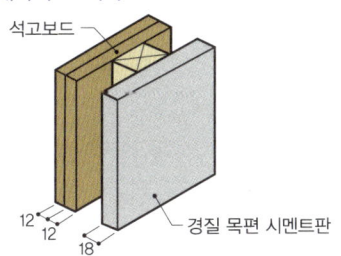

석고보드
경질 목편 시멘트판

실외 쪽 : 두께 18mm 이상의 경질 목편 시멘트판
실내 쪽 : 두께 12mm 이상의 석고보드 이중 부착

45분 준내화 구조 외벽

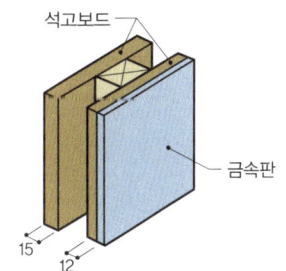

석고보드
금속판

실외 쪽 : 두께 12mm 이상의 석고보드에 금속판을 붙인다.
실내 쪽 : 두께 15mm 이상의 석고보드

Point 시가지에 지은 단독주택의 외벽이나 처마 안쪽을 방화 구조로 만들어 불길이 이웃으로 번지지 않도록 방지한다.

제4장 지붕과 외벽

046 지붕 모양

지붕 건축
'일본 건축의 아름다움은 지붕의 형태에 있다'라는 말이 있듯이 비가 많이 내리는 일본에서는 오른쪽 그림과 같이 다양한 모양의 지붕을 만들어왔다. 일본 건축은 처마를 길게 내는 것이 특징이며, 깊은 처마는 벽과 건물 본체를 비로부터 보호하고 여름철 실내로 들어오는 강한 햇볕을 차단한다. 한편 전통적인 목조건축은 지붕에 대해 여러모로 구상함으로써 팔작지붕과 같은 복잡한 형태를 만들거나 단순한 박공지붕이라도 휘거나 볼록한 모양 등을 미세하게 조정해 건축의 아름다움을 표현했다. 오래된 일본 민가에서 볼 수 있는 커다란 띠 지붕도 상당히 매력적이다.

지붕 모양의 종류와 물매
현재 목조주택에서 사용되는 지붕 모양은 대부분 박공지붕과 우진각지붕이다. 우진각지붕은 처마가 수평으로 가지런해서 북쪽 사선 제한에도 대응하기 쉽다. 그래서인지 도시 지역에서 많이 채용하고 있다. 한쪽으로 경사진 지붕은 모양이 가장 단순하다고 할 수 있다. 간단한 환기구를 달면 지붕 내부나 실내에 가득 찬 열기를 배출할 수 있고, 경사 천장으로 하면 다락을 쉽게 만들 수 있다.

한편 지붕에 내리는 빗물을 처리하려면 적절한 물매(경사)를 확보해야 한다. 지붕 물매는 수평 길이 1자(303mm)에 대한 수직 높이(치)를 나타낸다(예를 들어 수평 길이 1자(=10치)일 때 높이가 3치(90.9mm)일 경우 3치 물매가 된다-옮긴이).

지붕 물매는 지붕재의 종류에 따라 확보해야 할 물매가 다르다(109쪽 표 참조). 기와지붕에서는 4치 물매 이상, 장식 슬레이트나 금속판을 평면으로 이은 지붕에서는 3치 이상, 금속판을 기와가락 잇기로 시공한 지붕에서는 1치 이상이 필요하다. 지붕 물매는 지붕의 크기와도 관계가 있다. 지붕이 커지면 그곳에 모이는 빗물의 양도 증가하므로 물매를 많이 확보해야 한다.

용어 해설

북쪽 사선 제한 높이 제한의 일종이다. 1, 2종 저층 주거전용 지역과 1, 2종 중고층 주거전용 지역에서는 건축물의 높이를 북쪽의 도로 경계선이나 인지 경계선 등으로부터 그은 일정한 사선의 범위 내로 제한해야 한다.

주요 지붕 모양의 종류와 특징

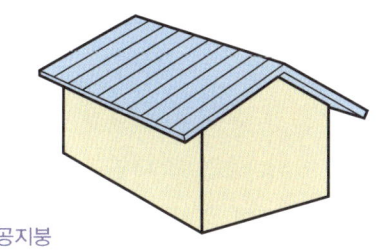

박공지붕

중심이 되는 마룻대에서 양쪽으로 지붕이 흐르는 단순한 형태의 지붕이다. 현대 목조주택에 많이 쓰이고 있다.

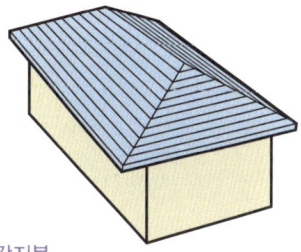

우진각지붕

처마 끝이 수평이며 각각의 처마 끝에서 중앙 쪽으로 지붕이 올라간다. 외벽을 쉽게 마무리할 수 있고, 북쪽 사선 제한에도 대응하기 좋아 주택 건설업체나 분양주택에서 많이 채용하고 있다.

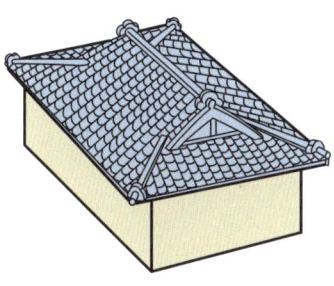

팔작지붕

처마 끝의 둘레가 수평으로 이루어진 우진각지붕의 상부가 박공지붕 모양으로 되어 있는 지붕이다. 전통적인 일본 건축에서 사용되는 경우가 많다. 박공 등에 의장적인 요소가 강하다.

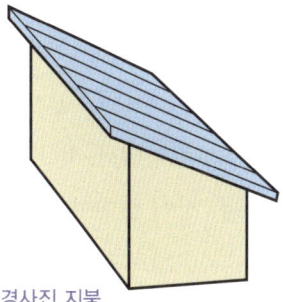

한쪽으로 경사진 지붕

한쪽이 높고 다른 한쪽이 낮아서 지붕이 한 방향으로 흐른다. 가장 단순한 형태의 지붕이라고 할 수 있다. 그러나 한쪽 지붕이 높은 탓에 일본 건축기준법의 집단 규정(도시계획법과 관련하여 건물과 주변 환경의 관계에 대한 규정. 건물의 용도나 크기를 제한하는 건폐율, 용적률, 접도 의무, 북쪽 사선 제한, 높이 제한 등이 규정되어 있다—옮긴이)에 따른 사선 제한 등을 조정하기 어려운 점이 있다. 위쪽으로 환기 통로를 만들기는 쉽다.

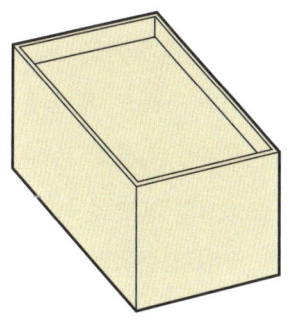

평지붕

거의 평평한 지붕이다. 물이 잘 흐르지 않는 까닭에 빗물이 새기 쉬워 방수 처리를 확실히 해야 한다. 목조건축물에서는 채용하는 일이 드물다.

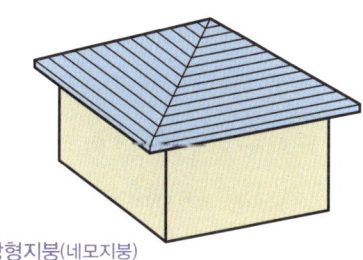

방형지붕(네모지붕)

평면이 정사각형(또는 팔각형)인 건물에 채용한다. 지붕이 중심의 한 점에 모이며, 우진각지붕과 동일한 방법으로 마무리한다.

Point 지붕 모양은 실내 공간에도 영향을 준다. 한쪽으로 경사진 지붕은 천장 높이를 높게 설정할 수 있다.

047 지붕재

지붕재의 특징

지붕재는 내구성, 무게, 비용 및 디자인을 기준으로 선택한다. 또한 화재가 일어나도 잘 타지 않는 소재를 사용한다. 내구성이 높은 지붕재로는 기와, 동판, 스테인리스 강판이 있다. 갈바륨도 횡단면만 확실하게 처리하면 제조사에서 10년 이상 보증하므로 비용면에서 따지면 사용하기 좋은 재료라고 할 수 있다. 착색 철판(컬러 함석)은 녹슬지 않도록 정기적으로 도장하면 어느 정도 수명을 유지할 수 있다. 장식 슬레이트는 도장 작업으로 수명을 늘릴 수 있지만 최대 기한이 15년 정도라서 이후에 새로 깔아야 한다.

중량으로 따지면 기와가 가장 무겁다. 특히 오래된 목조가옥에서는 기와가 어긋하지 않도록 기와 밑에 흙을 넣기 때문에 훨씬 더 무거워진다. 가벼운 지붕재로는 장식 슬레이트와 금속판이 있다. 비용은 기와와 동판이 가장 비싸며 그 뒤를 이어 스테인리스 강판, 갈바륨, 장식 슬레이트, 착색 철판 순으로 금액이 내려간다.

발코니나 대체로 평평한 평지붕은 FRP와 방수시트로 처리하는 경우가 많다. 법규적인 방화 대책으로 모르타르를 칠해 표면의 내화성을 높이기도 한다.

지붕재로서 우수한 기와

기와는 일본뿐 아니라 미국이나 유럽에서도 쓰이는 전통적인 지붕재다. 또한 한 장만 깨져도 쉽게 교체할 수 있다. 더운 시기에는 기와 밑에 있는 틈 사이로 열기가 빠져나가 지붕 밑에 있는 방의 온도가 낮아진다. 종류로는 일본 기와만 해도 본기와, 일자 기와, 평기와 등이 있다. 일본에서는 아이치 현의 산슈三州 기와를 비롯해 세키슈石州 기와, 아와지淡路 기와가 유명하다. 눈이 내리는 시기에 있을지 모를 표면의 동결을 막기 위해 소성온도를 1,300도 정도의 고온으로 하여 단단하게 구워서 마감하거나 유약을 칠해 수분이 스며드는 것을 억제하기도 한다.

용어 해설

산슈 기와 일본 기와의 3대 산지 중 하나인 아이치 현 니시미카와 지방에서 생산되는 기와의 총칭이다. 종류로는 유약 기와, 도기 기와, 그을림 기와 등이 있다. 그을림 기와는 그을림 처리로 은색의 탄소막을 형성시켜 은은한 광택을 발산한다.

지붕의 주재료와 특징

지붕재		특징	물매
기와		점토로 모양을 만들고 유약을 발라 구워 내후성을 높인 유약 기와와 유약을 바르지 않은 그을림 기와가 있다. 디자인적으로는 양식 기와와 일본 기와, 기타 여러 모양이 있다. 전통적인 기와지붕은 기와 밑에 흙을 깔아 기와가 미끄러지지 않도록 한다. 그러나 전통 방식대로 하면 지붕이 무거워지는 탓에 흙을 깔지 않고 띳장 기와를 사용하는 방법도 있다.	4치 물매 이상
장식 슬레이트		슬레이트란 시멘트와 섬유질을 굳힌 판이다. 예전에는 섬유질로 석면을 사용했는데 현재는 비석면 소재를 사용한다. 가볍고 가격이 저렴해 대부분의 주택에서 채용하고 있다. 표면에 도장 작업을 해서 내후성을 유지하기 때문에 정기적으로 다시 칠해야 한다. 따라서 대략 15년에 한 번씩 교체가 필요하다.	3치 물매 이상
금속 계열	동판	오래전부터 사용되던 소재로 내구성은 물론 가공성이 좋아 세밀하게 세공할 수 있다. 단, 값이 비싸서 절이나 다실 건축 등에 주로 사용된다.	평면 잇기 : 3치 물매 이상 기와가락 잇기 : 1치 물매 이상(지붕의 길이가 짧으면 0.5치 물매도 가능)
	스테인리스 강판	스테인리스 강판 자체를 사용하는 경우도 있지만 대부분은 스테인리스 강판에 도장한 제품을 사용한다. 값이 조금 비싸고 표면의 도장이 벗겨질 때마다 새로 칠해야 하는 점이 번거롭지만 내구성이 높고 스테인리스 강판 자체를 반영구적으로 사용할 수 있다.	
	갈바륨 강판	아연과 알루미늄 합금을 철판에 도금한 것이다. 철판에 비해 내후성과 내구성이 훨씬 높고 제조사가 10년을 보증하며, 실제로는 그보다 더 오래간다. 비교적 가격이 저렴해 사용이 늘고 있다.	

재료별 지붕 마감법

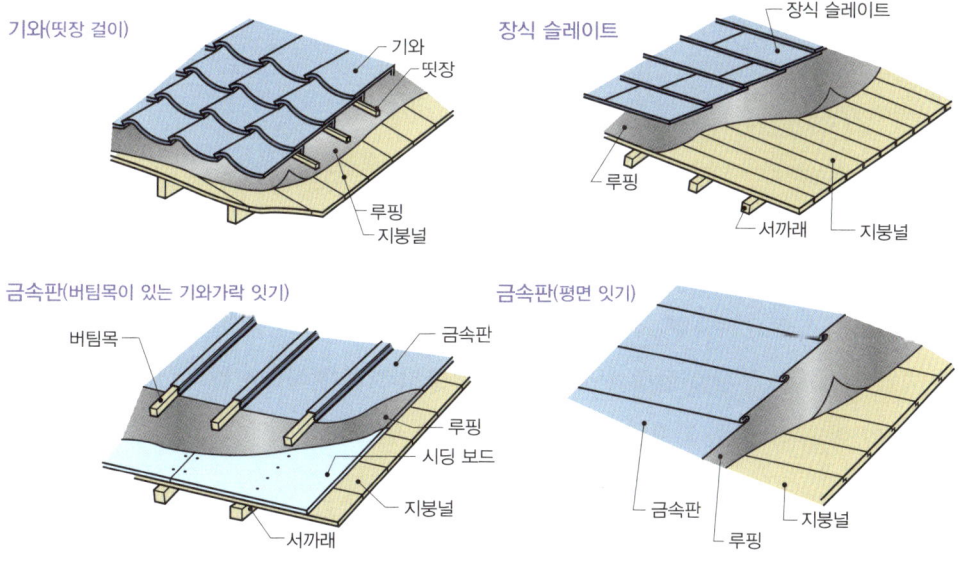

Point 지붕재는 내구성·무게·비용·디자인을 고려해 선택하며, 소재마다 지붕 물매가 다르다.

048 지붕 모양과 방수

지붕 모양과 빗물 누수

일본은 비가 많이 내리기 때문에 빗물 누수 대책을 완벽히 세워야 한다. 더욱이 건물이 완성된 후에는 빗물이 새는 곳을 특정하기 어려울 때가 많아서 보수에 시간이 많이 걸린다. 또한 빗물 누수는 주택하자 담보이행법에서도 중요 사항으로 규정되어 있어서 10년 안에 빗물 누수가 발생한 경우 시공업자가 무상으로 보수해야 한다(28쪽 참조).

빗물 누수를 피하려면 설계 단계에서부터 복잡한 지붕 모양을 피하고 되도록 단순한 지붕 형태를 만들어야 한다. 지붕 모양이 복잡하면 마룻대나 골짜기를 이루는 부분이 많아서 시공하기도 어려운 데다 빗물 누수의 원인으로 이어지기 쉽기 때문이다.

지붕 물매도 중요하다. 그러므로 109쪽에서 설명했듯이 지붕재에 따라 적절한 물매를 확보해야 한다. 베란다 등과 같이 바닥 경사가 거의 없는 평지붕은 방의 위쪽에 만들지 않는 편이 좋다. 만일 평지붕을 만들 경우에는 폭우로 인해 빗물이 베란다 바닥에 고여 배수가 막혔을 때를 대비해 오버플로관의 위치와 배수 방법을 고려하고, 빗물 누수 방지에 충분히 주의해서 시공해야 한다. 베란다의 소제창 밑에는 120mm 이상의 방수층 수직부를 만들어놓도록 한다.

지붕 방수

지붕 바탕에 까는 지붕널 위에는 바탕재로 아스팔트 루핑과 투습 방수시트가 사용된다. 바탕재는 아래쪽에서부터 깔고 위아래로는 100mm 이상, 양옆으로는 200mm 이상 겹치는 부분을 충분히 확보함으로써 바탕재만으로도 방수가 되도록 해야 한다.

지붕이 벽과 맞닿는 부분도 빗물이 새기 쉬우므로 물끊기 판금을 100mm 정도 세우고 벽과 연결되는 부분에 실링 처리를 한다. 아울러 지붕에 바탕재를 깔고 벽의 투습 방수시트와 방수테이프로 연결해 연속되는 방수층을 만든다.

용어 해설

루핑 지붕재 밑에 까는 방수시트를 말한다. 1차 방수는 지붕재로 하고, 2차 방수는 루핑으로 한다. 시공 방법은 서까래 위에 합판·지붕널 등을 덮고 그 위에 루핑을 깐다.

빗물 누수에 영향을 미치는 지붕 모양

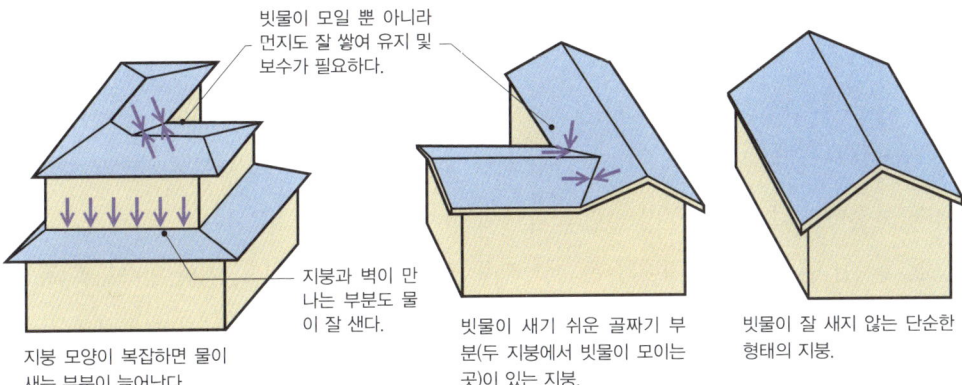

루핑 깔기

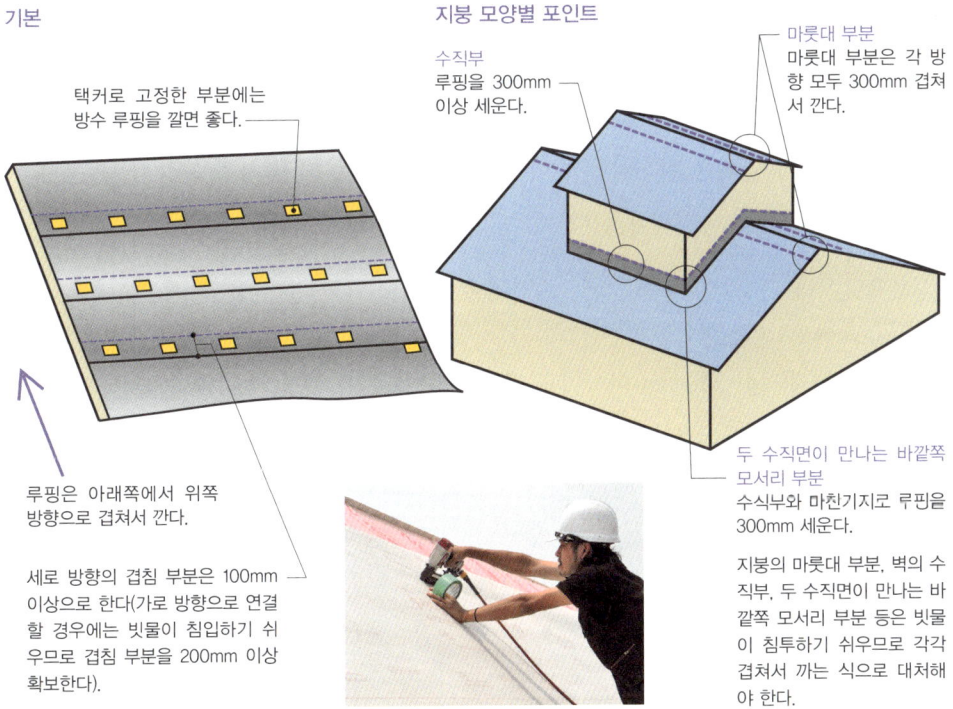

Point 지붕 모양이 복잡하면 빗물 누수를 일으키기 쉬우므로 되도록 단순한 모양으로 만든다.

049 처마 끝의 마무리

처마 끝의 디자인과 내구성

처마 끝은 주택의 외관을 결정짓는 디자인적으로도 매우 중요한 부분이다. 또한 빗물에 젖기 때문에 쉽게 손상되는 부분이기도 하다. 따라서 디자인상의 아름다움뿐만 아니라 유지 보수비와 같은 비용적인 측면도 함께 고려해야 한다.

본격적인 일식 주택의 처마 끝은 서까래를 장식용으로 드러내고, 처마 안쪽도 원목재를 사용하여 다양한 기술을 살려서 아름답게 만든다. 또한 지붕보다 처마 천장의 물매를 완만하게 해서 지붕과 처마 천장의 시각적인 균형을 잡고, 서까래의 치수와 간격도 고려해 여러 가지 세공을 더한 장식 처마 천장으로 나타낸다.

처마와 처마 천장의 마무리

처마를 만들 때는 일반적으로 처마 끝에 박공널과 처마돌림을 달아서 마무리한다. 박공널과 처마돌림은 방수성과 내구성을 생각해서 나무판만 사용하지 않고 판재 위에 갈바륨 강판을 덮거나 시멘트 계열의 기성품 보드를 부착한다. 모르타르로 마감하는 경우도 있다. 또한 처마 안쪽은 화재시 불길이 잘 번지므로 건물 밀집 지역에서는 방화 성능이 높은 재료를 사용해 마감해야 한다. 처마 안쪽의 환기구도 화재시 온도가 올라가면 닫히는 방화댐퍼가 달린 제품을 사용한다.

처마 끝의 두께는 지붕재와 서까래, 중도리를 처마 천장 속에 숨긴다고 하면 중도리의 높이도 더해져서 250mm 이상이 되기 때문에 매우 두꺼워진다. 처마 끝을 산뜻하게 보이고 싶을 경우 중도리를 드러내면 한결 날렵해 보이게 할 수 있다. 또 박공벽 쪽의 서까래를 평소의 방향과 수직으로 만나게 넣어서 중도리를 생략하면 처마 끝의 두께가 매우 얇아 보인다.

용어 해설

박공 박공지붕이나 팔작지붕 등의 양 측면에 생기는 삼각형 모양의 부분을 말한다. 또는 그 부속물의 총칭으로 쓰이거나 빗물받이를 달지 않는 부분이라고도 할 수 있다. 근래에는 박공지붕의 박공벽을 박공이라고 하는 경우도 있다.

처마 끝의 구조

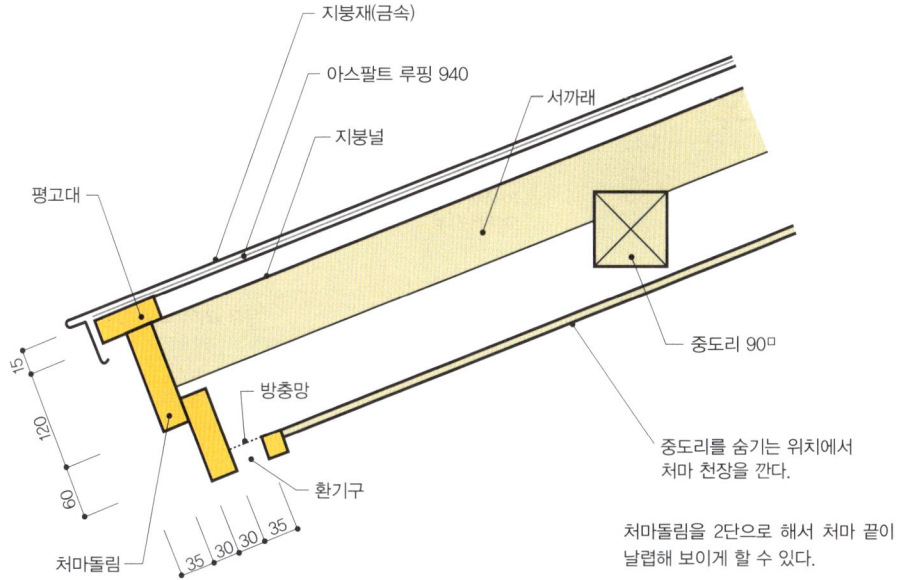

박공벽 가장자리 구조

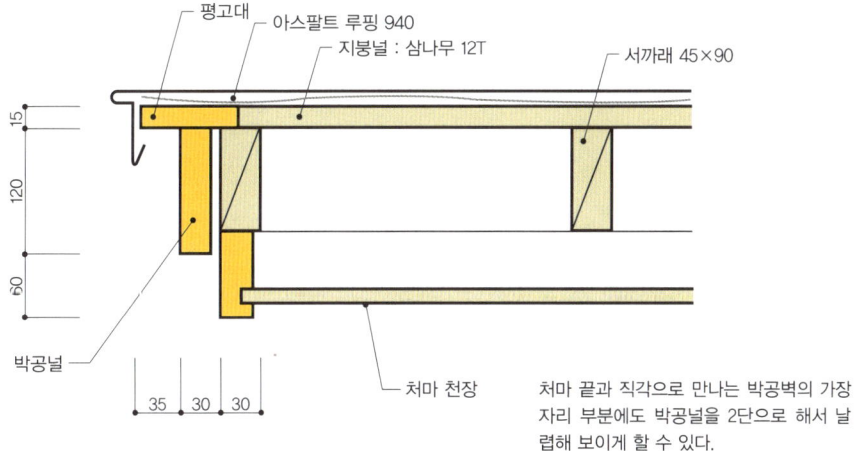

> **Point** 처마 끝은 손상되기 쉬우므로 완벽한 방수 대책을 세우고, 유지 및 보수에 신속히 대처한다. 또한 가장자리가 아름답게 보일 수 있도록 신경 쓴다.

050 홈통

홈통(물받이)의 종류

지붕으로 떨어지는 빗물을 받는 처마홈통은 배수경사를 확보한 뒤 처마 끝에 거의 수평으로 설치하여 그 물을 깔때기홈통이라고 불리는 집수기로 일단 받아서 선홈통을 통해 밑으로 흘려보낸다.

처마 끝은 방수 처리를 하는 동시에 디자인적으로도 배려해야 한다. 처마 끝에 설치하는 수평홈통의 모양은 반원형과 사각형 두 종류가 있다. 디자인을 고려해 홈통의 바깥쪽에 장식판을 달아서 홈통을 감추거나 지붕 안에 설치하는 경우도 있다.

홈통은 염화비닐 재질이 저렴하다. 강도를 높이기 위해 철근을 넣은 염화비닐제도 있다. 녹이 잘 슬지 않는 갈바륨 강판이나 스테인리스, 동판 등도 지붕재와 함께 사용된다. 홈통의 크기는 지붕 면적에 따라 결정한다. 비가 많이 내릴 때는 빗물의 양이 홈통의 크기를 초과해 흘러넘치는 경우도 있는데 이를 오버플로라고 한다. 따라서 이에 대응하는 방법도 고려해야 한다.

수평홈통에서 사각홈통과 반달홈통의 폭은 105mm와 120mm가 일반적인데 가능하면 120mm를 사용하는 것이 좋다. 한편 사각홈통이 반달홈통보다 단면적이 커서 훨씬 많은 양의 빗물을 받을 수 있지만 반달홈통이 두께가 얇아 보여서 디자인상의 이유로 반달홈통을 사용하는 경우가 많다. 지붕 면적에 따라 다르지만 보통은 처마 한 변에 선홈통 두 개를 설치한다. 면적이 클 경우에는 세 개를 설치하기도 한다.

유지 보수와 방수 처리

홈통은 손상되기 쉬우므로 보수와 교체 등 유지 보수를 할 때를 고려해야 한다. 홈통을 지붕 안에 고정할 경우에는 방수 처리를 확실하게 한다. 홈통 받침쇠를 박아서 고정한 부분으로 물이 침입해 뼈대를 부식시키는 경우도 있으니 주의하도록 한다.

용어 해설

깔때기홈통 빗물받이인 처마홈통과 선홈통의 접합 부분에 설치하는 금속 장식이며, 처마홈통의 빗물을 선홈통으로 유도하는 역할을 한다. 유도 모임통이라고도 한다.

기본적인 빗물받이 설치

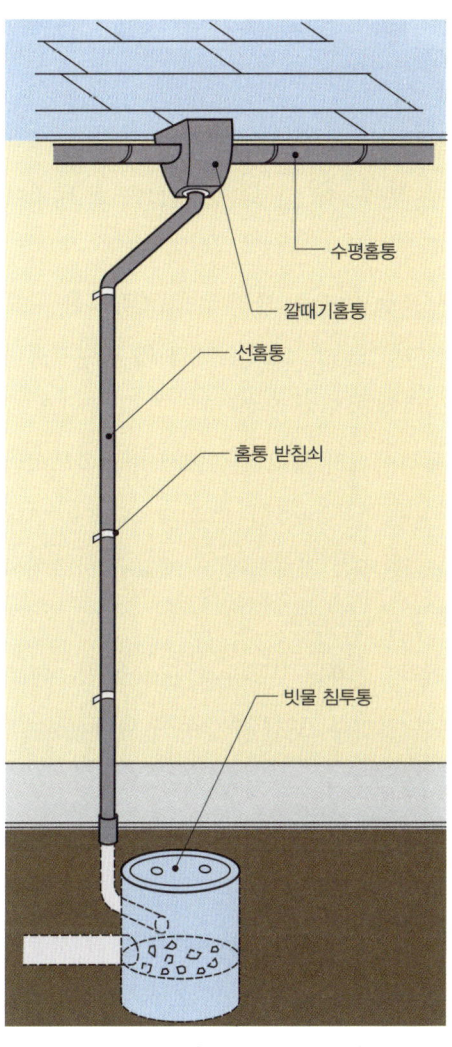

지붕의 빗물을 받는 처마홈통은 처마 끝에 수평으로 단 수평홈통의 물을 일단 깔때기홈통이라고 하는 집수기로 받은 뒤 선홈통을 통해 밑으로 흘러보낸다. 선홈통은 홈통 받침쇠를 사용해서 외벽에 설치하는데 그 부분을 통해 빗물이 외벽에 침입하지 않도록 실링 등으로 처리해서 물을 막아야 한다. 선홈통에서 흘러보낸 물은 지면에 설치한 빗물 침투통으로 흐르게 된다.

처마 끝 마무리

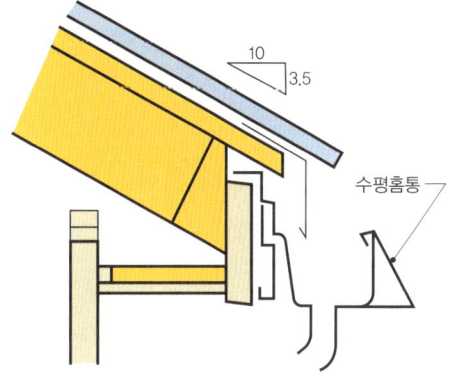

수평홈통을 처마 끝에 달아서 마무리한 예. 처마를 길게 내면 빗물이 홈통 밖으로 흘러넘치더라도 골조에 빗물이 침입할 우려가 적다.

수평홈통의 종류

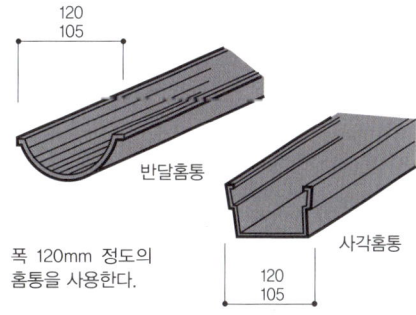

폭 120mm 정도의 홈통을 사용한다.

Point 홈통의 크기는 지붕 면적에 따라 다르며, 최대 강우량을 기준으로 처리할 수 있도록 고려한다.

051 외벽 바탕과 통기공법

바탕에 필요한 역할

외벽에는 방수·방화·단열 대책이 필요하다. 또한 외부 자연환경에 대한 내구성·내후성도 갖추어야 한다. 외벽재 한 장으로는 이러한 문제들에 대처할 수 없으므로 바탕에서 어느 정도 대처할 수 있도록 만들어야 한다.

기본적으로는 기둥이나 샛기둥의 바깥쪽에 구조용 합판을 붙인다. 구조강도를 확보할 수 있고, 외벽재를 설치하기 위한 바탕이 된다. 그리고 그 위(바깥쪽)에 방수시트나 투습 방수시트를 붙인다. 이 투습 방수시트는 외벽재로 막지 못한 빗물 등의 유입을 방지하기 위한 재료다. 투습 방수시트는 빗물을 통과시키지 않고 안쪽에서 바깥쪽으로만 수증기를 내보내기 때문에 벽 내부에서 발생한 수증기를 배출할 수 있다. 외벽은 벽내 결로 현상을 방지하기 위해 실내 쪽에서 바깥쪽으로 투습 저항이 낮은 재료를 선택해야 한다.

방수시트는 아래쪽에서 위쪽으로 겹쳐서 붙인다. 겹치는 부분은 100mm 정도 확보한다. 특히 세로의 이음매 부분에는 방수테이프를 붙인다. 또한 바깥쪽 모서리 면은 겹치는 부분을 300mm 이상 확보해 방수테이프를 붙인다.

통기층 공법

방수시트나 투습 방수시트 위에 띳장을 고정하고 그 위에 외벽재를 설치하면 통기층을 확보할 수 있다. 이는 벽체 내에 발생한 수증기를 배출하기 위함이다. 또 외벽의 균열 부분 등으로 침입한 빗물을 배출하는 효과도 있다. 통기층은 약 18mm 정도로 한다. 개구부 주위에 띳장을 설치할 경우에는 통기를 차단하지 않도록 틈새를 만든다. 가로 띳장일 경우 공기가 통하는 길을 확보하기 위해 띳장과 띳장 사이를 벌려서 고정한다.

용어 해설

투습 방수시트 물을 통과시키지 않고 안쪽에서 바깥쪽으로만 습기(수증기)를 통과시키는 성질이 있는 시트. 주로 목조건축물의 실외 쪽 외벽에 쓰인다. 벽 내부의 습기를 실외로 배출해 벽내 결로를 방지한다.

통기공법의 외벽 바탕 만들기

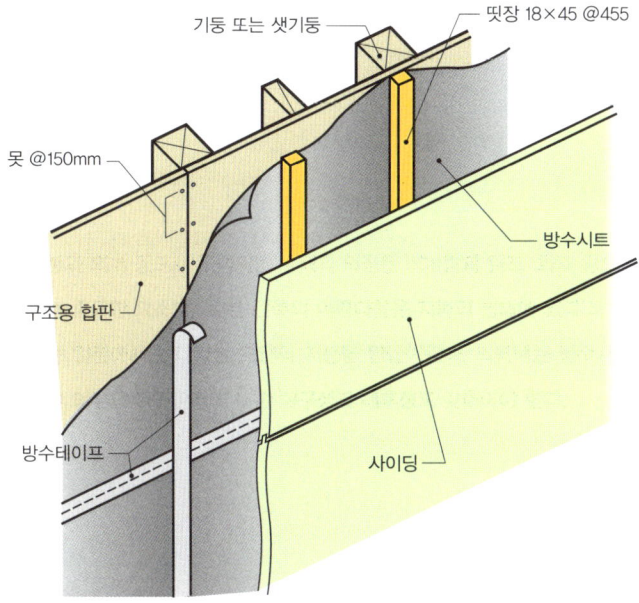

방수시트를 뼈대 위에 시공한 뒤 띳장을 부착한다. 띳장을 고정해서 외벽재와의 사이에 통기층을 만든다. 통기층은 약 18~20mm 정도로 하고, 공기의 흐름을 차단하지 않도록 세로 띳장으로 하는 편이 좋다. 가로 띳장의 경우에는 틈을 벌려서 고정해 공기가 지나는 길을 만든다.

개구부 주위의 띳장 시공

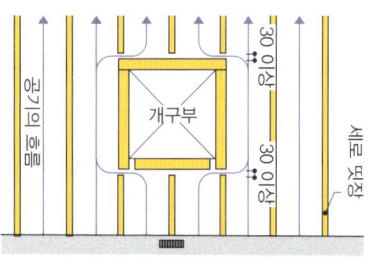

개구부 틀 주위에는 띳장을 대지 않고 공기가 흐르도록 30mm 이상 틈을 벌려야 한다.

통기층을 확보하지 않을 경우 외벽 바탕 만들기

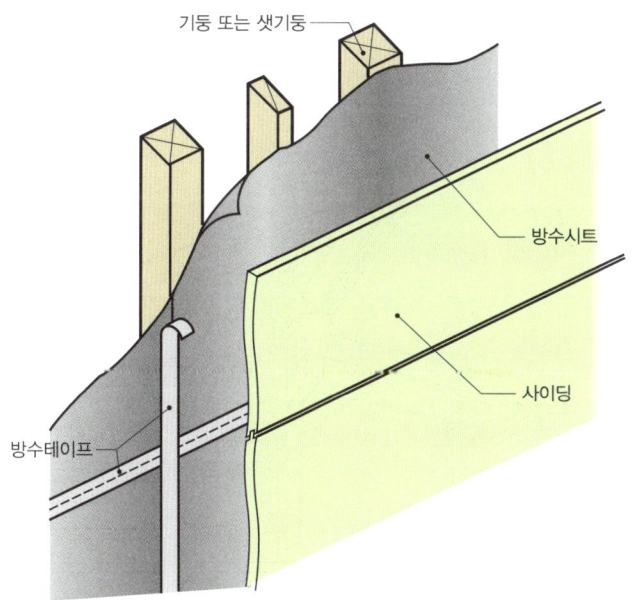

통기층을 확보하지 않을 경우 바탕은 방수시트를 뼈대 부재에 붙이고 그 위에 외벽재를 덮는다. 방수시트는 가로, 세로의 접합부가 겹치는 부분을 충분히 확보해 방수테이프로 고정한다.

Point 통기층을 확보하면 목조의 뼈대인 목재를 건조한 상태로 유지시키는 데 효과적이다.

052 사이딩 시공한 외벽

사이딩
근래 신축 중인 목조주택의 대부분은 외벽에 사이딩을 붙인다. 사이딩이란 패널로 만든 외벽재를 말하는데 소재가 다양하다. 사이딩 중에서도 가장 많이 사용되는 요업계 사이딩은 시멘트질과 섬유질 원료를 판 모양으로 만든 것이다. 그 밖에 금속 계열의 사이딩도 있다.

사이딩은 내화성이 높고 건식공법을 채용하기 때문에 공사시간과 비용을 줄일 수 있다. 표면이 단순한 제품부터 나뭇결무늬, 돌무늬, 타일무늬 등 무늬가 있는 제품까지 다양한 디자인이 마련되어 있다. 사이딩끼리 접합할 때는 제혀쪽매로 가공해서 연결하는데 접합부를 실링으로 처리해야 하는 경우도 있다. 실링은 성능이 저하되기 쉽고 내구성이 떨어져 어느 정도 시간이 지나면 다시 시공해야 한다.

ALC판
기포가 들어간 경량 콘크리트판을 말한다. 두께는 새시 치수에 따라 37mm가 일반적이며 한랭지에서는 50mm짜리를 사용한다.

ALC판도 표면이 단순한 제품부터 벽돌무늬 등 다양한 무늬의 제품이 나와 있다. ALC판은 무도장이라서 표면을 마감 처리해야 한다. 기본적으로는 방수성이 높은 도료를 칠해서 마감한다. 도료 중에는 스며든 수분을 밖으로 배출할 수 있는 투습성이 있는 제품도 있다. ALC판도 접합부는 실링 처리를 한다.

ALC판은 벽내 결로를 막을 정도의 단열 성능을 가지고 있으므로 안쪽에 75mm 정도 두께의 유리섬유를 채워 넣기만 해도 필요한 단열성을 확보할 수 있다. 불에 강해서 보험회사에 따라서는 화재보험료도 반액 정도 낮출 수 있으며 차음성도 높다.

용어 해설

요업계 사이딩 주원료로 시멘트질 원료 및 섬유질 원료를 성형해서 양생·경화시킨 것이다. 목섬유나 목편을 보강재로 사용한 목섬유 보강 시멘트판, 펄프나 합성섬유를 보강재로 사용한 섬유 보강 시멘트판 등이 있다.

사이딩 외벽(가로 부착)

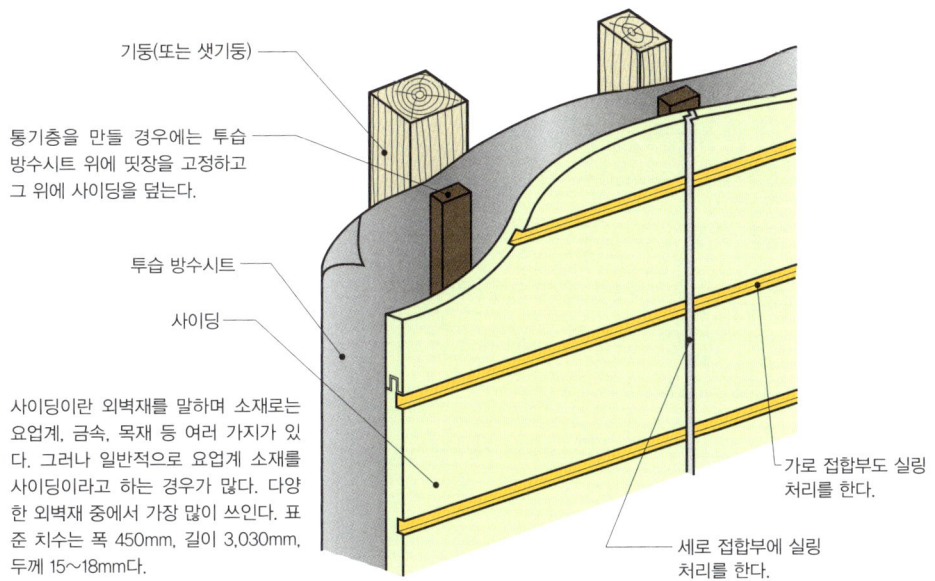

- 기둥(또는 샛기둥)
- 통기층을 만들 경우에는 투습 방수시트 위에 띳장을 고정하고 그 위에 사이딩을 덮는다.
- 투습 방수시트
- 사이딩
- 사이딩이란 외벽재를 말하며 소재로는 요업계, 금속, 목재 등 여러 가지가 있다. 그러나 일반적으로 요업계 소재를 사이딩이라고 하는 경우가 많다. 다양한 외벽재 중에서 가장 많이 쓰인다. 표준 치수는 폭 450mm, 길이 3,030mm, 두께 15~18mm다.
- 가로 접합부도 실링 처리를 한다.
- 세로 접합부에 실링 처리를 한다.

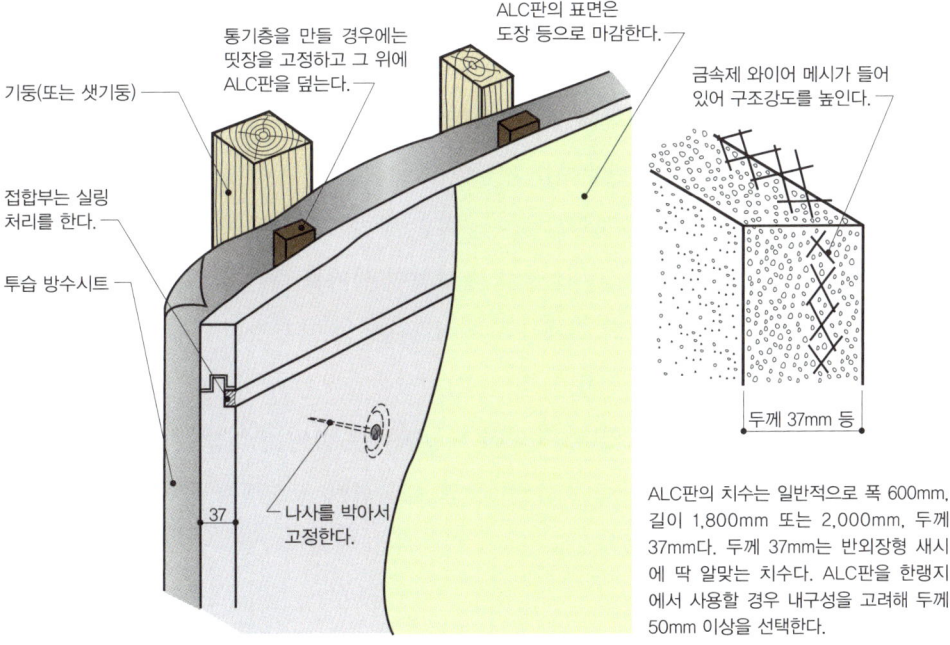

- 기둥(또는 샛기둥)
- 통기층을 만들 경우에는 띳장을 고정하고 그 위에 ALC판을 덮는다.
- ALC판의 표면은 도장 등으로 마감한다.
- 금속제 와이어 메시가 들어 있어 구조강도를 높인다.
- 접합부는 실링 처리를 한다.
- 투습 방수시트
- 나사를 박아서 고정한다.
- 두께 37mm 등
- ALC판의 치수는 일반적으로 폭 600mm, 길이 1,800mm 또는 2,000mm, 두께 37mm다. 두께 37mm는 반외장형 새시에 딱 알맞는 치수다. ALC판을 한랭지에서 사용할 경우 내구성을 고려해 두께 50mm 이상을 선택한다.

Point 사이딩과 ALC판 모두 외벽재로서 성능이 좋지만 접합부 처리에 주의해야 한다.

053 나무판을 붙이는 외벽

전통적인 외벽재의 일종

사이딩이 보급되기 전 일본에는 나무판을 붙인 외벽이 많았다. 그러나 최근에는 방화나 비용 등을 고려해 나무판을 붙이는 경우가 줄어드는 실정이다. 판재를 붙이는 방법으로는 나무판을 수평 방향으로 밑에서 위로 겹쳐 붙이는 것을 '비늘판벽 붙이기'라고 하며, 가늘고 세로로 긴 판재를 가로 방향으로 연결해 붙이는 것을 '판재를 맞대어 가지런히 붙이기'라고 한다. 목재는 수입재 중에 웨스턴 레드 시더나 나왕 등을, 일본산으로는 삼나무나 편백나무를 사용한다. 삼나무는 내수성이 높은 심재를 사용하면 좋다. 버너로 삼나무를 태워 '태운 삼나무'로 탄화시켜서 내구성을 높이는 경우도 있다.

다양한 판재 부착법

판재를 맞대어 세로 방향으로 가지런히 붙이면 가로 방향으로 붙일 때보다 방수성이 저하될 우려가 있으므로 바탕 단계에서 방수성을 높여놓는다. 나무판끼리의 이음매 위에 폭이 좁은 판을 박아서 고정하는 오리목 붙이기 방법을 사용하는 경우도 있다.

   누름대 비늘판벽 붙이기는 두께 7mm 정도의 얇은 판을 가로로 놓고 가장자리를 겹쳐가며 위로 붙인 뒤 판재의 바깥쪽을 누름대로 고정한다. 누름대 안쪽을 판재가 겹치는 부분과 맞춰서 들쭉날쭉한 모양으로 가공하는 방법이 본격적이며, 이를 사사라코簓子 비늘판벽이라고 한다. 영국식 비늘판벽은 물막이 판자를 대는 방법이라고도 하며 단면이 평평하거나 받침대 모양의 판재를 밑에서 위로, 가로로 겹쳐서 붙인다. 모서리는 양쪽의 판재를 번갈아가며 단면을 드러내 붙이거나 몰딩을 넣어 마감한다. 방수를 위해 밑에 철판을 넣는 경우도 있다. 독일식 비늘판벽은 함줄눈 비늘판벽이라고도 하며 반턱쪽매 가공한 나무판을 가로로 붙인다. 판재의 면이 평평해져 반턱쪽매의 줄눈을 10~20mm 정도 확보할 수 있다.

용어 해설

심재 수심에 가까운 쪽을 심재, 수피에 가까운 쪽을 변재라고 한다. 심재는 단단하고 잘 썩지 않으며 해충에 강한 성질을 지닌다. 한편 변재는 생활기능을 담당하는 세포조직으로 구성되어 있으며, 심재에 비해 내구성이 높다.

가로로 판재 맞대어 붙이기

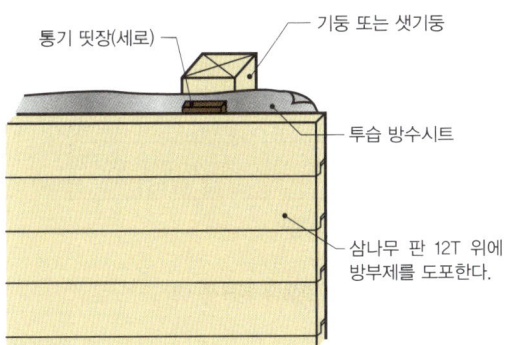

나무판을 가로로 붙일 경우에는 투습 방수 시트 위에 세로 띳장을 고정하고 그 위에 나무판을 부착한다. 반턱쪽매로 가공한 나무판을 사용해서 세로 방향으로 끼워 연결한다.

세로로 판재 맞대어 붙이기

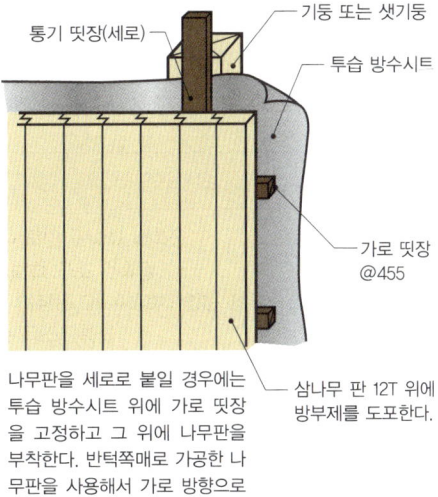

나무판을 세로로 붙일 경우에는 투습 방수시트 위에 가로 띳장을 고정하고 그 위에 나무판을 부착한다. 반턱쪽매로 가공한 나무판을 사용해서 가로 방향으로 끼워 연결한다.

오리목 붙이기

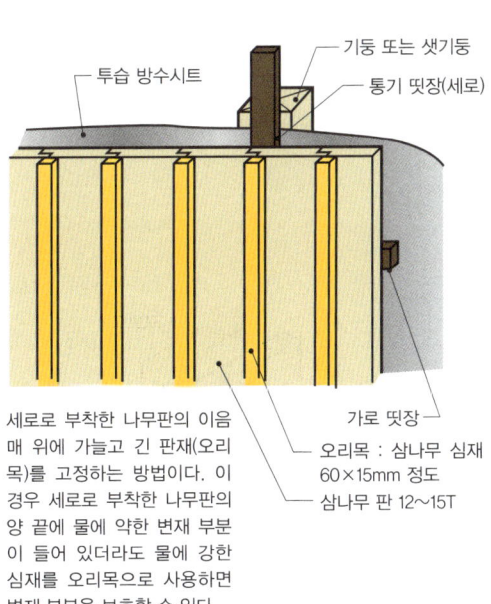

세로로 부착한 나무판의 이음매 위에 가늘고 긴 판재(오리목)을 고정하는 방법이다. 이 경우 세로로 부착한 나무판의 양 끝에 물에 약한 변재 부분이 들어 있더라도 물에 강한 심재를 오리목으로 사용하면 변재 부분을 보호할 수 있다.

비늘판벽 붙이기

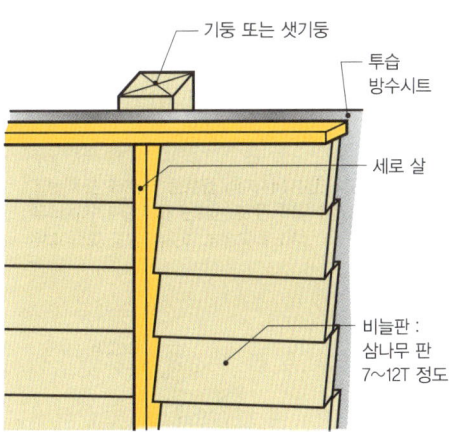

나무판을 가로 방향으로 붙일 때 서로 겹치도록 아래쪽에서부터 부착하는 방법. 누름대 비늘판벽, 사사라코 비늘판벽, 영국식 비늘판벽, 독일식(턱솔) 비늘판벽 등 여러 가지 공법이 있다. 회반죽을 칠한 벽을 보호하기 위해 벽 하단에 비늘판벽을 조합해 붙이는 경우가 많다.

Point 외벽에 나무판을 붙일 경우 내수성이 높은 삼나무 심재나 편백나무 등을 사용하면 좋다.

054 금속 시공한 외벽

유지 보수성이 높은 금속 외벽

근래에는 방수성과 유지 보수성을 고려해 외벽에 금속판을 붙이는 주택이 늘고 있다. 갈바륨 강판이나 알루미늄판 등을 소재로 하여 외벽재로 만든 금속제 사이딩을 붙여 마감하는 경우가 있다.

일반적이지는 않지만 지붕에 금속을 까는 것과 마찬가지로 외벽을 판금으로 만드는 방법도 있다. 평면으로 이은 지붕이나 기와가락 잇기로 시공한 지붕과 똑같은 마감법을 사용한다. 그럴 경우 지붕과 마찬가지로 합판 등을 이용해 바탕을 만들고 방수시트 등을 붙여 적절한 방수 처리를 해야 한다. 지붕과 같이 판금으로 마감하는 방법은 시간과 비용이 들기 때문에 외벽용으로 만들어진 금속 패널보다 비용이 올라간다. 어쨌든 개구부의 새시 주변에 실링이나 방수테이프로 몇 겹씩 방수 처리를 해서 빗물이 새지 않도록 신경 써야 한다.

금속을 외벽재로 선택할 때는 건축주가 금속의 차가운 느낌을 선호하는지 주의 깊게 검토해야 한다. 또한 여름에는 외벽재가 서쪽 해의 직사광선을 받아 뜨거워지므로 이에 대한 대응도 필요하다. 단열재를 끼워 넣은 샌드위치 패널이나 스프레이 타입의 단열재를 뿌린 패널도 있는데 금속 외벽의 안쪽에는 반드시 통기층을 만들어 금속판 내부의 열기가 배출될 수 있도록 각별히 신경 쓴다.

지붕과 동등한 마무리

금속 외벽으로 할 경우에는 지붕과 이음매 없이 마감할 수 있다. 북쪽 면이나 서쪽 면에서 벽도 지붕의 연장이듯이 마감하거나 지붕 물매를 수직에 가깝게 급경사로 만들어서 거의 벽처럼 보이게 하는 경우도 있다. 또한 빗물받이를 달지 않고 지붕을 벽까지 연장하기도 한다.

용어 해설

갈바륨 강판 철판을 기초재로 하며 알루미늄, 아연, 실리콘으로 이루어진 도금 층이 있는 용융 알루미늄, 아연 합금 도금 강판을 일반적으로 갈바륨 강판이라고 한다. 가공이 쉬워 갈바륨으로 만든 빗물받이 제품도 있다.

갈바륨 강판 작은 골판

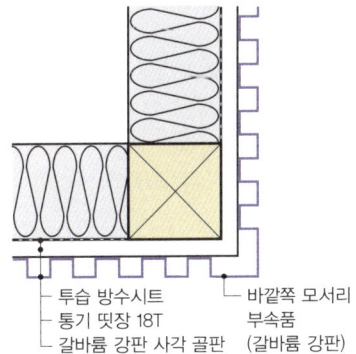

시공 예

- 무기질 구조용 면재 9T
- 투습 방수시트
- 통기 띳장 20T
- 갈바륨 강판 작은 골판 0.35T

갈바륨 강판의 작은 골판은 세로로 줄이 들어가 있어 산뜻한 인상을 준다. 바깥쪽 모서리 부분을 부속품 없이 마감할 경우에는 높은 골 부분을 잘 조정하면 깔끔하게 마감할 수 있다.

갈바륨 강판 사각 골판

- 투습 방수시트
- 통기 띳장 18T
- 갈바륨 강판 사각 골판
- 바깥쪽 모서리 부속품 (갈바륨 강판)

갈바륨 강판의 사각 골판은 날카로운 인상을 준다. 바깥쪽 모서리 부분을 동일한 갈바륨 강판 부속품으로 시공하면 깔끔하게 마무리 할 수 있다.

갈바륨 강판 스탠딩심

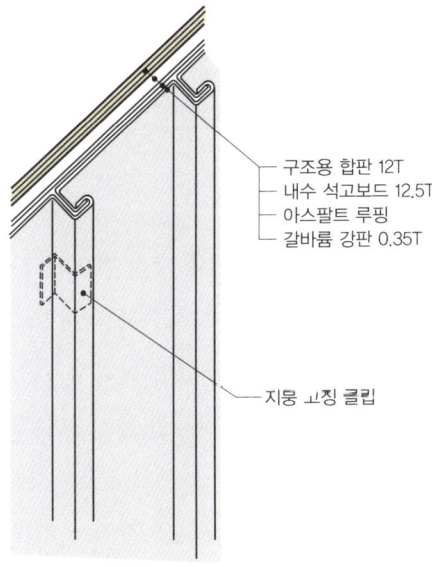

- 구조용 합판 12T
- 내수 석고보드 12.5T
- 아스팔트 루핑
- 갈바륨 강판 0.35T
- 지붕 고정 클립

스탠딩심 시공은 외벽에 음영을 주어 변화를 느낄 수 있는 마감법이다. 스탠딩심 부분에는 지붕 고정 클립을 넣어 고정한다.

갈바륨 강판 평면 잇기

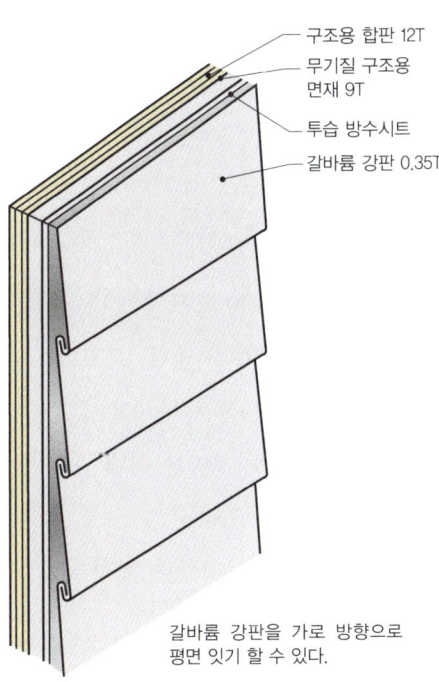

- 구조용 합판 12T
- 무기질 구조용 면재 9T
- 투습 방수시트
- 갈바륨 강판 0.35T

갈바륨 강판을 가로 방향으로 평면 잇기 할 수 있다.

Point 금속 외벽의 안쪽에는 반드시 통기층을 만들어 공기를 배출해야 한다.

055 미장·타일 시공한 외벽

미장벽의 바탕

미장 마감이나 타일 마감은 습식공법으로 분류된다. 습식공법은 말 그대로 물을 사용한 시공이므로 시간과 노력이 들고, 숙련된 기술이 필요하다. 또한 아무리 주의해도 건조로 인한 균열이 생기기 쉬워 쓰이는 경우가 드물다. 그러나 최근에는 공산품인 사이딩이 주는 균일한 인상의 벽과는 다른 질감을 느낄 수 있다는 점에서 미장벽이 재평가되고 있다.

전통적인 목조주택의 외벽은 미장으로 마감했다. 뼈대 위에 대나무로 만든 평고대를 부착하고 그 위에 흙을 바르는 것이다. 현대에는 미장 마감 바탕에 나무 졸대라고 불리는 폭이 좁은 판을 일정한 간격을 두고 가로로 붙인 뒤 그 위에 라스망이나 메탈라스를 설치해 미장칠의 바탕이 되는 모르타르를 칠한다. 라스망보다 강도를 높이기 위해 450mm 간격으로 와이어 모양의 갈빗대를 넣은 리브라스를 사용하기도 한다. 메탈라스가 물결 모양인 파형라스는 별도의 비용을 들이지 않고도 모르타르가 벗겨지는 것을 방지할 수 있다. 최근에는 모르타르를 직접 칠할 수 있는 미장 바탕용 내력 면재도 많이 쓰이고 있다.

마감재

근래 미장 외벽에는 모르타르 바탕 위에 아크릴 리신을 얇게 칠하거나 수지 계열의 도료를 분사하는 경우가 많다. 모르타르의 수축에 대응한 탄성이 있는 도료를 선택하기도 한다. 흙손을 이용하는 두꺼운 칠 마감 중에는 시멘트 계열, 수지 계열의 마감재가 있다. 흰색 회반죽도 처마가 길게 나와 있어 비가 잘 들이치지 않는 상태라면 유지 보수가 자유롭다고 할 수 있다.

타일 마감은 모르타르나 접착제로 부착하는 습식공법과 철물에 타일을 걸어서 부착하는 건식공법이 있다.

용어 해설

라스망 미장벽을 만들 때 바탕에 모르타르를 칠할 경우 설치하는 금속성의 그물 모양 부재. 라스망을 깔면 망의 구멍 부분에 모르타르가 걸려서 고정된다. 리브라스, 파형라스 등 모양이 다양하다.

미장 외벽

스프레이 도장 외벽

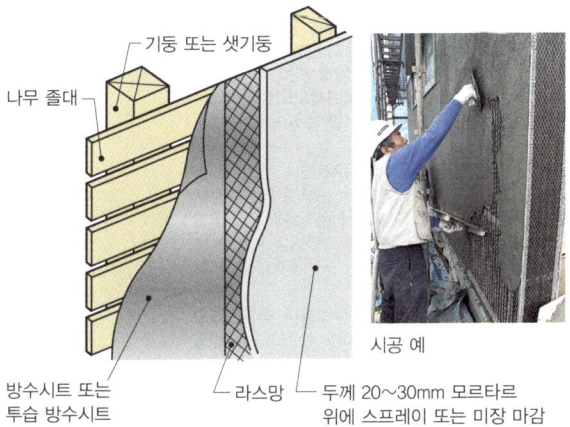

시공 예

나무 졸대 위에 방수시트나 투습 방수시트를 붙인 뒤 라스망을 깔고 모르타르를 두 번 칠한다. 그 위에 스프레이 도장이나 미장으로 마감한다.

토벽 외벽

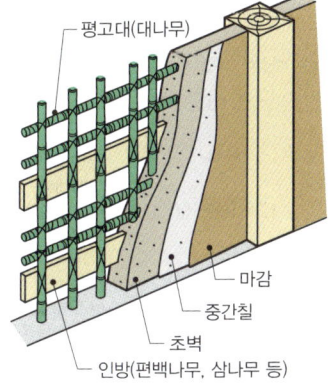

전통적인 방법으로 평고대를 엮고 잘 갈라지지 않도록 흙에 짚여물 등을 섞어 덧칠한다.

타일 외벽

건식공법

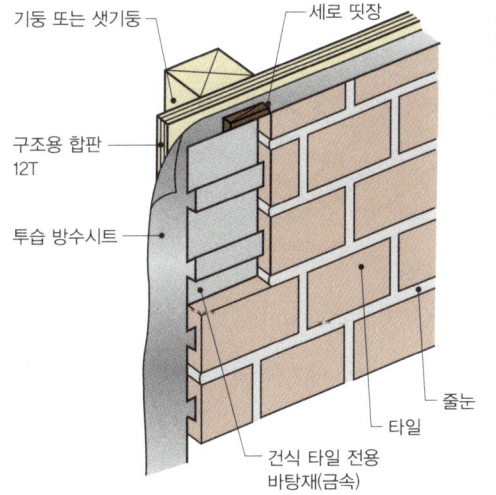

건식공법에서는 타일을 금속 바탕재에 부착한다. 타일이 떨어지는 것을 방지할 수 있다.

습식공법

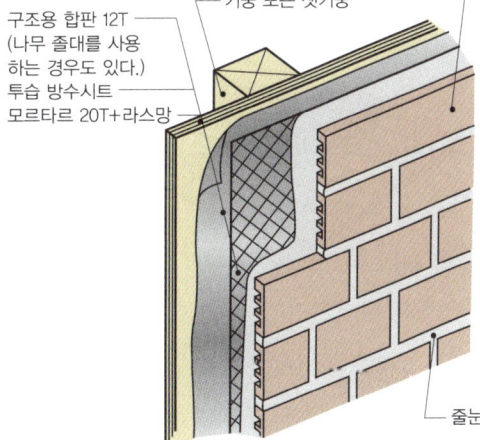

모르타르 바탕에 접착해서 줄눈을 메운다.

> **Point** 목조주택은 움직임이 생길 수 있으므로 미장벽에 금이 가지 않도록 대처해야 한다.

056 발코니

방수성과 내구성이 중요하다

2층 또는 3층에 설치하는 발코니는 비바람에 노출되는 데다 바닥이 평평한 탓에 빗물이 고일 우려가 있으므로 방수 면에서 각별히 신경 써야 한다.

그런 면에서 알루미늄으로 된 기성품 발코니를 설치하면 방수나 내구성 면에서는 문제가 적다고 할 수 있다. 그러나 외관상으로는 발코니가 건물의 포인트 역할을 하기 때문에 좀 더 돋보이게 할 아이디어가 필요하다.

발코니 설치

기성품 발코니를 설치할 경우 기둥을 세우는 방법이 일반적이다. 발코니가 1m 이상 돌출되는 경우에는 원칙상 기둥이 필요하다. 목재 발코니로 할 때도 기둥을 세우는 경우가 많다. 경사지에서 큼직한 발코니나 우드덱을 만들 경우 독립 기초 공법으로 시공하고, 일부만이라도 기초의 바탕과 연결해놓아야 구조상 바람직하다. 2층의 바닥틀에서 보가 튀어나온 발코니로 할 경우 발코니 바닥을 평지붕으로 생각하면 좋다.

바닥은 합판을 이중으로 깔고 그 위에 FRP 방수나 방수시트를 붙여서 처리한다. 그리고 새시 아래쪽의 수직부를 충분히 확보한다. 120mm 이상은 필요한데 그럴 경우 2층 바닥에 걸쳐서 발코니로 나오거나 2층에서 튀어나온 보의 높이를 낮춰서 수직부를 확보할 수 있다.

발코니 밑에 지붕을 만들어 그 위에 발코니를 얹으면 방수문제를 해결할 수 있다. 또한 목재 발코니가 부식된 경우 교체하기 쉽다. 돌출된 지붕을 만들어 그 위에 발코니를 얹는 방법도 생각할 수 있다.

용어 해설

FRP 방수 FRP는 Fiber Reinforced Plastic(섬유 강화 플라스틱)의 약자이며 폴리에스테르 수지를 유리섬유에 포함시켜서 화학반응을 일으키는 방수공법이다. 목조 발코니의 방수 등에 사용된다.

방수 발코니

- 내수 합판을 이중으로 부착하고 그 위에 도포 방수 처리를 한다.
- 오버플로관 ø13 이상 (배수경사 상부보다 아래쪽에 설치한다.)
- 배수경사 하부
- 배수경사 상부
- (실내)
- 발코니를 받는 보를 돌출시켜 발코니 바닥을 떠받친다.

방수 시공을 하지 않은 발코니

- 장선 위에 편백나무 판재 (욕실 발판 모양)
- 1층 지붕
- 발코니를 지붕 위에 얹으면 방수문제가 해결되며, 건물의 구조 부재에도 영향을 주지 않는다.

발코니 지붕

지붕이나 처마를 발코니보다 길게 낸다.

발코니 예

발코니 바닥은 방수 처리를 하지만 지붕이나 처마를 길게 내어 평소에 내리는 비로는 바닥이 젖지 않게 해놓는 편이 좋다.

Point 발코니는 방수 대책이 중요하다. 발코니를 지붕 위에 얹으면 방수상의 문제를 해결할 수 있다.

제4장 지붕과 외벽

057 개구부의 종류

문의 종류

외부에 있는 개구부의 형태는 사람의 출입 여부와 개폐 방법에 따라 종류가 다양하다. 사람이 출입하는 개구부를 문 또는 도어라고 하고, 사람이 출입할 수 없는 개구부는 창문이라고 한다. 문에는 여닫이와 미닫이가 있다. 미서기창이어도 사람이 출입할 수 있는 소제창은 미서기문이라고 한다.

현관문에는 방수 처리가 쉽다는 이유로 외여닫이문이 많이 쓰인다. 미국이나 유럽에서는 실내 쪽에서 고정하면 쉽게 열지 못하게 할 수 있다는 방범상의 이유로 안여닫이문을 사용한다. 손님을 맞아들이는 관점에서는 안여닫이문이 좋다고 할 수 있다.

창문의 종류

창문에는 일반적으로 알루미늄 새시로 된 미서기창을 많이 사용한다. 외미닫이나 미닫이 포켓도어, 붙박이창과 미닫이문을 조합한 새시도 있다. 그 밖에도 내닫이창, 배연창에 많이 사용되는 외닫이창, 미끄러지면서 내미는 미들창, 외여닫이창, 오르내리창, 루버창 등 종류가 매우 다양하다. 내닫이창은 고측창에 사용하면 좋다. 고리가 달린 막대로 쉽게 개폐할 수 있다.

루버창은 개구부의 모든 면적이 열리기 때문에 크기가 작아도 통풍량을 많이 확보할 수 있다. 반면 기밀성이 낮고 유리가 잘 빠져서 격자를 설치하는 등 방범상의 대책을 마련해야 한다. 유리를 이중으로 해서 단열성을 확보하는 더블 루버창도 있다.

한편 방범과 차광 등의 목적으로 덧문이나 셔터를 설치하기도 한다. 단, 겨울철에는 동결되므로 한랭지에서는 일반적으로 덧문을 달지 않는다. 최근에는 셔터박스가 작아져 개폐가 편해진 까닭에 셔터를 사용하는 경우가 많아졌다.

용어 해설

소제창 창문이 바닥면의 위치까지 닿아서 사람이 출입할 수 있는 창문을 말한다. 원래 청소할 때 먼지를 빗자루로 쓸어낼 수 있어서 이런 이름이 붙었다. 주로 베란다나 발코니, 정원 등에 인접해서 설치한다.

문과 창문의 개폐 형식

외여닫이창
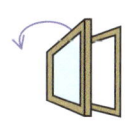

미서기창
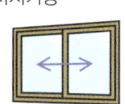

외어닫이문

쌍여닫이문

쌍여닫이창
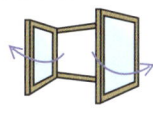

내닫이창

미서기문
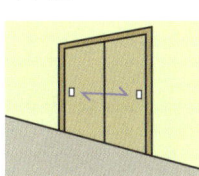

쌍미닫이문

돌출창

외닫이창

외미닫이문

외미닫이 포켓도어
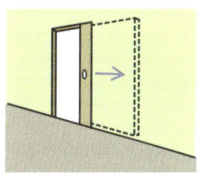

세로 미들창

가로 미들창

쌍미닫이 포켓도어
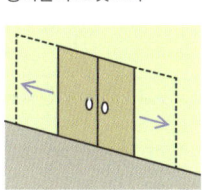

폴딩도어

회전창

오르내리창

붙박이창

Point 개구부는 종류가 다양하므로 각각의 목적에 맞는 형식을 선택한다.

058 새시의 종류

새시의 소재

새시의 소재로는 일반적으로 알루미늄이 많이 쓰인다. 빗물에 노출되어도 성능이 오래 유지되므로 비용이 별로 들지 않는다는 장점이 있다. 알루미늄 새시 중에서도 단열성이나 기밀성에 따라 몇 가지 등급이 있다. 방음성도 여러 가지 레벨로 설정되어 있다.

알루미늄 새시에 페어 글라스(복층 유리)를 넣으면 유리의 단열 성능이 향상되는 반면 알루미늄 틀에 결로 현상이 잘 일어난다. 그 결점을 해결하기 위해 알루미늄 틀의 바깥쪽과 안쪽 사이에 고무를 끼워 넣어서 열이 잘 전달되지 않게 한 새시가 판매되고 있다. 바깥쪽에 알루미늄, 안쪽에 목재를 조합한 새시도 있다. 알루미늄 외에도 수지 새시와 목재 새시가 있다. 수지 새시는 결로 현상이 잘 일어나지 않으므로 한랭지에서 틀의 결로 현상에 대처하기 위해 많이 사용된다.

목재 새시는 알루미늄 새시보다 3배 정도 비싸지만 미적인 면과 결로 대책에 적합하다는 점에서 사용하는 경우가 늘고 있다. 목재 창호는 일본식 주택에 알맞다고 할 수 있다. 한편 목조용 새시는 벽 속에 부착하는 위치에 따라 외장형, 반외장형, 내장형 등의 종류가 있다.

새시 단열과 결로 대책

최근에는 목조주택의 에너지 절약을 위해 이중 새시를 사용하는 경우가 늘고 있다. 이중 새시가 복층 유리보다 단열성이 훨씬 높기 때문이다. 한랭지에서는 복층 유리를 넣어 단열성을 높인 이중 새시와 수지 새시가 사용되는 경우가 많다. 또 유리 자체의 단열성과 차열성을 높인 로이 유리$^{Low-E\ Glass}$(저방사 유리)를 채용하는 경우도 늘고 있다.

용어 해설

로이 유리 이온을 판유리 표면에 충돌시켜 금속막을 만든 유리. 로이 유리는 태양광 가운데 자외선 등을 차단하는 기능이 있어서 단열 및 차열 성능이 뛰어나다. 로이 유리를 사용한 복층 유리도 있다.

외장 새시	반외장 새시
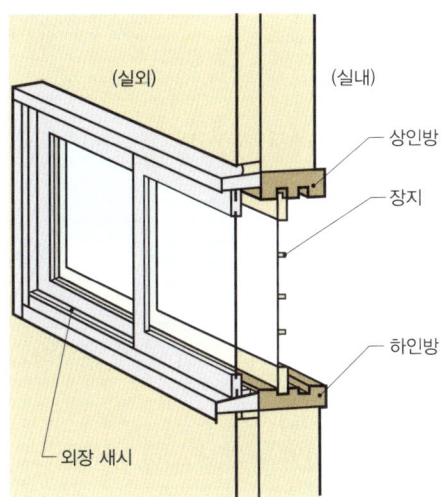	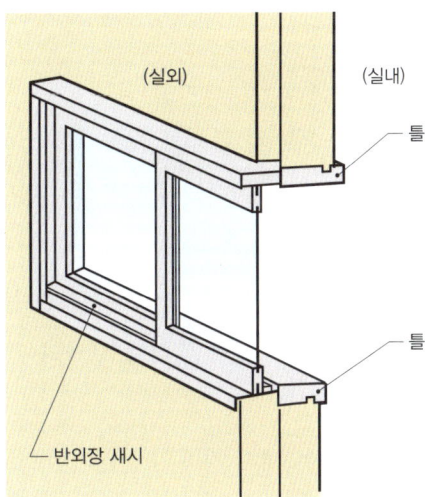

내장 새시	이중 새시	오르내리창 새시
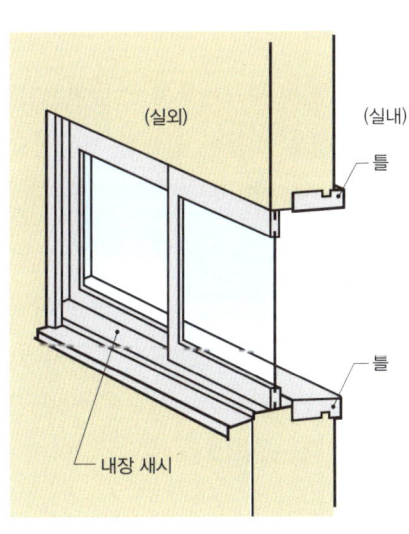	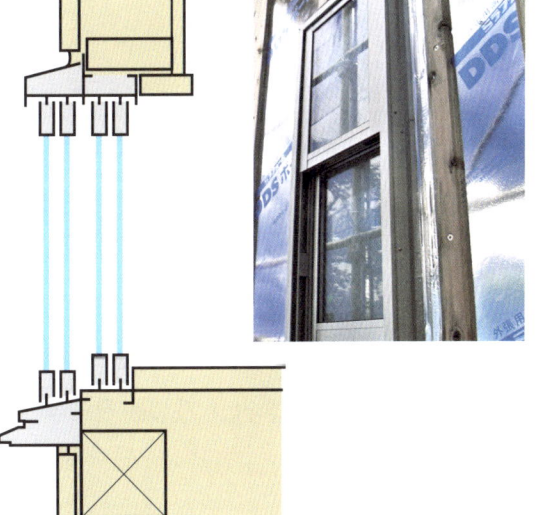	

Point 새시에는 외장형·내장형·반외장형이 있으며, 각각 설치 방법이 다르다.

제4장 지붕과 외벽 131

059 개구부 방수 대책

새시 주위의 방수

개구부의 새시와 외벽의 틈새로 빗물이 침입하기 쉽다. 따라서 지붕 및 외벽뿐만 아니라 개구부 주위에도 방수 대책에 충분히 신경 써야 한다.

새시와 투습 방수시트의 이음매에 방수테이프를 붙여 틈새를 막음으로써 빗물 누수를 방지할 수 있다. 새시를 달고 방수시트를 붙인 다음, 새시의 차양과 방수시트 사이에 방수테이프를 붙인다. 새시 주위나 모서리에도 방수테이프를 비스듬히 붙여 튼튼하게 보강한다.

새시 틀 부분에는 새시 자체의 물끊기만으로는 방수 처리가 충분하지 않으므로 반드시 방수테이프를 붙여서 처리해야 한다. 방수테이프는 개구부의 아래쪽에서부터 순서대로 붙이고, 위쪽의 방수테이프가 맨 위에 겹치게 한다. 아래쪽 방수테이프를 위로 겹치면 아래쪽의 방수테이프가 위쪽에서 흘러내려오는 빗물을 받기 쉬워지기 때문이다. 새시 하부의 물끊기는 양 끝을 접어 올려 빗물이 들어오지 않게 처리해야 한다.

새시 자체의 방수 기능

새시는 공장에서 생산하는 단계에서 일정 수준의 방수 기능을 확보하도록 만들어졌다. 그러나 태풍이나 높은 장소 등에서 풍압이 높은 상황일 경우 빗물이 침입할 가능성도 있다.

루버 새시는 유리끼리 겹치는 부분의 기밀성을 확보하기 어렵기 때문에 풍압력을 받는 곳에 설치하지 않는 편이 좋다. 외벽면과 함께 외부 개구부로 침입하는 빗물에 대처하려면 처마를 최대한 길게 내는 방법이 효과적이다. 개구부 위에 빗물막이나 판자 차양을 설치하는 방법도 좋지만 기성품 차양을 적절히 활용해도 좋다.

용어 해설

빗물막이 비나 눈이 집 안으로 들어오는 것을 방지하기 위해 출입구나 창문 위에 설치하는 작은 차양을 말한다. 빗물막이 차양이라고도 한다. 일반적으로는 상인방 상단에 15~30cm 정도 되는 판재를 10분의 2 물매(2치 물매) 정도로 해서 못을 박아 고정한다.

개구부 주위에 방수테이프 붙이기

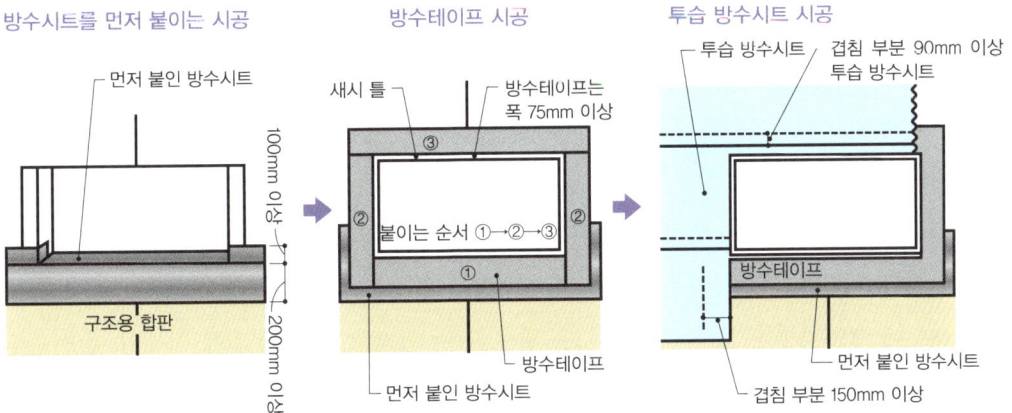

개구부 하단 물끊기는 빗물이 들어올 수 없는 모양으로

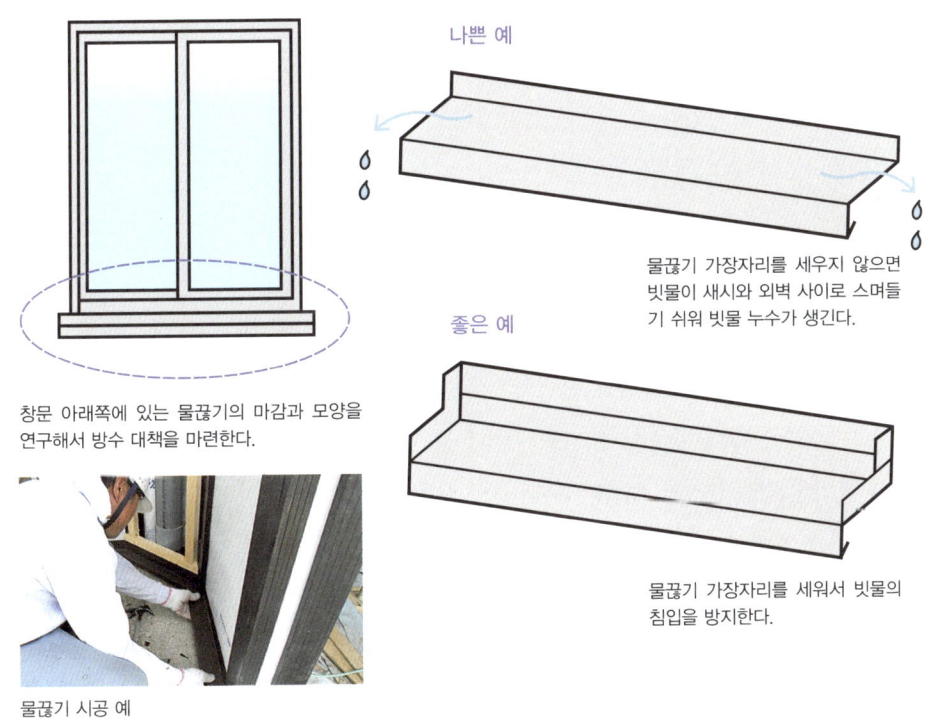

창문 아래쪽에 있는 물끊기의 마감과 모양을 연구해서 방수 대책을 마련한다.

물끊기 가장자리를 세우지 않으면 빗물이 새시와 외벽 사이로 스며들기 쉬워 빗물 누수가 생긴다.

물끊기 가장자리를 세워서 빗물의 침입을 방지한다.

물끊기 시공 예

Point 개구부 주위에는 투습 방수시트와 방수테이프를 붙여 방수 처리를 확실히 하도록 한다. 물끊기의 모양도 중요하다.

제4장 지붕과 외벽 133

060 천창

지붕면의 천창

천창(톱라이트)은 실내의 밝기를 확보하는 동시에 공간 연출에도 효과를 발휘한다. 일본 건축기준법에서는 주택의 거실에 일정 수준 이상의 채광량을 확보하기 위해 바닥 면적의 7분의 1 이상 유효 채광 면적을 확보하도록 의무화하고 있다.

지붕면에 설치한 천창을 통해 얻을 수 있는 채광량은 일반 창문에 비해 3배나 많기 때문에 크기가 작아도 충분한 채광을 확보할 수 있다. 단, 천창 위에 지붕이 덮일 경우에는 3배라고 단정 지을 수 없다.

천창은 방수 처리를 확실히 해야 하므로 일반적으로 기성품을 사용한다. 한편 여름에 직사광선이 들어오면 실내가 매우 더워질 수 있다. 따라서 직사광선을 고려해 그늘이 잘 생기는 장소에 설치하거나 여름에는 위에 갈대발 등을 얹거나 블라인드를 설치한다. 또 개폐식으로 해서 여름철에는 열어서 열기를 배출하는 등 여러 가지 방법을 검토해야 한다. 천창은 계절이 좋을 때는 하늘을 볼 수 있고 밤에는 달을 감상하는 등 자연을 만끽하는 즐거움을 선사한다.

고측창

고측창(하이사이드라이트)은 천창을 수직면에 설치한 창문이다. 유효 채광 면적상 지붕면에 설치한 천창과는 달리 일반 창문의 밝기 정도만 확보할 수 있다. 그러나 천창과 비교하면 방수나 여름철 햇볕 대책을 마련하기 쉬워서 위험을 줄일 수 있다.

또한 여름철 실내의 따뜻한 공기를 위쪽으로 내보내기 위해 고측창을 개폐식으로 만들어서 열어놓으면 열기를 배출하는 데 효과적이다. 동쪽에 설치하면 아침 햇살이 들어와 멋진 연출 효과를 기대할 수 있다.

용어 해설

유효 채광 면적 거실에 최소한의 채광량을 얻기 위해 필요한 개구부의 크기를 말한다. 단순히 크기뿐만 아니라 개구부의 조건에 따라 '채광 보정 계수'를 개구부 면적에 곱해서 유효 채광 면적을 구한다.

천창 마감

물끊기 : 둘레 전체에 방수테이프를 붙이고, 천창의 상부와 하부에 물끊기를 설치할 수직부를 충분히 확보한다(90mm 이상).

- 천창(알루미늄)
- 복층 유리
- (실외)
- (실내)
- 차폐판 — 결로가 생길 경우 설치한다.

- 점프대
- (실외)
- (실내)

눈이 많이 쌓이는 지역에서는 점프대를 설치한다.

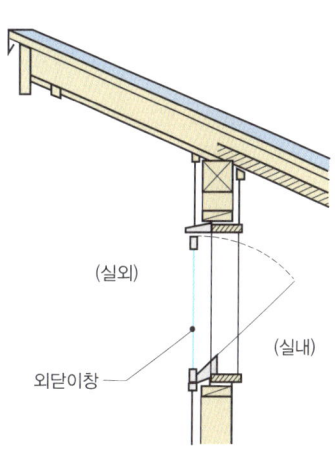

천창 설치 위치

천창을 지붕 꼭대기 부분에 설치하면 빛을 많이 받을 수 있다.

- 톱라이트
- 1층 지붕(달개지붕)

천창을 벽 가장자리에 배치하면 빗물 누수 방지에 효과적이다.
단, 그 위를 2층의 처마가 덮는 경우에는 유효 채광 면적에 넣지 않는다.

고측창(하이사이드라이트)

- (실외)
- (실내)
- 외닫이창

고측창에 외닫이창을 달면 여름에 열기를 배출하기 용이하다.

Point 천창을 설치하면 여름철 햇볕과 방수 대책이 필요하다. 고측창은 이러한 위험을 줄일 수 있다.

제4장 지붕과 외벽

061 단열 구조

목조주택의 단열화

예전 일본 주택은 통기성이 좋아서 단열재를 거의 사용하지 않았다. 습도가 높은 여름을 시원하게 보낼 수 있게 집을 지었고, 비교적 온난해서 한겨울이라고 해도 생명을 위협할 정도의 추위가 아니었기 때문이다. 그러나 현대에는 단열 처리를 충분히 하면 추운 겨울을 쾌적하게 보낼 수 있다는 점을 실현함으로써 여름과 겨울의 냉난방 에너지를 효율적으로 이용할 수 있는 집짓기 기술이 필요하다. 단열재는 열이 빠져나가는 것을 방지하는 동시에 외부에서 들어오는 열기를 차단하는 역할을 한다.

열이 전달되기 쉬운 정도의 지표는 열전도율(λ)로 나타낸다. 값이 작은 쪽이 열이 잘 전달되지 않아서 단열 성능이 높다. 열전도율이 0.06 이하인 것을 단열재로 정의하고 있다. 공기는 열전도율이 높기 때문에 기포나 섬유에서 대류가 일어나지 않도록 공기를 작게 가두어 단열재로 한다. 또 단열재의 두께에 따라 성능이 다르다.

단열재는 종류가 다양한데 유리섬유나 이와 거의 동등한 성능과 특성을 가진 암면이 있으며, 보드 모양으로 단열 성능이 높은 폴리스틸렌폼, 폴리에틸렌폼, 페놀폼 등이 있다. 그 밖에 천연소재 단열재로 양털과 셀룰로오스 섬유에도 주목하고 있다.

결로 방지 대책

단열 처리를 할 때는 내부와 외부의 온도 차로 발생하는 결로 현상에 대한 대책도 함께 고려해야 한다. 표면 온도가 낮은 부재에 수증기가 닿으면 결로 현상을 일으킨다. 그러므로 단열 처리를 해서 표면 온도가 낮아지지 않도록 하고, 충전단열을 할 경우 실내 쪽에 방습 기밀시트를 붙여 목조를 부식시키는 벽내 결로 현상을 방지한다. 한편 잘 결로되지 않는 목재나 수분을 흡수하는 토벽 등의 마감재를 적절히 활용함으로써 결로에 대처할 수 있다.

용어 해설

열전도율 어떤 물질에 관해서 열이 전달되는 정도를 나타낸 값을 말한다. 물질의 부분끼리 온도 차가 있을 경우 온도가 높은 부분에서 낮은 부분으로 열의 이동 현상이 일어난다. 이와 같이 열 이동이 일어나기 쉬운 정도가 열전도율로 나타난다.

열의 이동 구조

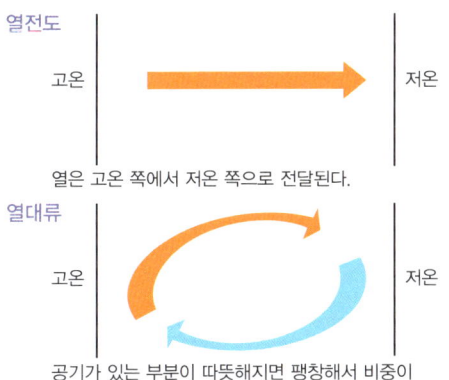
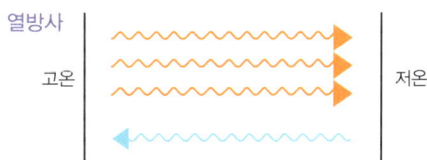

모든 물체는 각각 온도를 가지고 있다. 이러한 물체에서 열에너지가 전자파를 통해 모든 방향으로 방사되는데 그 순간 전달받은 전자파는 다시 열에너지로 변화한다. 예를 들어 겨울에 창문 가까이에 있으면 춥게 느껴지는데 이는 방사선이 몸의 표면에서 열에너지를 빼앗기 때문이다.

단열의 역할

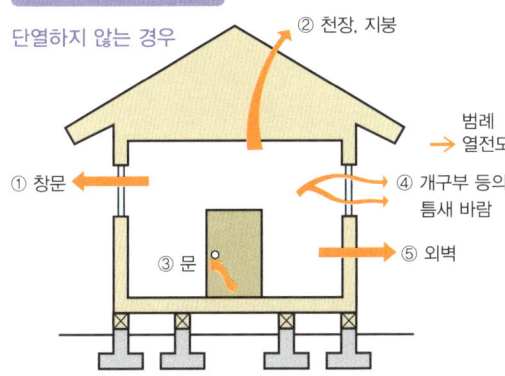
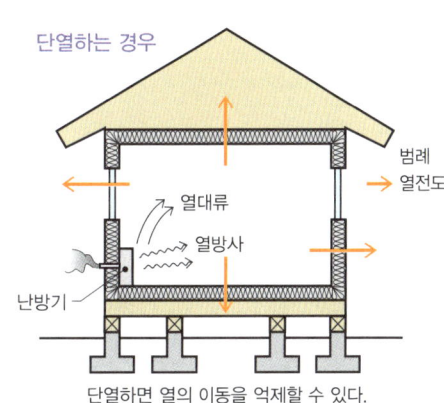

무단열 주택의 경우 열이 그림①~⑤에서 외부로 빠져나간다.

단열하면 열의 이동을 억제할 수 있다.

결로가 생기는 구조

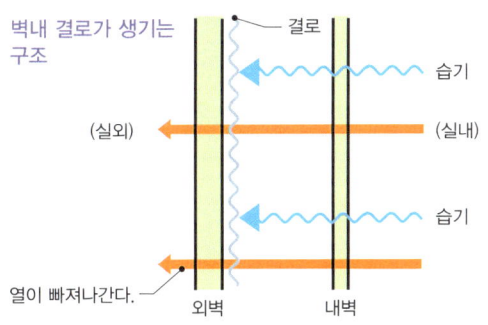
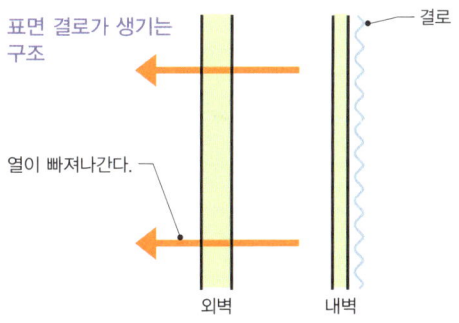

벽 부분에 발생하는 결로. 방습 시공을 제대로 하지 않으면 실내의 습기가 벽 안으로 들어와 결로가 생긴다.

실내의 벽 표면에 발생하는 결로. 무단열이나 단열이 부족하면 실내의 벽 표면 온도가 내려가 결로가 생긴다.

Point 단열은 열이 빠져나가는 것을 방지하는 동시에 외부로부터 들어오는 열을 차단한다.

제4장 지붕과 외벽

062 고기밀·고단열

고기밀·고단열 주택이란

이전까지 일본의 목조주택은 외풍이 있어서 기밀성이 매우 나쁜 구조였다. 따라서 겨울에 실내를 아무리 따뜻하게 해도 열기가 밖으로 금세 빠져나갔다. 예전과 달리 쾌적함을 추구하는 현대의 목조주택은 단열 효과와 함께 기밀성이 향상되어야 한다. 에너지 절약 면에서도 반드시 필요한 부분이다.

고기밀·고단열로 시공하면 여름에는 작은 에어컨 한 대, 겨울에는 난방기 한 대로 집 전체를 시원하거나 따뜻하게 할 수 있는 정도가 된다. 고기밀·고단열의 정의를 구체적으로 설명하자면 기밀에 관해서는 적정 틈새 면적이 $5cm/m^2$, 단열에 관해서는 에너지 절약 기준에서 규정하는 단열 두께를 충족시킨 것을 말한다.

고기밀·고단열화 요령

충전단열의 경우 기둥 사이 등에 단열재를 넣고 외벽 바탕에는 합판을 부착해 기밀성을 확보한다(합판기밀이라고 한다). 합판을 부착하지 않을 경우에는 벽 안쪽에 폴리에틸렌 필름을 시공한 뒤 그 틈을 기밀테이프로 확실히 고정하여 기밀성을 확보한다. 외단열의 경우 외벽 바탕에 보드 모양의 단열재 사이를 기밀테이프로 붙여서 막는다.

그러나 건물을 고기밀화하면 공기가 출입하는 틈새가 줄어들기 때문에 계획적인 환기를 통한 24시간 환기가 필요하다. 한편 개방형 난로는 수증기를 실내에 방출시키기 때문에 사용할 수 없다.

고기밀·고단열 주택의 경우 여름에 방 안이 더워지면 좀처럼 온도가 내려가지 않는다. 따라서 창문의 배치나 처마 깊이 등으로 햇볕을 조절하고, 상시 개방할 수 있는 창문을 설치해 건물 상부의 따뜻해진 공기를 배출하는 등 설계상의 배려가 필요하다.

용어 해설

방습 기밀시트 주로 폴리에틸렌 시트를 말한다. 수분을 머금은 실내 공기가 벽 안으로 들어가지 않도록 실내 쪽에 빈틈없이 붙이면 기밀성을 확보할 수 있다.

고기밀·고단열 주택 이미지

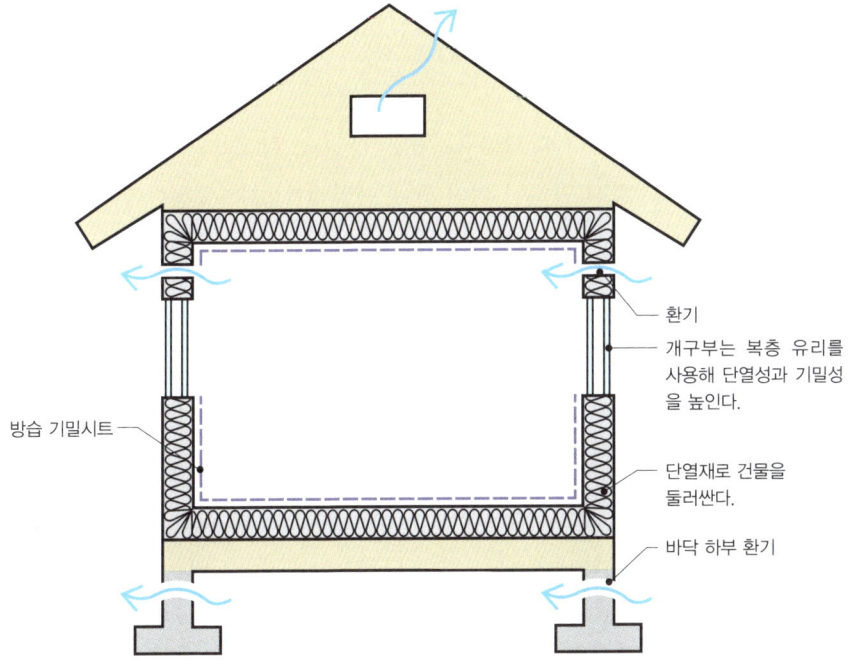

기밀성이 필요한 이유

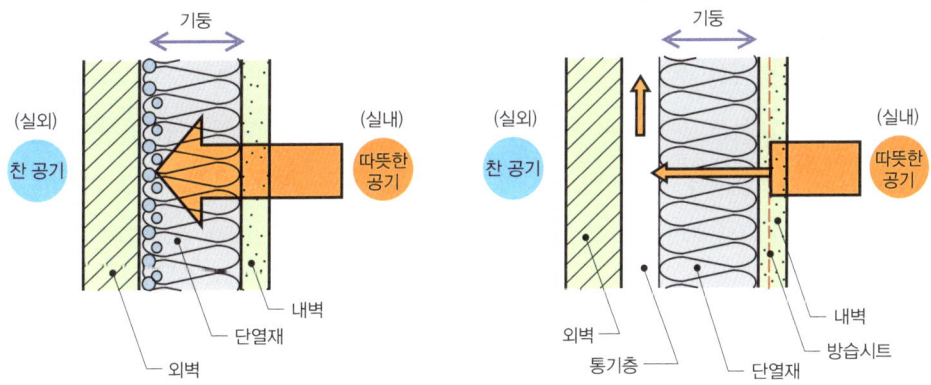

기밀성이 낮으면 실내의 따뜻한 공기가 실외로 빠져나가 단열 성능이 저하된다. 또한 벽 내부에 실내의 수증기가 들어가 벽내 결로가 생기기 쉽다.

방습 기밀시트 등을 시공해 주택의 기밀성을 높이면 단열 성능이 향상된다. 또 실내의 수증기가 벽 내부로 침입하는 것을 방지해 결로가 잘 생기지 않는다.

Point 목조주택은 기밀성과 단열성을 높여야 하며, 동시에 환기에도 신경 써야 한다.

063 단열 방식

두 가지 단열 방식

단열 방식은 크게 두 종류로 나뉜다. 일반적으로는 내단열, 외단열이라고 하는데 목조주택의 내단열은 정확히 말하면 뼈대 안에 단열재를 넣는 충전단열이며, 외단열은 구조체의 바깥쪽에 보드 모양의 단열재를 붙이는 외부 단열이다.

충전단열과 외단열

현재 일본 목조주택에서는 단열재를 외벽 사이에 넣는 충전단열(내단열) 방식을 가장 많이 사용하고 있다. 충전단열의 장점은 단열재를 넣기 쉽고 외벽을 시공하기 편하다는 것이다. 비용도 저렴하다. 그러나 시공을 제대로 하지 않으면 단열재 사이에 틈이 생겨 벽내 결로가 발생할 우려가 있다는 것이 단점이라고 할 수 있다.

충전단열에 사용되는 단열재는 유리섬유가 대표적이다. 그 밖에도 암면, 양털 등을 사용한다. 오래된 신문을 원료로 하는 셀룰로오스 섬유를 벽 안에 불어 넣거나 뿌리는 방법도 있다. 한편 외단열의 경우 폴리스틸렌폼이나 폴리에틸렌폼 등을 보드 모양으로 성형한 단열재를 기둥의 바깥 면보다 더 바깥쪽에 설치하는 방법이 일반적이다.

외단열에서는 구조체인 기둥이나 들보보다 바깥쪽에 단열 시공을 하므로 벽 내부에 생기는 결로를 방지할 수 있고, 구조 뼈대를 보호할 수 있다. 또 충전단열과는 달리 단열재를 자르지 않아도 기둥이나 샛기둥에 넣을 수 있기 때문에 단열 성능을 향상시키기 용이하다. 단, 단열재를 설치하려면 외벽 바탕을 만들어야 하므로 아무래도 비용이 든다. 또한 외벽이 단열재의 양만큼 늘어나므로 그 두께 분량을 고려해 설계해야 한다.

용어 해설

벽내 결로 수증기를 머금은 실내 공기가 단열재를 통과해 외벽 부근까지 도달하면 외부 공기의 영향으로 냉각되어 벽 내부에 결로를 일으키는 현상을 말한다. 목조의 뼈대는 수분에 약하므로 단열 시공을 확실히 해서 결로를 방지해야 한다.

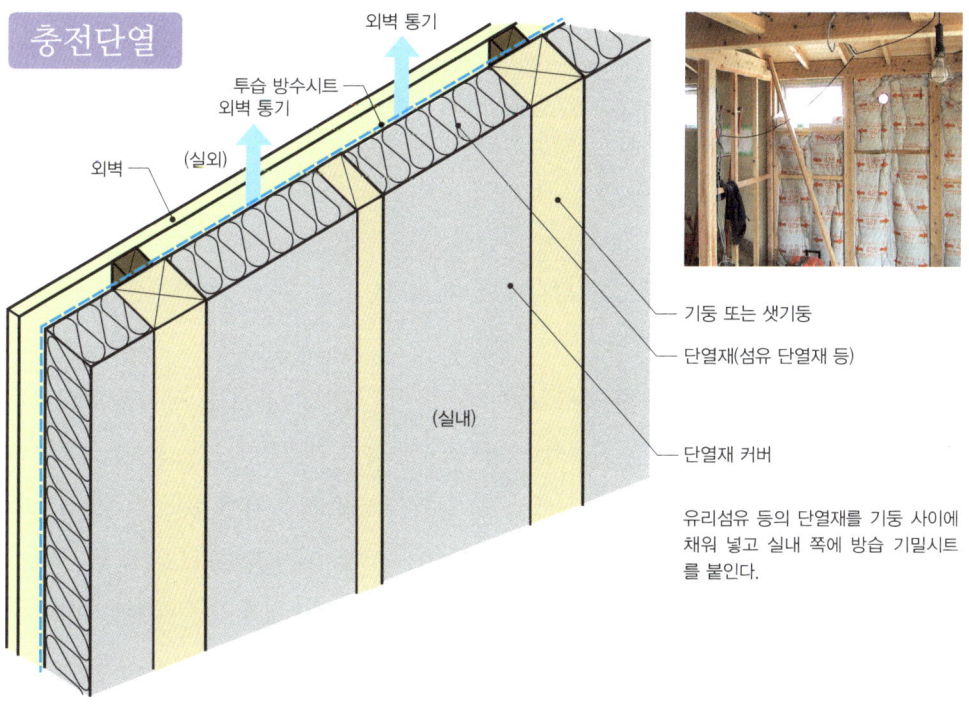

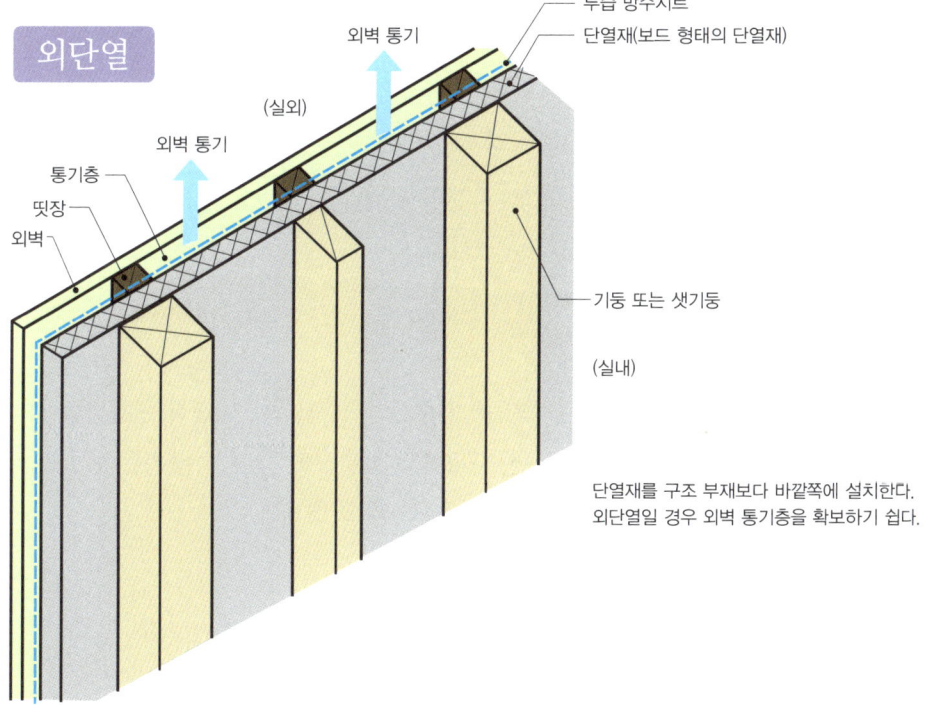

Point 외단열은 단열 성능을 높이기 쉽지만 충전단열에 비해 비용이 많이 든다.

064 충전단열

충전단열 넣는 법

충전단열을 내단열이라고 하는 경우도 있는데 정확하게는 충전단열이라고 하며, 목조주택에서 가장 많이 채용하는 단열 방식이다. 외단열보다 비용이 저렴하다는 점도 채용에 큰 영향을 주고 있다.

충전단열의 경우 비닐 포장된 유리섬유가 단열재로 많이 사용된다. 하지만 유리섬유와 성능이 거의 비슷한 암면을 사용하는 경우도 있다. 일반적으로 암면도 비닐 포장되어 있다. 비닐 포장된 유리섬유와 암면은 한 면이 방습면으로 되어 있다. 그 방습면을 실내 쪽으로 보이게 해서 기둥 사이에 단열재를 빈틈없이 채워 넣는다. 단열재를 기둥, 샛기둥의 표면과 균일하게 하면 좋다. 이때 억지로 밀어 넣지 않도록 주의해야 한다. 공간이 비어 있으면 그곳에 결로가 발생할 우려가 있기 때문이다.

또 단열재를 채워 넣은 후 방습 기밀시트를 실내 쪽의 벽 바탕 안쪽에 붙이고 벽 안에 습기가 들어가는 것을 방지하는 방법도 있다. 고기밀을 확보하려면 바늘구멍만한 빈틈도 없도록 테이프로 이음매를 마감하는 등 충분히 신경 써야 한다.

한편 칸막이벽 토대 위의 틈새로 바닥 하부의 공기가 상승하는 것을 방지하기 위해 단열재로 막아서 기류 차단을 한다. 보드 모양의 단열재를 충전할 경우에도 빈틈없이 채워 넣는다.

흡방출성이 높은 단열재

울로 만든 단열재는 습도가 높을 때 수증기를 흡수하고 건조할 때 방출하는 흡방출성이 뛰어난 소재다. 울 단열재를 충전해서 벽 전체의 흡방출성을 높이면 방습층을 만들지 않아도 결로를 막을 수 있다. 소재의 특성을 잘 살린 단열 설계라고 할 수 있다.

용어 해설

기류 차단 겨울철에 따뜻해진 공기가 상승하여 밖으로 배출되는 경우 바닥 밑에서 수증기를 함유한 차가운 공기가 상승하여 벽체 내부로 들어가지 않도록 하는 방법을 말한다. 벽체 내부가 비어 있는 형태인 오카베 공법에 필요한 조치다.

충전단열 공법

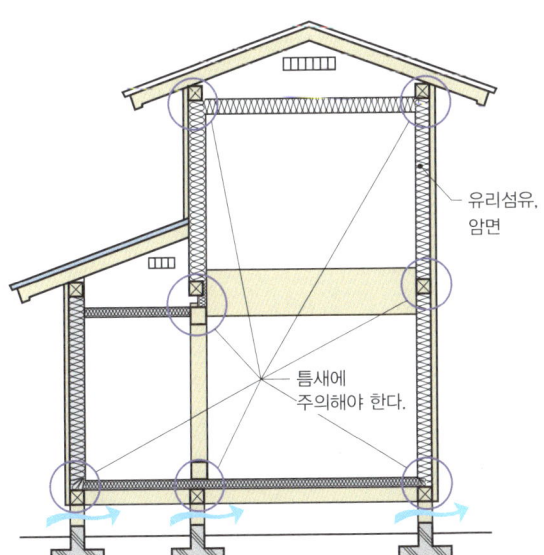

충전단열 공법의 단열재

유리섬유
유리를 섬유 모양으로 만든 단열재. 잘 타지 않고 흰개미가 달라붙기 어렵다. 비용도 저렴해서 충전 난열의 대표적인 재료라고 할 수 있다. 흡음성과 내화성이 뛰어나지만 결로 대책으로 방습 시공이 필요하다.

암면
현무암 등을 섬유 모양으로 만든 단열재. 성능과 비용, 시공성은 유리섬유와 거의 비슷하다.

셀룰로오스 섬유
오래된 신문지를 원료로 한 단열재이며, 벽 안에 불어 넣는다. 흡방습성이 있어 조건에 따라서는 기밀 시공을 하지 않아도 된다.

양털(울)
양털을 원료로 한 단열재이며 단열 성능이 높다. 조습 성능이 뛰어나 조건에 따라 방습 시공을 하지 않아도 된다.

충전단열 공법의 시공 포인트

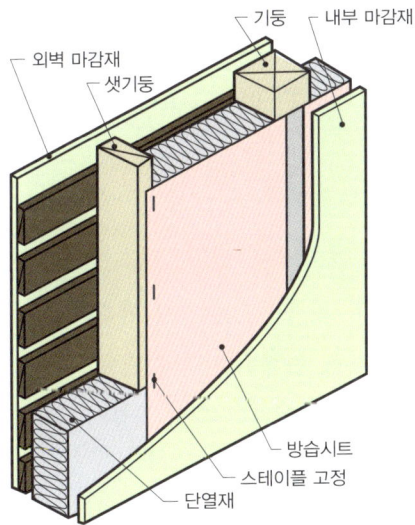
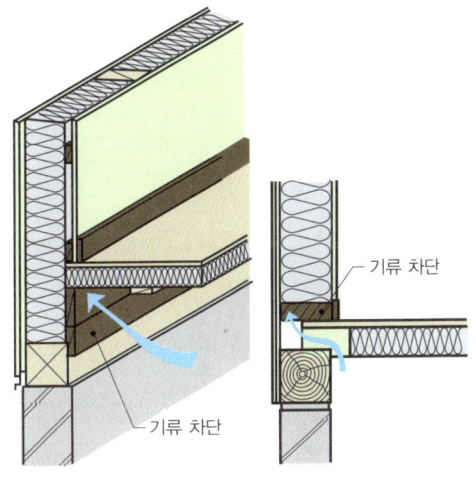

방습층은 실내 쪽에 만든다. 실내 쪽에 빈틈이 생기지 않도록 주의해야 한다. 방습 대책으로 방습 기밀시트를 붙이거나 단열재 커버에 가장자리가 붙어 있으면 그 부분을 기둥이나 샛기둥에 스테이플로 고정한다. 시공 중 방습층이 찢어진 경우에는 알루미늄 테이프 등을 붙여 보수한다.

벽과 바닥의 접합부에서는 그림과 같이 단열재를 토대까지 내리고 통기 차단용 부재를 고정해서 바닥 밑의 습기나 차가운 공기가 유입되는 틈을 차단해야 한다.

 충전단열을 할 경우 기둥 사이에 단열재를 빈틈없이 채워 넣는다. 조금이라도 틈이 생기면 벽내 결로 현상이 발생한다.

065 외단열

외단열의 마감

최근에는 목조주택의 외단열이 주목을 받고 있다. 기둥이나 보 등의 구조체보다 더 바깥쪽에 단열재를 부착해서 구조를 포함하여 집 전체를 단열재로 감싼다는 발상의 공법이다. 지붕 안쪽이나 바닥 하부까지 포함해서 단열재보다 안쪽이 열적으로는 실내가 된다. 단열재를 자르지 않고 넣을 수 있어서 단열 성능을 확보하기 쉽고, 구조체의 부식 등을 일으키는 벽내 결로를 방지할 수 있다는 점이 외단열의 큰 장점이다.

외단열의 시공은 우선 기둥과 보의 바깥쪽에 보드 모양의 단열재를 부착하고, 그 바깥쪽에 두께 10~20mm 정도의 통기층을 설치해 외벽 바탕을 만든 뒤 마감 처리를 한다. 단열재의 이음매에는 기밀테이프를 붙여 틈새를 막는다. 또 단열재는 전용 나사를 박아서 고정한다. 일반 나사를 대량으로 박으면 그것이 열교熱橋가 되어 결로가 발생할 우려가 있기 때문이다.

단열재가 하나로 이루어진 사이딩이나 갈바륨 강판을 사용하면 외벽에서 열을 차단하므로 외단열이 한층 더 효과적이다. 충전단열에서도 외벽에 단열성이 있는 ALC판을 붙이면 외단열에 가까운 효과를 얻을 수 있으며 벽내 결로도 억제할 수 있다.

기초단열, 지붕의 외단열

외단열에는 기초 부분까지 처리해서 기초단열이라고 하는 방법이 있다. 기초 수직부의 바깥쪽에 단열재를 붙이고 모르타르나 보드로 마감한다. 흰개미 대책이나 바깥쪽의 단열재를 보호하기 위한 마감 비용을 억제할 목적으로 기초 수직부 안쪽에 단열 시공을 하는 방법도 있다. 또한 비용 때문에 외벽에 외단열을 할 수 없다고 해도 지붕만이라도 외단열로 시공하면 여름철 햇볕 대책에 효과적이다.

용어 해설

열교 건물 안팎에서 다른 부분과 비교했을 때 열이 잘 빠져나가는 장소를 말한다. 큰 열손실의 원인일 뿐만 아니라 겨울에 기온이 내려가면 내부와 온도 차가 생겨 열교 안쪽에 결로 현상이 발생한다. 히트 브리지heat bridge라고도 한다.

외단열 공법

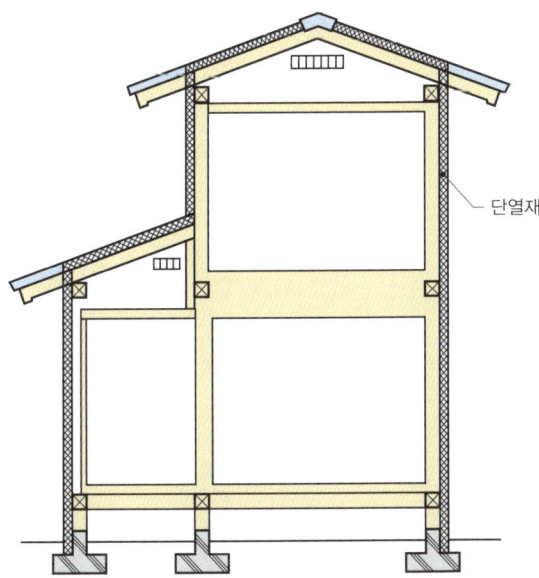

외단열 공법의 단열재

압출 폴리스틸렌폼
발포세와 난연제 등을 스티로폼에 용융 혼합해서 압출기를 이용해 성형한 단열재.

비즈 폴리스틸렌폼
원료는 압출 폴리스틸렌폼과 같지만 단열 성능이 약간 떨어진다. 내수성이 있으며 가볍다.

우레탄폼
원료는 폴리우레탄 수지이며 압출 폴리스틸렌폼보다 단열 성능이 높다.

폴리에틸렌폼
폴리에틸렌 수지에 발포제를 혼합한 단열재. 유연성이 높고 충전단열에도 사용된다.

페놀폼
페놀 수지를 발포시킨 단열재. 단열 성능이 높고 방화성도 뛰어나다.

외단열 공법시 주의사항

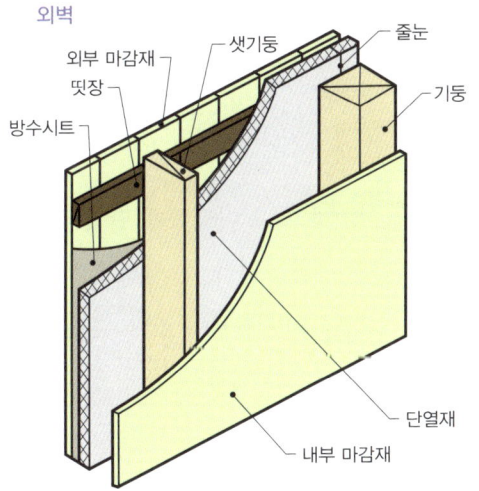

단열재는 기둥, 샛기둥에 전용 나사를 박아 고정한다. 단열재와 단열재 사이의 줄눈을 기둥이나 샛기둥의 위치에 만들어 줄눈 부분에서 열이 손실되는 것을 방지한다.

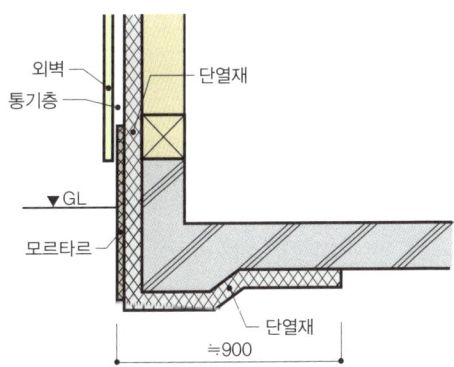

충전단열일 경우에는 바닥 하부를 단열하지만 외단열일 경우에는 기초 부분에도 단열한다. 열교가 없어져 단열 성능이 향상된다.

Point 외단열은 벽내 결로 현상을 방지하기 쉽다. 단, 고정할 때는 전용 나사를 사용해야 한다.

066 지붕 단열과 배열

마룻대 환기구는 큼직하게

여름철에는 목조주택의 2층이 더운 것을 당연시하는 경향이 있다. 확실히 2층은 직사광선을 받아 쉽게 더워진다. 또 2층 천장 위에 단열재를 넣어서 천장 안쪽의 온도가 쉽게 올라간다. 지붕 안쪽의 열이 밖으로 빠져나가기 어려워 저녁때까지 남아 있기 때문에 밤에도 실내 온도가 내려가지 않는다.

지붕 안쪽의 열을 배출하려면 마룻대 환기구가 효과적이다. 일반적인 마룻대 환기구는 빗물 누수 방지를 위한 시공이기도 해서 대체로 개구부의 크기가 작고 설치 위치도 매우 드문 경우가 많다. 그러나 지붕 안쪽의 열기를 배출하려면 되도록 큼직한 환기구를 많이 설치해야 한다. 한쪽으로 경사진 지붕은 큼직한 환기구를 만들기 쉬워 처마 끝의 전체 길이에 걸쳐 설치할 수 있다. 박공지붕에서도 한쪽 지붕을 조금 늘려서 한쪽으로 경사진 지붕과 똑같은 마감 방식을 이용해 환기구를 만들 수 있다.

공기는 따뜻해지면 상승하는 성질이 있기 때문에 위쪽으로 공기가 흐르도록 만드는 것이 중요하다. 일본 주택의 경우 지붕에 마룻대 환기구를 설치하면 에너지를 매우 효과적으로 절약할 수 있을 것이다.

단열재는 지붕 바로 밑에

지붕으로 열기를 배출하려면 지붕 바로 밑에 통기층을 설치하고 그 아래쪽에 단열재를 넣어 열기를 즉시 배출할 수 있게 만든다. 이를 지붕 단열이라고 한다. 단열재를 지붕 바로 밑에 넣으면 지붕 안쪽을 만들지 않아도 되고 천장면을 붙일 필요도 없다. 천장을 높게 해서 배 바닥 천장으로 하거나 다락을 만들어 수납공간으로 활용하는 등 공간을 효과적으로 이용할 수도 있다. 예산상 외단열에 벽면을 포함할 수 없는 경우라도 여름철 더위 대책으로 지붕 단열을 채용하는 방법이 매우 효과적이다.

> **용어 해설**
>
> **마룻대 환기구** 지붕에서 가장 높은 위치에 있는 마룻대에 설치하는 환기구. 따뜻해진 공기가 상승하는 성질을 활용해 처마 끝에서 신선한 공기를 받아들이고 마룻대로 열기를 배출한다. 단, 빗물 누수 방지에 주의해야 한다.

열이 지붕 안쪽에 모인다

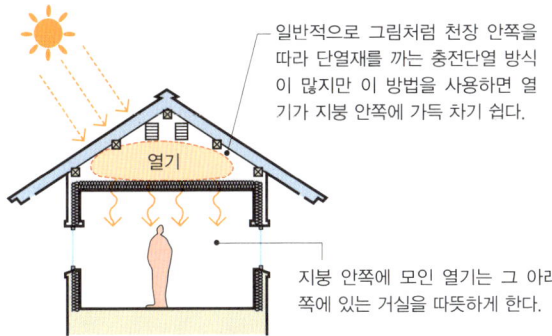

일반적으로 그림처럼 천장 안쪽을 따라 단열재를 까는 충전단열 방식이 많지만 이 방법을 사용하면 열기가 지붕 안쪽에 가득 차기 쉽다.

지붕 안쪽에 모인 열기는 그 아래쪽에 있는 거실을 따뜻하게 한다.

일단 지붕은 비바람을 피하기 위해 존재한다. 그러나 기후의 영향을 받기 쉬운 부분이어서 외벽과 마찬가지로 단열 성능이 필요하다. 또한 일본의 경우 기후가 고온다습한 까닭에 지붕 안쪽을 환기하지 않으면 열기가 지붕 안쪽에 모여 여름철 실내 온도에 영향을 미칠 뿐 아니라 지붕 안쪽의 구조 부재를 손상시킨다. 따라서 지붕 안쪽의 환기가 반드시 필요하다. 고기밀·고단열 주택에서는 열기 배출과 환기가 무엇보다 중요하다.

지붕 단열과 열기 배출법

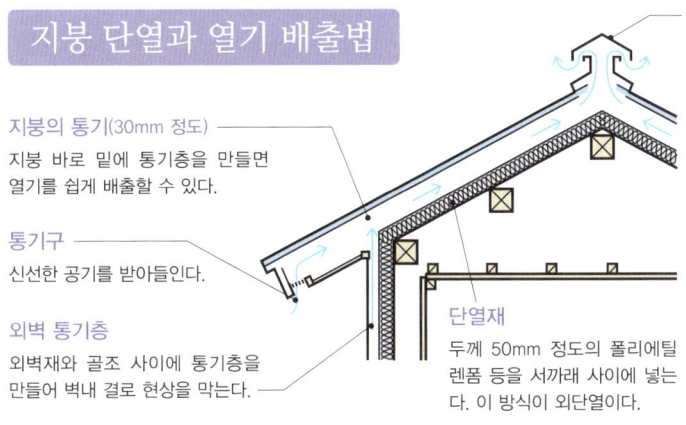

마룻대 환기구
지붕에서 가장 높은 위치에 설치해 지붕 안쪽에 가득 찬 열기를 배출한다.

지붕의 통기(30mm 정도)
지붕 바로 밑에 통기층을 만들면 열기를 쉽게 배출할 수 있다.

통기구
신선한 공기를 받아들인다.

외벽 통기층
외벽재와 골조 사이에 통기층을 만들어 벽내 결로 현상을 막는다.

단열재
두께 50mm 정도의 폴리에틸렌폼 등을 서까래 사이에 넣는다. 이 방식이 외단열이다.

처마 안쪽의 통기구로 들어온 공기는 햇볕을 받고 따뜻해져서 상승하며 지붕 통기층을 지나 마룻대 환기구로 배출된다. 여기에서는 지붕 바로 아래쪽에 단열재를 깔아 지붕을 통해 받는 열을 차단함으로써 지붕 안쪽에 열기가 모이지 않게 한다. 이것이 바로 외단열 방식이다. 충전단열일 경우에는 천장 안쪽에 단열재를 까는 천장 단열과 서까래 사이에 단열재를 충전하는 지붕 단열이 있다.

한쪽으로 경사진 지붕의 경우

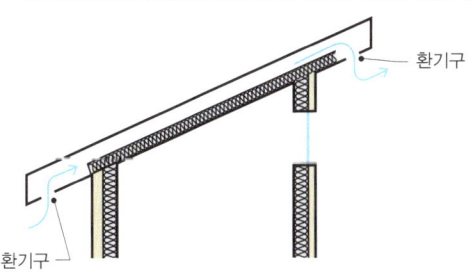

환기구

한쪽으로 경사진 지붕은 모양이 단순해 지붕 단열과 열기 배출이 수월하다. 환기구를 처마 끝의 길이 전체에 맞게 설치할 수 있어서 환기구를 충분히 확보할 수 있다.

지붕의 통기층

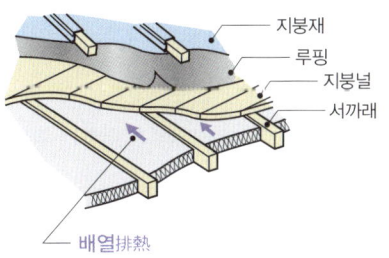

지붕재
루핑
지붕널
서까래

배열排熱
열기가 통기층 안에서 상승하여 마룻대 환기구 쪽으로 이동한다.

Point 여름철 햇볕 대책으로는 지붕 단열과 큼직한 마룻대 환기구가 효과적이다.

칼럼 저탄소 건축물 인정 제도로 친환경적인 집

일본에서는 2012년 12월부터 저탄소 주택(건축물) 인정 제도가 시행되었다. 저탄소 주택이란 지구 온난화의 주요인으로 간주되는 '온실효과 가스' 중에서도 높은 비중을 차지하는 이산화탄소의 배출을 억제하기 위해 신경 쓴 결과물이라고 할 수 있다.

일본의 경우 저탄소화 주택으로 인정을 받으면 주택 융자의 공제액을 인상해주거나 등록 면허세를 인하해주는 등 많은 혜택이 있다.

저탄소 주택으로 인정받기 위한 조건

인정을 받으려면 다음의 요건을 충족시켜야 한다.

1. 시가화 구역 안에 짓는 건축물이어야 한다.
2. 냉난방이나 환기·급탕·가전 등 1차 에너지 소비량이 개정 후의 저탄소 기준으로부터 –10% 이상이어야 한다[집합주택에서 각 집마다 인정을 받을 경우에는 각 집이 이 기준을 충족시켜야 하며, 건물 전체가 인정을 받을 경우에는 건물 전체(각 집의 합계와 공용 부분, 비주택 부분의 합계)가 기준을 충족시켜야 한다]. 또한 에너지 절약법의 에너지 절약과 동등한 단열 성능을 확보해야 한다.
3. 겉면(건축물의 골격을 이루는 보, 기둥, 내력벽, 바닥 등의 골조)의 단열성이나 기밀성 등의 열 성능이 개정 후의 에너지 절약 기준을 충족시켜야 한다.
4. 위의 세 기준으로는 충족시킬 수 없는 일정 이상의 저탄소화에 유용한 조치 등을 마련해야 한다.

다음의 여덟 가지 항목 중 두 건 이상 조치를 마련했거나 표준적인 주택보다 더 많은 저탄소화를 실행하는 것으로 인정된 사항

① 절수 기기 설치(절수형 화장실 등)
② 빗물이나 잡배수를 활용할 수 있는 설비 설치
③ HEMS, BEMS 채용
④ 재생할 수 있는 에너지와 연동한 고정형 축전지 설치
⑤ 옥상이나 벽면, 부지 등의 적극적인 녹지화를 진행하여 열섬 현상에 대처
⑥ 바닥 하부, 지붕 안쪽의 환기와 방습, 흰개미 방지 등 주택 성능 저하에 대한 대책
⑦ 목조주택 또는 건축물
⑧ 고로 시멘트, 플라이 애시 시멘트 등의 이용(부산물을 효과적으로 이용하면 일반 포틀랜드 시멘트를 사용하는 것보다 저탄소화에 도움이 된다)

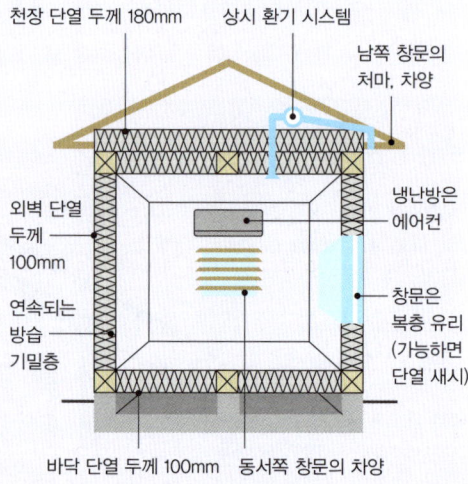

자료 제공 : 일본 국토교통성

실내 마감은 건축주의 취향에 크게 영향을 받지만 피부에 직접 닿는 부분이므로 안전성이나 기능성 등을 충분히 고려해야 한다. 원목재는 손상되기도 하지만 시간의 경과에 따라 색다른 멋이 더해지기도 하므로 그런 자연미를 디자인으로 잘 살려낼 수 있는 내장 설계를 해야 한다. 마감재로는 벽지나 미장, 도장 등이 있는데 각각의 마감에 적절히 대응하는 바탕을 만들어야 한다.

제5장
내장과 마감

067 내장 설계의 핵심

새집증후군 대책

실내 마감은 건축주의 취향에 따라 여러 가지로 경향이 나뉠 것이다. 그러나 피부에 직접 닿는 부분이므로 여기에서는 안전성이나 기능성·조습성·재질 등을 충분히 고려한 내장 설계에 관해 설명한다.

바닥, 벽, 천장의 경우에는 공간의 종합적인 균형을 맞추어 소재를 결정하는데 특히나 바닥은 피부에 직접 닿는 부분이기 때문에 재질을 선정할 때 우선적으로 검토하고 그다음에 눈길이 닿기 쉬운 벽, 천장 순으로 생각하면 좋다.

일본 건축기준법에서는 유해물질에 대한 사용 제한이 규정되어 있다. 포름알데히드와 같은 휘발성 유기화합물(VOC, VVOC)의 발산량이 정부가 규정한 기준 이하인 건축자재에는 'F★★★★'라는 포스타 마크가 붙는다. 즉 최고 수준의 자재를 사용해야 한다. 자연소재는 규제 대상에서 제외된다. 하지만 알레르기나 유해 화학물질에 쉽게 반응하는 사람에게는 F★★★★라고 해도 반드시 안전하다고 할 수 없다. 그럴 경우에는 준공 후에 한동안 시간을 두는 방법이 효과적이다. 또 가능하면 자연소재를 사용하는 것이 좋다.

자연소재를 살린 내장 계획

자연소재는 비용에 대한 부담이 크고 원목재의 수축 현상 등에 불만을 표출하는 사례가 많아 즐겨 사용되는 편이 아니다. 그렇지만 옹이가 있어도 괜찮다면 나무 소재를 저렴하게 이용할 수 있다. 또 회반죽은 부분적으로 보수해야 하는 경우가 있지만 유지 및 보수가 자유롭다고 해도 좋다. 화지를 벽에 붙여도 꽤 오래간다. 원목재는 손상되기도 하지만 시간의 경과에 따라 독특한 멋이 더해진다. 따라서 그런 자연스러운 멋을 디자인으로 잘 살려낼 수 있는 내장 설계를 해야 한다.

용어 해설

새집증후군 신축한 주택 등에서 건축자재와 가구에 사용한 접착제나 도료 등에 함유되어 있는 유기용제에서 발산되는 휘발성 유기화합물(VOC)로 인해 권태감, 현기증 등의 증상이 나타나는 건강상의 문제를 지칭하는 용어.

거주자의 건강을 배려한 내장 설계

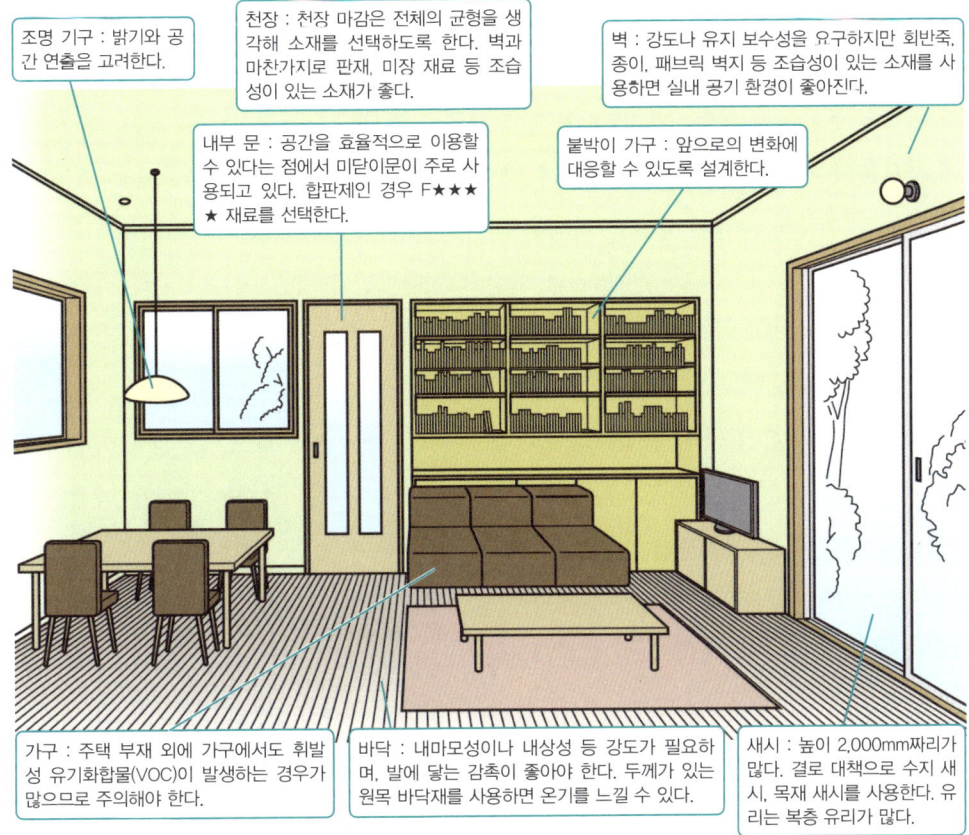

- 조명 기구 : 밝기와 공간 연출을 고려한다.
- 천장 : 천장 마감은 전체의 균형을 생각해 소재를 선택하도록 한다. 벽과 마찬가지로 판재, 미장 재료 등 조습성이 있는 소재가 좋다.
- 벽 : 강도나 유지 보수성을 요구하지만 회반죽, 종이, 패브릭 벽지 등 조습성이 있는 소재를 사용하면 실내 공기 환경이 좋아진다.
- 내부 문 : 공간을 효율적으로 이용할 수 있다는 점에서 미닫이문이 주로 사용되고 있다. 합판제인 경우 F★★★★ 재료를 선택한다.
- 붙박이 가구 : 앞으로의 변화에 대응할 수 있도록 설계한다.
- 가구 : 주택 부재 외에 가구에서도 휘발성 유기화합물(VOC)이 발생하는 경우가 많으므로 주의해야 한다.
- 바닥 : 내마모성이나 내상성 등 강도가 필요하며, 발에 닿는 감촉이 좋아야 한다. 두께가 있는 원목 바닥재를 사용하면 온기를 느낄 수 있다.
- 새시 : 높이 2,000mm짜리가 많다. 결로 대책으로 수지 새시, 목재 새시를 사용한다. 유리는 복층 유리가 많다.

새집증후군 대책을 위한 규칙(일본 건축기준법)

1 : 사용 물질의 규제(시행령 제20조 5)
① 클로르피리포스(흰개미 살충제)의 사용 금지(시행령 제20조 6)
② 포름알데히드 방산량에 의한 사용 금지(시행령 제20조 7)
• 여름철 포름알데히드 방산량이 0.005mg/㎡·h 이하일 경우 F★★★★
• F★★★★ 재료를 사용할 경우에는 사용 제한이 없다.
• F★★★, F★★ 재료를 사용할 경우에는 면적 제한 등의 사용 제한이 있다.
• 자연소재는 사용 제한이 없다.
2 : 기계환기 설비의 설치 의무화(시행령 제20조 8 제1호, 2003년 일본 국토교통성 고시 제274호)

Point 유해 화학물질을 발산하지 않는 재료를 선택하고, 준공 후 한동안 시간을 두는 것이 중요하다.

068 벽 바탕

오카베 바탕과 신카베 바탕

벽 바탕의 종류에는 서양식 방에 사용되며 기둥을 숨기는 오카베 방식과 주로 다다미방에 사용되며 기둥을 노출시키는 신카베 방식이 있다. 마감재로는 벽지나 미장, 도장 등이 있는데 각각의 마감에 대응한 바탕을 만들어야 한다. 오카베는 기둥과 샛기둥 위에 석고보드를 깔고 일반적으로는 벽지나 도장으로 마감한다. 최근에는 오카베 바탕에 미장 마감을 하는 경우도 있다. 기둥과 샛기둥의 변형을 방지하기 위해 기둥과 수직 방향으로 가로 띳장을 넣고 그 위에 석고보드를 까는 경우도 있다.

다다미방의 벽은 신카베 방식으로 만든다. 인방을 수평으로 넣고, 그 위에 바탕인 석고보드를 까는데 기둥을 관통하는 인방이 구조적으로 강도를 높이는 효과를 발휘한다. 또한 신카베에서도 샛기둥을 바탕으로 사용하는 경우가 있다. 근래에는 다다미방이라고 해도 오카베 방식으로 만들거나 서양식 방을 신카베 방식으로 만들기도 하므로 공간 디자인에 따라 융통성 있게 바탕을 선택한다.

걸레받이의 마감법과 기타 주의사항

바닥과 벽이 교차하는 부분에 걸레받이라고 하는 부재를 넣는다. 걸레받이는 벽의 손상을 방지하고 바닥이 내려갔을 때 틈새가 생기는 것을 방지하기 위해 설치한다.

다다미방은 걸레받이가 아니라 다다미요세(다다미 가장자리 틀)라고 하는 부재를 다다미 바닥과 같은 높이로 넣는다. 벽이 돌출된 모서리를 데스미出隅, 안쪽의 모서리 부분을 이리스미入隅라고 한다. 특히 벽이 돌출된 모서리는 손상되기 쉬우므로 벽지나 미장으로 마감할 때 수지나 목재 코너비드를 사용해 보강하면 좋다.

한편 천장에 매다는 형식의 수납장이나 에어컨을 설치할 때는 벽 바탕에 구조용 합판을 붙여 보강하는 것이 중요하다. 합판 위에 미장 마감을 할 경우에는 바탕의 오염을 확실하게 방지하거나 구조용 합판 위에 석고보드를 붙이기도 한다.

> **용어 해설**
>
> **인방** 기둥을 노출하는 신카베 공법을 구성하는 부재의 일종. 일반적으로는 토대와 평행하도록 기둥과 기둥 사이를 가로지르듯이 통과시킨다. 그다음에 벽 바탕의 면재를 받기 위한 띳장을 넣고 마감한다.

오카베 바탕과 신카베 바탕의 차이점

오카베 바탕

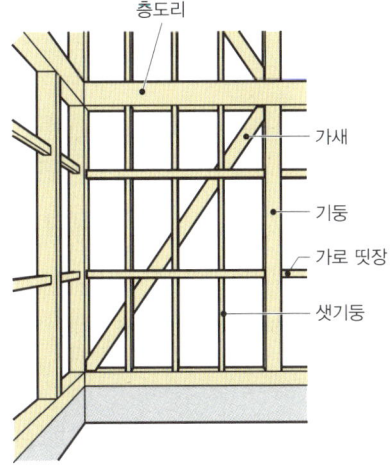

- 층도리
- 가새
- 기둥
- 가로 띳장
- 샛기둥

벽 바탕에 샛기둥을 넣는다.

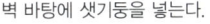

오카베 바탕 예

신카베 바탕

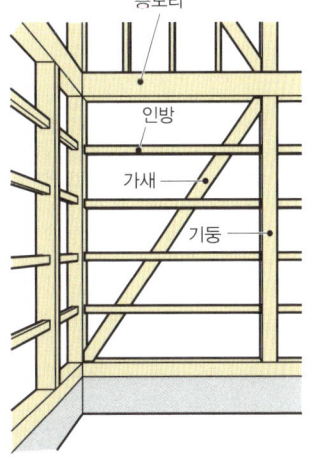

- 층도리
- 인방
- 가새
- 기둥

벽 바탕에 인방을 넣는다. 단면이 작은 샛기둥을 넣는 경우도 있다.

걸레받이 만들기

본체와 연결된 걸레받이

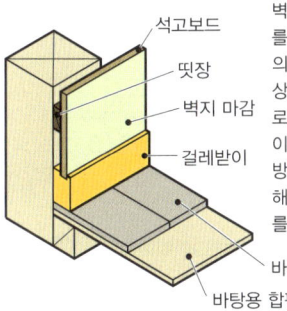

- 석고보드
- 띳장
- 벽지 마감
- 걸레받이
- 바닥재
- 바탕용 합판

걸레받이 : 60×31~34
벽과 바닥의 마감이 서로 다를 경우에 필요한 수평 방향의 몰딩 부재를 말한다. 시공상 벽면의 마감면을 기준으로 한다. 청소할 때 걸레 등이 닿아 이물질이 묻는 것을 방지하거나 청소기 등에 의해 손상되기 쉬운 벽면 하부를 보호하는 기능을 한다.

위에 붙이는 걸레받이

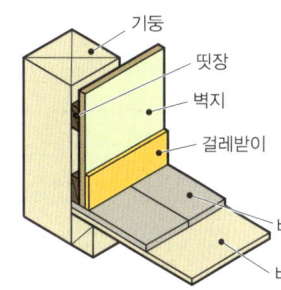

- 기둥
- 띳장
- 벽지
- 걸레받이
- 바닥재
- 바탕용 합판

시공이 단순해 비용 절감과 공사기간 단축을 기대할 수 있는 반면 벽면의 휨이나 마루청의 건조 수축 현상이 일어나 걸레받이가 구부러지거나 바닥과의 사이에 틈이 생기는 문제 등이 발생하기 쉽다.

일식 걸레받이

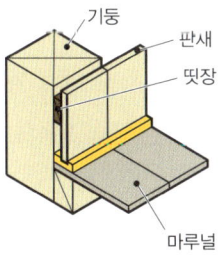

- 기둥
- 판새
- 띳장
- 마루널

킬레빗이 : 편백나무 35×15
다다미방의 바닥 사이나 벽장, 밑판이나 선반널을 벽과 연결할 경우에 사용하는 높이 10mm 정도의 몰딩 부재다. 청소할 때 벽면이 더러워지는 것을 방지한다.

다다미요세

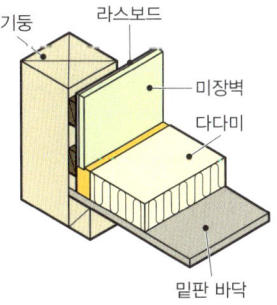

- 기둥
- 라스보드
- 미장벽
- 다다미
- 밑판 바닥

다다미 가장자리 틀 : 편백나무 55×35
다다미와 벽, 기둥 세 곳의 부재에 연결되어 있는 몰딩 부재. 다다미방에 다다미를 깔 경우에는 장식면과 벽면에 먼지를 제거하기 위해 틈새를 메울 부재가 필요하다. 보통은 다다미면과 가장자리 틀 상단의 높이가 같다.

Point 벽 바탕에는 오카베와 신카베 두 종류가 있다. 일반적으로 서양식 방에는 오카베, 일본식 방에는 신카베 방식을 채용한다.

069 벽지 및 판재를 붙인 벽

벽지 마감의 핵심

요즘 신축 주택은 비닐 벽지로 마감하는 경우가 많다. 비닐 벽지는 겉으로 보기에 패브릭이나 미장 마감 등 다양한 소재의 질감을 본떠 만들어졌다. 종류가 다양하고 비용적인 면에서도 선택의 폭이 넓다. 하지만 흡습성 소재가 아니므로 조습 효과를 기대할 수 없다. 최근에는 조습 효과가 있는 종이 벽지나 패브릭 벽지도 사용되고 있다. 비염화비닐로 된 무기질 벽지도 있으며, 건축주의 건강을 배려한 제품도 많이 나와 있다.

벽지 바탕에는 합판을 사용하는 경우도 있지만 주로 석고보드를 부착한다. 내진성을 높이기 위해 구조용 합판을 부착한 경우 그 위에 벽지를 붙이면 합판의 오염이 벽지 표면에 드러난다. 따라서 오염 방지 처리를 하거나 그 위에 석고보드를 부착해야 한다. 석고보드 바탕에 벽지를 붙일 경우 석고보드의 이음매에 그물코 모양의 한랭사 테이프를 붙이고 나사머리 부분을 퍼티^{putty}(유지나 수지에 무기질 충전제 등을 풀어 갠 접합제의 일종으로 이음매를 메우거나 요철 등을 평평하게 만들 때 사용한다-옮긴이) 처리하여 마감면을 평평하게 한다.

판재 부착 마감

판재를 붙여 마감하는 방법은 나무의 느낌을 내부 장식에 살릴 수 있다. 합판을 실내에 붙여서 마감할 경우 필링 등의 벽면용 재료가 있다. 원목 재료로는 삼나무, 편백나무, 미송, 화백나무, 들메나무, 소나무, 웨스턴 레드 시더 등을 사용한다.

판재를 가로 방향으로 붙일 경우에는 기둥이나 샛기둥에 직접 고정하지만 세로 방향으로 붙일 경우에는 가로 띳장을 지붕과 샛기둥에 수직 방향으로 붙여서 바탕으로 하고 그 위에 판재를 붙인다. 벽에 사용하는 판재와 나무판끼리 빈틈없이 연결하기 위해 제혀쪽매 가공한 판재를 사용하도록 한다. 반턱쪽매 가공한 판재일 경우에는 못이 보이므로 장식 나사를 사용해 대응해야 한다.

용어 해설

비염화비닐 벽지 폴리 염화비닐을 원료로 하지 않는 벽지의 총칭. 폴리 염화비닐에서 다이옥신과 휘발성 유기화합물이 발생된다는 이유로 벽지 원료의 비염화가 진행 중이다. 대체 소재로는 올레핀 등이 있다.

벽지로 마감한 벽

벽지 마감은 내장용 보드 바탕의 접합부나 못, 나사의 머리 부분에 퍼티 처리를 한다. 또 보드의 이음매에는 보강을 위해 한랭사나 유리섬유망을 붙여서 덮는다.

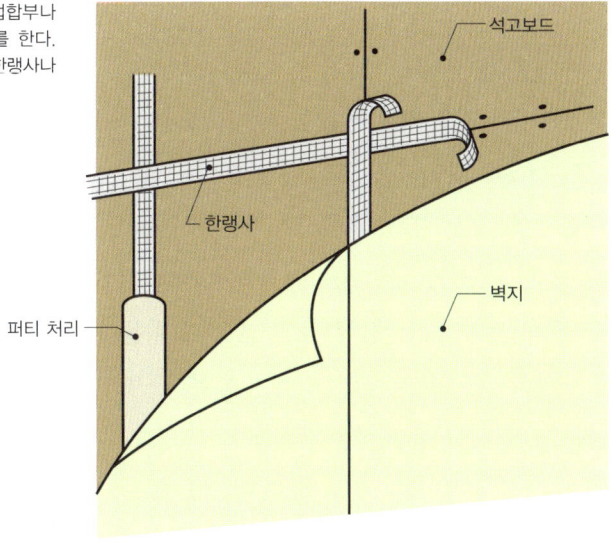

벽을 판재로 마감할 때 나무판 붙이기

반턱쪽매(줄눈 있음)

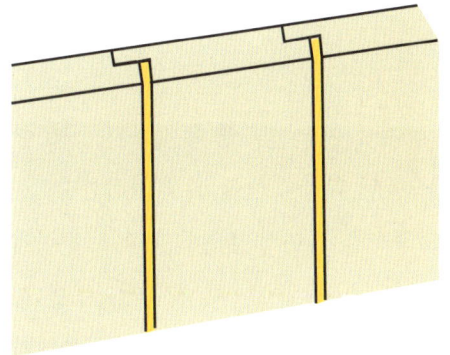

판재를 맞대어 붙이는 방법의 일종. 나무판을 가공해 겹치는 부분을 깎아내면 나무판이 건조 수축해도 빈틈이 생기지 않는다. 벽에 붙일 때 꺾쇠못을 사용하지 않을 경우에는 못이 겉으로 보이므로 장식 못을 사용한다.

제혀쪽매(줄눈 없음)

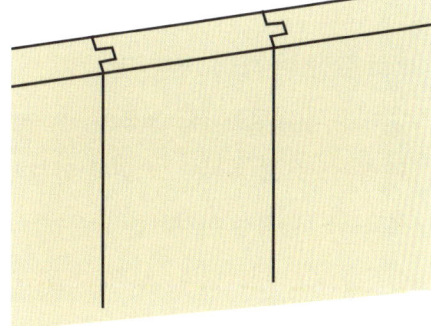

나무판의 긴 쪽으로 은촉과 홈을 가공해서 서로 맞물리게 한다. 붙인 면이 가지런해져 단순히 맞댄 것처럼 보인다. 못을 쪽매 부분에 숨겨 박아서 겉으로는 보이지 않는다.

> **Point** 벽지는 종이나 비염화비닐 소재를 선택해야 한다. 판재는 내장 전체에 부착하지 않고 일부에만 사용하는 것이 중요하다.

제5장 내장과 마감

070 미장·도장 마감한 벽

재평가되는 미장 마감

최근 회반죽 등의 미장 마감이 재평가되고 있다. 특유의 질감과 함께 조습 효과나 유해 화학물질이 나오지 않는다는 점도 이유 중 하나다.

회반죽은 석회석을 원료로 하므로 일본산 원료라도 충분히 조달할 수 있다. 보통은 소석회에 모래, 균열 방지를 위해 여물로 마섬유 등을 넣고 진두발 등의 해초도 넣어서 접착력을 증가시킨다. 그다음에 물을 넣고 잘 섞는다. 회반죽은 물리적인 손상만 없으면 20년 이상 지나도 유지 및 보수가 자유롭다. 벽지를 새로 붙여야 하는 점을 생각하면 장기적으로는 유지 보수 비용을 억제할 수 있다.

규조토는 생선 등을 굽는 풍로의 소재이며 최근에 많이 주목받고 있다. 조습 효과와 함께 내화 성능이 매우 높고 방수성도 있다. 그러나 규조토 자체에 접착력이 없어서 연결할 때 석회나 접착제를 넣는다. 규조토의 함유량이 낮은 규조토칠 벽재도 있으므로 성분을 확인한 뒤에 사용하는 것이 좋다. 한편 도장 작업에서는 유기용제가 아닌 수성 도료를 사용하는 추세에 있다. 자연소재의 도료나 석회크림이라고 하는 생석회를 도장하는 느낌으로 마무리할 수 있는 재료도 있다.

미장·도장 마감의 바탕 만들기

미장 마감의 바탕은 석고보드에 팬 자국을 많이 남겨서 미장 벽재를 부착하기 쉽게 한 석고 라스보드를 붙이고 그 위에 밑칠과 중간칠을 한 뒤 회반죽 등을 칠해 마감한다.

석고보드에 직접 마감하는 얇은 칠의 경우 석고보드를 붙여서 밑칠을 하고, 그 위에 미장칠을 해서 마감한다. 석고보드와 석고 라스보드의 이음매에는 한랭사 테이프를 붙여서 보강하고 퍼티 처리한 뒤 사포질로 이음매를 평평하고 매끄럽게 다듬어 눈에 띄지 않게 한다.

용어 해설

한랭사 그물코 모양의 얇은 천을 말한다. 도장벽의 균열 방지 대책으로 밑칠한 부재에 붙이고 그 위에 미장칠한 부재를 붙여 마감한다. 한랭사와 비슷한 것 가운데 유리섬유로 만든 메시도 나와 있다.

라스보드 바탕(미장)

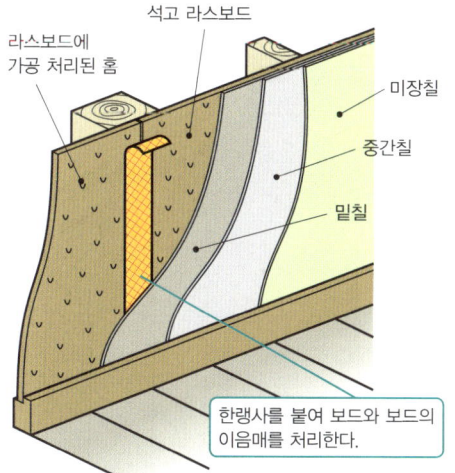

라스보드란 보드의 표면에 형압 가공으로 홈을 만든 석고보드다. 석고 플라스터를 칠한 벽 바탕으로 쓰인다. 주로 다다미방에 사용한다.

토벽(미장)

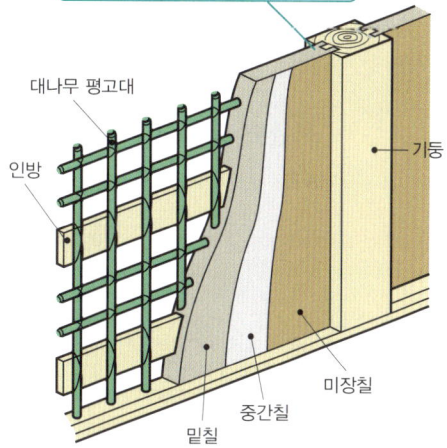

이음매에 간격 두고 붙이기(도장)

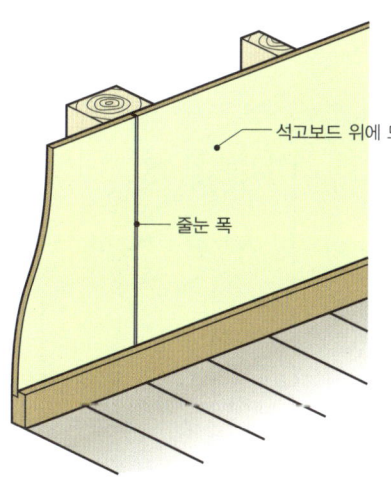

도장이나 미장 마감에서는 금crack이 가는 부분에 가장 불만이 많이 발생한다. 균열은 바탕 보드와 보드의 접합부(이음매)에 발생하기 쉽다. 이 바탕을 만들 때는 바탕 보드의 이음매에 미리 줄눈을 만들어 도장 마감의 균열이 생기지 않게 한다.

석고보드 바탕(도장, 미장)

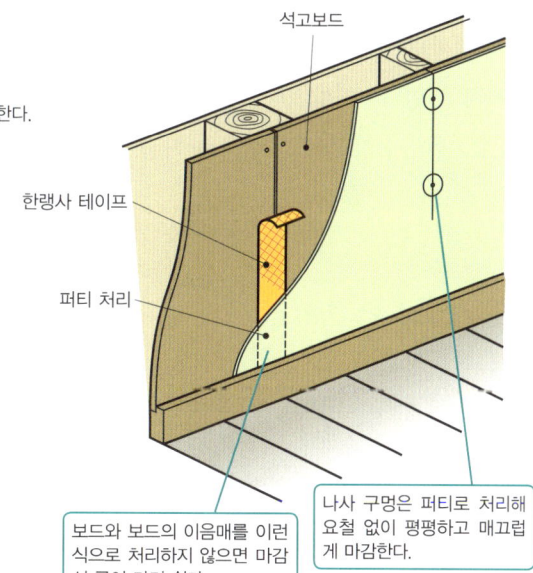

Point 미장이나 도장을 얇게 칠해서 마감할 때는 바탕 보드의 이음매를 평평하고 매끄럽게 해야 마감에 영향을 주지 않는다.

071 천장의 모양

천장 모양의 종류
평평한 천장이 일반적이기는 하지만 천장의 모양이 공간의 질을 크게 좌우한다. 또 지붕 안쪽 공간을 이용하기 위해 지붕틀을 그대로 노출하는 경우도 있다.

평면 천장
수평으로 깐 천장으로 가장 일반적인 형태다.

경사 천장
비스듬히 깐 천장을 말하며, 지붕 물매를 따라 판재를 까는 경우가 많다.

배 바닥 천장(맞댄 천장)
박공지붕과 같이 중앙이 높아지는 천장을 배 바닥 천장이라고 한다.

지붕 안쪽 장식 천장, 2층 바닥 노출 천장
천장을 깔지 않고 지붕틀을 노출하는 천장을 지붕 안쪽 장식 천장이라고 한다. 서까래 위에 깐 지붕널이 그대로 드러난다. 2층 바닥틀을 숨기지 않는 1층의 천장은 '발판 천장'이라고 한다. 이때 2층의 바닥판을 두께 30mm 이상으로 하고, 보를 900mm 간격 정도로 넣어서 장선을 생략하는 마감 방법을 이용하면 2층 바닥판의 안쪽이 보이는 '바닥 노출' 마감도 할 수 있다.

천장의 적절한 높이
주택 거실의 천장 높이는 2,400mm가 표준적이다. 법규적으로 볼 때 평균 천장 높이는 2,100mm 이상이 필요하다. 다다미방에서는 다다미에 앉았을 때의 눈높이를 생각해 서양식 방보다 천장을 조금 낮게 한다. 다다미 8장보다 넓은 경우라도 천장 높이는 2,400mm 이하로 해야 좋다.

> **용어 해설**
> **지붕널** 목조주택 지붕에서 지붕 바로 밑에 넣어 지붕재를 떠받치는 부재를 말한다. 구체적으로는 서까래 위에 까는 판재다. 일반적으로 구조용 합판을 사용하지만 판재나 인방 부재 등이 쓰이기도 한다.

주요 천장의 모양과 종류

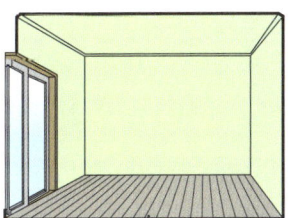

평면 천장
반자널을 수평으로 깐 가장 일반적인 천장의 모양. 만드는 방법이 단순하고 마감재를 선택하기도 쉽다. 천장을 수평으로 깔면 착시 현상을 일으켜 중앙 부분이 내려온 것처럼 보이므로 중앙부는 바탕을 만들 때 높낮이를 조정한다.

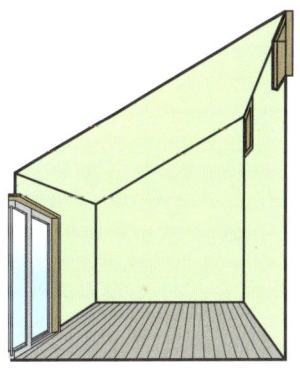

경사 천장
지붕 경사를 따라서 깐 천장. 공간에 유동적인 느낌이 생긴다. 건축기준법의 북쪽 사선 제한에 걸려 천장 한쪽을 낮게 해야 하는 경우에도 경사 천장으로 하면 전체적인 높이를 확보할 수 있다.

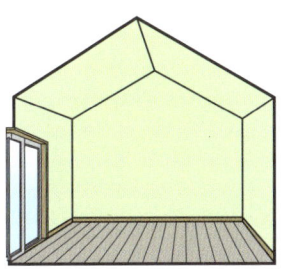

배 바닥 천장(맞댄 천장)
배의 바닥을 뒤집은 모양이며 중앙부가 평탄한 것을 배 바닥 천장이라고 한다. 평탄한 부분을 없애고 산 모양으로 만든 천장은 지붕 모양 천장이라고 하는데 이 역시 배 바닥 천장이라고 부른다. 주로 다실풍 주택에서 채용한다.

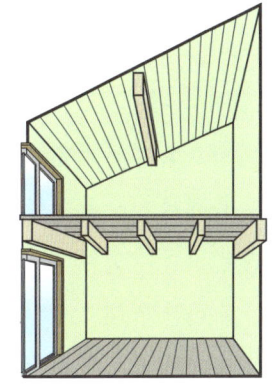

지붕 안쪽 장식 천장, 발판 천장(2층 바닥 노출 천장)
지붕널, 보 등과 같은 횡가재가 그대로 노출되므로 목재 선택에 각별히 신경 써야 한다.

천장의 높이

공간의 역할에 따라 천장의 높이를 달리하면 효과적이다.

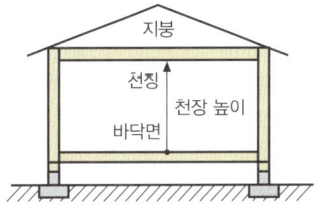

일반적인 거실의 높이는 2,400mm다. 법 규적으로는 2,100mm 이상으로 정해져 있다(평균 천장 높이).

> **Point** 천장의 모양이나 높이는 공간의 성격을 좌우하며, 방의 넓이에 따라 천장 높이의 느낌이 달라진다.

072 천장 바탕

바탕을 구성하는 방법

천장은 바탕의 구조가 마감에 큰 영향을 준다. 그렇기 때문에 바탕을 구성하는 데 중요한 요소를 확실하게 파악해야 한다. 천장을 완전히 수평으로 만들면 착시 현상이 일어나 가운데가 아래로 내려온 것처럼 보이므로 중앙부를 살짝 올려서 만든다.

천장 바탕은 반잣대라는 부재로 구성하며, 여기에 천장 마감용 반자널이나 벽지 등을 붙인 석고보드 바탕을 고정한다. 반잣대는 약 450mm 간격으로 고정하는 방법이 일반적이지만 303mm 간격으로 해서 천장을 밑으로 내려오지 않게 하는 경우도 있다. 반잣대는 보나 도리에서 달대라는 부재로 매단다. 달대는 달대받이라고 하는 부재를 보 사이에 걸쳐서 매달기도 한다. 경사 천장에서는 서까래 밑에 직접 연결하거나 반잣대를 수직 방향으로 부착해서 그 위에 마감용 반자널을 붙이는 경우가 있다. 또 보를 장식용으로 노출해서 천장 높이를 확보하기도 한다.

한편 반자널을 끼워 넣는 홈을 만들거나 보와 반자널 사이에 줄눈을 만들어 반자널을 깔끔하게 마감할 때도 있다. 통나무의 양옆을 평평하게 제재한 북 모양의 보로 해서 반자널을 마감하기 쉽게 하는 동시에 디자인적인 효과를 노리는 경우도 있다.

1, 2층 사이의 방음 대책

목조는 RC조 등에 비해 구조재에 소리가 전달되기 쉬운 탓에 사실상 방음에 대처하기 어렵다. 1층과 2층에서 각각 발생하는 생활소음을 차음 및 방음하려면 흡음재를 반자널 위에 넣거나 ALC판을 2층 바닥 밑에 넣는다. 천장의 석고보드 바탕을 이중으로 까는 방법도 효과적이다. 달대 중간에 고무를 끼워 넣어 소리 진동이 잘 전달되지 않도록 하는 방법도 있다.

용어 해설

반잣대 반자널을 깔기 위한 바탕의 골조를 이루는 가늘고 긴 막대를 말한다. 반잣대는 303mm 또는 455mm 간격으로 나란히 넣는다. 달대(달목)를 사용해 반잣대를 보에 고정한 뒤 천장재를 깐다. 벽 가장자리의 반잣대를 가장자리 반잣대라고 한다.

천장 바탕의 구성

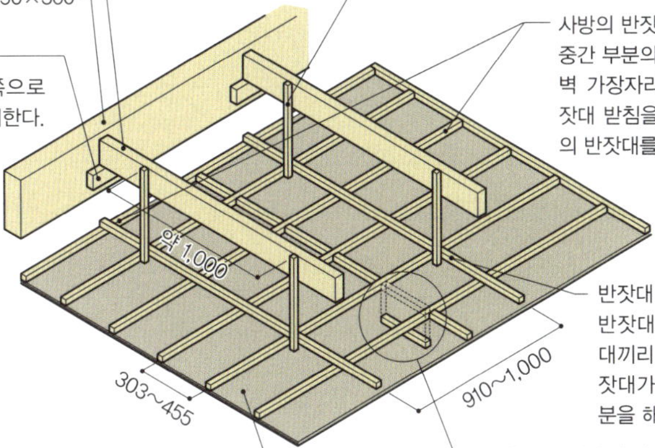

- **달대받이 : 레드 파인 60×90**
  위층의 진동이 천장에 전달되지 않도록 하기 위한 달대의 받침목이다.
- **달대(달목) : 삼나무 30□**
  천장 바탕을 수평으로 지지하기 위한 부재. 달대받이에 매달아서 위층의 진동을 차단한다. 보드를 깔기 전에 하단을 잘라서 가지런히 한다.
- **층도리 : 레드 파인 150×360**
- **받침목 : 레드 파인 30×60**
  부착할 때 달대받이가 한쪽으로 쏠리지 않도록 수평으로 설치한다.
- **사방의 반잣대 : 삼나무 36□**
  중간 부분의 반잣대 : 삼나무 36□
  벽 가장자리의 반잣대를 달고 반잣대 받침을 부착한 뒤 중간 부분의 반잣대를 다는 순서로 만든다.
- **반잣대 받침 : 삼나무 36□**
  반잣대와 달대를 이어 반잣대끼리 연결시킨다. 또한 반잣대가 가지런하지 못한 부분을 해소한다.
- **이음매를 잘라낸 반잣대 : 삼나무 36□**
  석고보드 천장을 가정할 경우 반잣대를 조립하는 방법 중 하나. 석고보드의 이음매가 이 위치에 오도록 설치한다.
- **석고보드 : 910×1,820, 9.5T**
  가장자리 부분에 작은 보드가 들어가지 않도록 레이아웃을 검토한다. 목공용 본드와 못, 나사 등을 함께 사용해서 부착하고 석고보드의 측면에도 본드를 발라 틈을 메우면 착시 현상이 잘 일어나지 않는다.

오카베 바탕의 예

약 1,000
303~455
910~1,000

반자널을 깔끔하게 마감한다

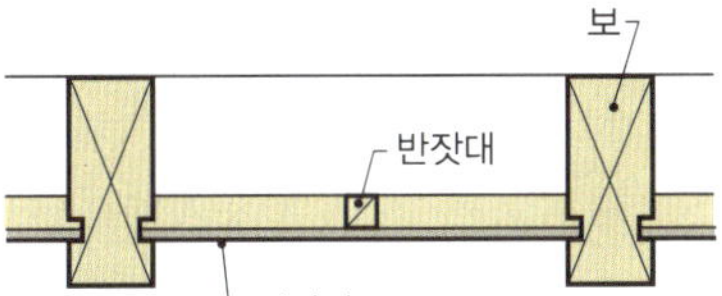

보 / 반잣대 / 반자널

반자널을 끼워 넣을 수 있도록 보에 홈을 파서 직접 마감한다.

차음 대책

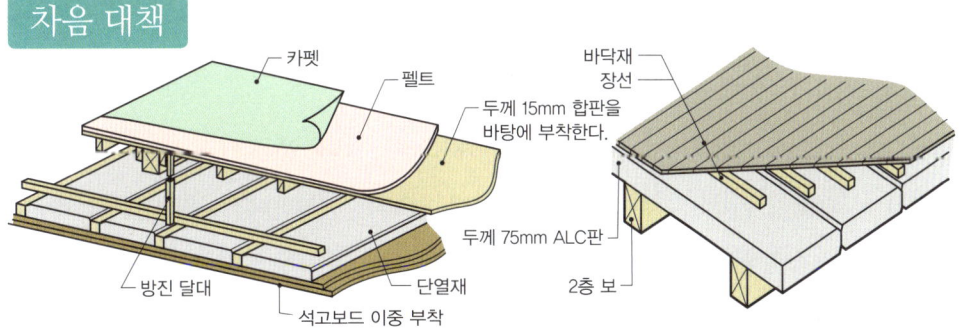

카펫 / 펠트 / 방진 달대 / 단열재 / 석고보드 이중 부착
바닥재 / 장선 / 두께 15mm 합판을 바탕에 부착한다. / 두께 75mm ALC판 / 2층 보

목조는 소리가 잘 전달되므로 흡음재를 천장 위에 깔아서 채우고 ALC판을 2층 바닥 밑에 넣는다.
천장의 석고보드를 이중으로 부착하는 등 대처 방법을 고려한다.

> **Point** 천장을 완전히 수평으로 만들면 아래로 내려온 것처럼 보이므로 중앙부를 조금 올려서 만든다.

073 천장 마감

천장 마감 소재의 종류

천장 마감은 석고보드 바탕에 벽지를 부착하는 방법이 일반적이다. 다른 마감 방법으로는 판재 부착, 도장, 미장 마감 등이 있다. 벽과 천장의 경계에 만드는 반자돌림대를 마무리하는 방법도 다양하다. 어떤 공간으로 만들 것인지, 시간과 수고를 얼마나 들일 것인지 꼼꼼히 확인해서 마감을 결정한다.

벽지 소재에는 염화비닐, 패브릭, 종이가 있는데 요즘에는 시공의 편의성과 비용 면에서 유리한 비닐 벽지가 많이 사용되고 있다. 비닐 벽지는 유지 및 보수가 쉽다는 장점이 있지만 조습 효과는 패브릭이나 종이 벽지에 비해 떨어진다. 또한 비염화비닐의 무기질 소재와 조습 효과가 있는 벽지도 생산되고 있다.

판재를 부착해 마감할 경우 천장에 합판이나 원목 판재를 깔 때 판재 사이의 간격을 벌린다. 이를 이음매에 간격을 두고 붙이기라고 하는데, 이 방법을 이용해 판재를 부착하면 판재의 수축 현상이 두드러지지 않게 할 수 있다. 그러나 판재를 붙이면 하얀 벽에 비해 무거운 느낌을 주므로 방 전체의 균형을 고려해야 한다.

천장에 회반죽을 칠하는 경우는 드물지만 방의 느낌을 생각하면 회반죽벽과 일체화해서 반자돌림대가 없어도 마감할 수 있기 때문에 매우 효과적이다. 벽지 외에도 비용이 비교적 저렴한 마감 방법으로 바탕의 석고보드에 수성 도료를 칠해서 마감하는 경우도 있다.

반자돌림대

벽과 천장의 경계에 반자돌림대라고 하는 부재를 넣는다. 이것은 벽과 천장을 깔끔하게 마감하기 위해 설치한다. 반자돌림대는 일반적으로 20~30mm 정도의 높이다. 고무로 만든 단순한 것과 높이 12mm 정도의 작은 것, 40mm 정도로 폭이 넓은 것 등 소재나 치수가 다양하다.

용어 해설

반자돌림대 벽과 천장이 만나는 부분에 설치하는 몰딩 부재를 말한다. 벽과 천장의 접합부에서 벽지 등의 마감 부분이 깔끔해 보이도록 부착한다. 다다미방 천장의 반자돌림대를 2단으로 한 겹돌림대(이중 반자돌림대) 등이 있다.

벽지 마감

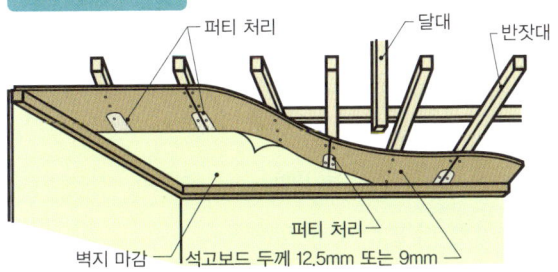

바탕에 깐 석고보드의 이음매나 고정 나사가 튀어나온 부분을 퍼티로 처리해 평평하고 매끄럽게 만든 다음 그 위에 벽지를 붙인다.

석고보드 이음매에 간격 두고 붙이기+도장 마감

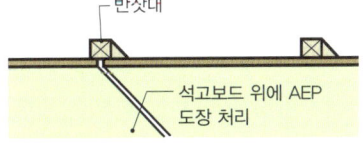

석고보드 위에 도장 마감을 할 경우에는 석고보드의 접합부에 간격을 두고 시공한다. 이음매를 반자틀 등으로 감추는 경우도 있다.

나무판 붙이기 마감

평면 천장×제혀쪽매 연결 마감

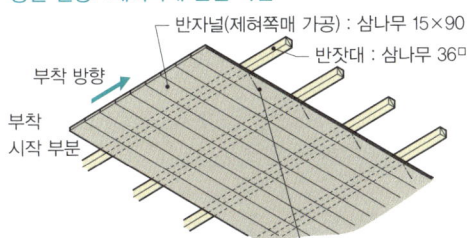

천장 레이아웃에 따라 판재의 폭이 약간 다르다. 일반적으로 고급 특수 목재 및 슬라이스 베니어 천장재는 450mm 정도, 천연소재의 폭이 좁은 판재는 90mm 정도다.

마감용 못을 박은 판재의 은촉에만 못을 박아 고정하고, 홈 쪽에는 끼워 넣기만 해서 천장재의 건조 수축으로 발생하는 트러블을 방지한다.

평면 천장×판재를 맞대어 가지런히 붙이기

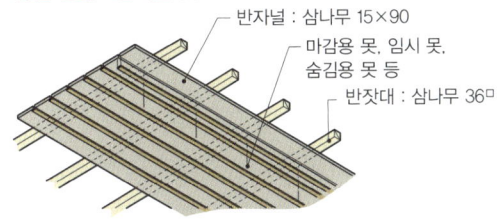

폭이 좁은 나무판을 판재의 이음매에 고정하는 방법이다. 이 마감법을 이용하면 반자널의 수축으로 발생하는 착시 현상이나 트러블에 대해 신경 쓰지 않아도 된다는 장점이 있다.

반자돌림대의 마무리

일반적인 반자돌림대

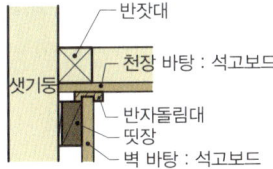

천장이 벽에 인접하는 부분에 설치하는 몰딩 부재다. 일반적인 반자돌림대는 천장 바닥을 붙인 후 천장 보드를 깔고 그 부분에 반자돌림대를 부착하고 나서 벽 바탕을 시공한다.

속으로 숨기는 반자돌림대

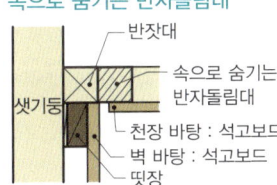

줄눈의 맨 끝부분은 대패질을 해놓거나 도장, 줄눈 테이프를 붙인다.

칼날처럼 얇은 반자돌림대

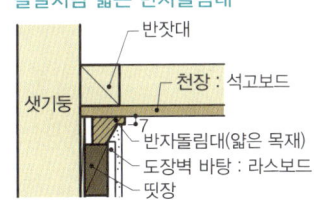

외관의 두께가 얇아 보이게 하기 위한 방법이다. 목재가 부서질 것을 고려해 치수를 검토해야 한다. 그림에서는 외관 치수가 7mm다.

기성품을 사용한 반자돌림대

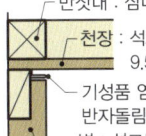

기성품 염화비닐 반자돌림대를 노출하고 싶지 않을 경우에는 벽지를 줄눈의 맨 끝부분까지 붙인다.

반자돌림대 없음

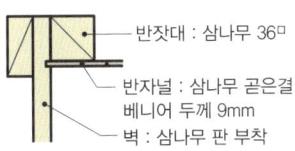

※조금 특수하지만 판재를 벽에 붙여서 반자돌림대 없이 천장과 접합하는 경우의 마감 사례다.

> **Point** 천장 마감은 벽 마감과의 균형을 고려해 결정한다. 천장 마감은 의외로 눈에 잘 띄는 부분이다.

074 바닥 바탕

바닥 바탕 구조의 원칙

바닥 바탕은 마루청을 까는 방향을 확정한 후 바탕을 까는 방향을 결정한다. 이는 마루청에 수직 방향으로 바탕을 넣고 다시 그 밑에 바탕을 수직 방향으로 넣어서 떠받치기 위함이다. 또한 마루청은 원칙적으로 방의 긴 쪽으로 깐다. 마감용 마루청을 까는 바탕에 합판을 깔면 바닥의 강도가 증가하고 마감용 마루청을 깔기 쉬워지는 장점이 있다.

1층과 2층의 바닥 바탕

1층과 2층에서는 위층과 아래층의 구분에 따라 바탕의 구성 요소가 달라지므로 각각 이해해야 한다. 1층에는 마루청과 수직 방향으로 폭 45mm, 높이 45~55mm 정도의 각재로 된 장선을 넣는다. 마루청 장선의 간격은 300mm 정도이며, 다다미에서는 450mm 정도로 한다. 장선과 마루청, 다다미 사이에 합판을 깐다.

멍에는 장선을 떠받치는 부재이며 90×90mm 정도의 멍에가 약 900mm 간격으로 들어간다. 멍에를 떠받치는 부재는 동바리다. 동바리는 약 900mm 간격으로 넣는다. 최근에는 바닥 높이를 미세하게 조정할 수 있는 금속제나 수지제의 플라스틱 동바리를 채용하는 경우도 많아졌다.

1층은 지반의 습기에 영향을 받기 쉬워 잘 부식된다. 또 흰개미의 피해도 입기 쉬우므로 바닥 바탕에는 방부와 흰개미 방지 대책을 세워야 한다. 따라서 약제나 숯으로 된 도료 등을 칠한다. 효과는 약하지만 인체에 영향이 적은 노송나무 오일이나 월도 오일, 숯 도료 등 자연소재를 채용하는 방법도 고려할 수 있다.

2층은 일반적으로 보의 간격을 한 칸 정도 벌려서 장선을 넣는다. 이때 장선의 높이를 90~105mm 정도로 하는 경우가 있고, 1층과 마찬가지로 900mm 간격으로 보를 넣어 장선의 치수를 1층과 똑같이 하는 경우도 있다.

용어 해설

동바리 1층 바닥의 멍에를 떠받치는 바닥틀의 수직 부재. 이전까지는 90mm 정도의 목재를 사용했는데 최근에는 건조 및 수축으로 인해 소음이 발생하는 것을 방지하기 위해 높이 조정을 쉽게 할 수 있는 기성품 플라스틱 동바리(수지제), 강철 동바리가 많이 쓰이고 있다.

1층 바닥 바탕의 구성

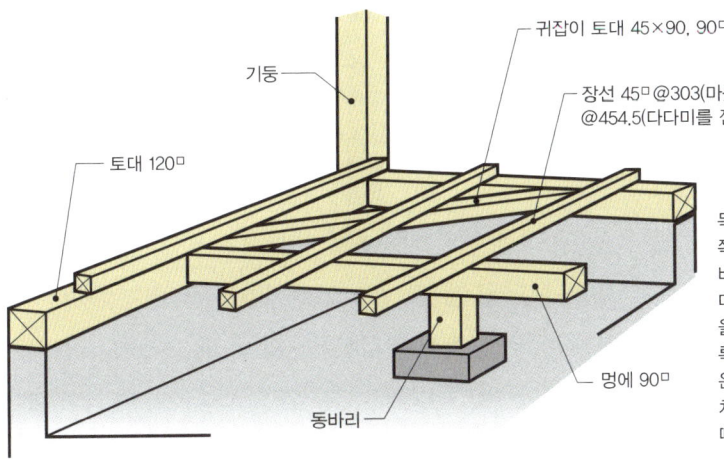

목조주택의 1층 바닥 바탕은 왼쪽 그림처럼 동바리를 세우는 '동바리마루'로 시공하는 경우가 많다. 따라서 동바리가 받는 하중을 지반으로 균등하게 전달하도록 동바릿돌을 놓는다. 동바릿돌은 콘크리트제이며 수평으로 설치한다. 토방 콘크리트를 타설할 때 모르타르를 부어서 고정한다.

강철 동바리의 경우

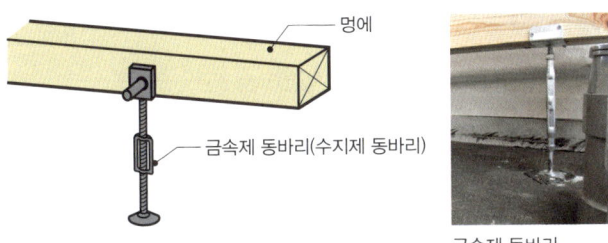

금속제 동바리

최근에는 동바리에 강철이나 플라스틱 등의 수지로 된 제품을 사용하는 경우가 많다. 부식에 강하며 높이도 조정하기 쉽다.

2층 바닥 바탕의 구성

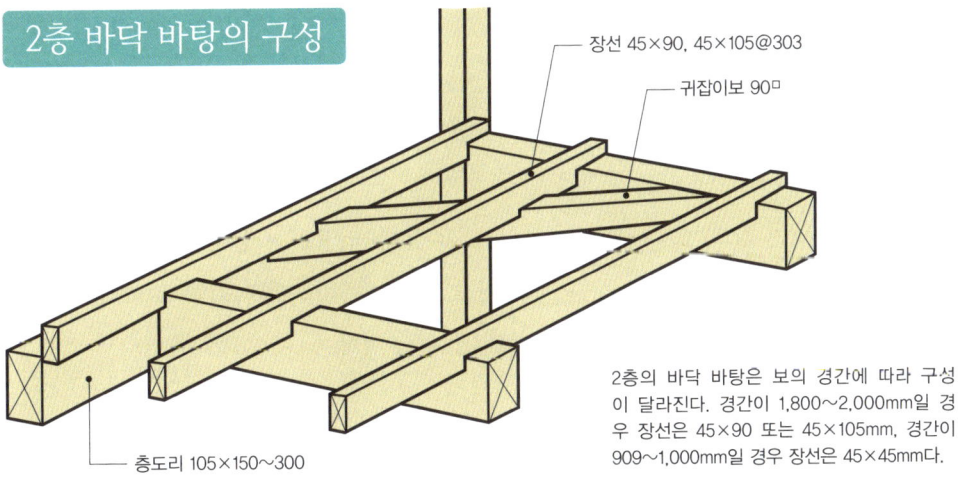

2층의 바닥 바탕은 보의 경간에 따라 구성이 달라진다. 경간이 1,800~2,000mm일 경우 장선은 45×90 또는 45×105mm, 경간이 909~1,000mm일 경우 장선은 45×45mm다.

Point 1층과 2층의 바닥 바탕을 구성하는 요소는 서로 다르다. 어떤 방법으로 마감할지 신중히 생각한 후 마감에 맞추어 바탕을 만든다.

075 바닥 마감

바닥재

바닥은 발과 같이 몸이 직접 닿는 부분이므로 기능뿐 아니라 재질도 충분히 배려한 마감 방법을 선택해야 한다.

바닥재에는 합판을 기초판으로 한 복합 바닥재와 원목 바닥재가 있으며, 주로 복합 바닥재가 많이 사용되고 있다. 복합 바닥재는 나왕 합판 표면에 0.3mm 정도의 얇은 목재(슬라이스 베니어)를 붙여서 고정한 부재다. 치수 안정성이 높지만 흠집이 깊게 생기면 합판 부분이 보일 수 있다. 그 점을 고려해서 표면에 1mm 이상 되는 약간 두꺼운 판재를 부착한 것도 제조되고 있다.

원목 바닥재는 단단한 활엽수인 졸참나무나 너도밤나무 등으로 만드는 경우가 많았는데 최근에는 편백나무, 삼나무, 화백나무 등도 사용되고 있다. 침엽수는 부드럽고 단열성이 높아서 겨울에 맨발로 디뎌도 차갑게 느껴지지 않는다. 흠집이 잘 생기는 단점이 있지만 어느 정도 시간이 지나 전체적으로 흠집이 생기면 그다지 신경 쓰이지 않고 오히려 소박한 멋을 느낄 수 있다.

기타 소재

발에 닿는 촉감이 좋고 따뜻하며 아래층에 발자국 소리가 잘 들리지 않는다는 점에서 카펫이 좋다. 하지만 정기적으로 바꿔 깔아야 하고 진드기가 번식하기 쉬우므로 주의해야 한다. 다다미는 다다미방뿐만 아니라 서양식 방에도 테두리가 없는 다다미나 류큐 다다미를 깔아서 바닥에 앉을 공간을 만들 수 있다.

물을 사용하는 장소에는 염화비닐제의 쿠션 블록을 많이 사용한다. 유지 보수성이 좋고 비용도 저렴하다. 코르크는 단열성이 높으며 밟았을 때의 감촉도 좋다. 두께가 5mm 정도여서 쿠션 플로어를 대신해 새로 깔 수도 있다.

용어 해설

슬라이스 베니어 천연목을 얇게 자른 판재를 말한다. 합판 등의 기초재에 접착해서 복합 바닥재나 문 등의 창호 또는 가구 장식용으로 쓰인다. 원목재처럼 수축하는 경우는 적지만 손상되면 기초로 사용한 판재가 보일 수도 있다.

바닥재

원목 바닥재

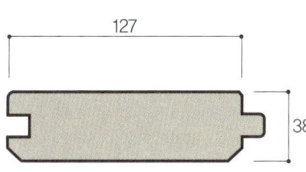

복합 바닥재

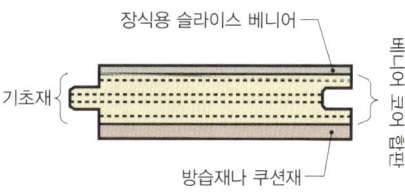

합판 바탕 위에 원목 바닥재를 깐 상태

원목 바닥재는 주로 두께가 12, 15, 24, 30, 37mm이며 폭은 105, 120mm 등이다. 표면에 오일로 도장하거나 밀랍왁스를 칠해서 마감하면 원목재의 질감을 살려 마감할 수 있다. 표면이 잘 손상되지 않아서 압밀가공하는 경우도 있다.

나무를 얇게 잘라 만든 슬라이스 베니어를 표면에 붙인다. 일반적으로 슬라이스 베니어의 두께는 0.3mm 정도인데 손상될 경우를 고려해 1mm 정도로 한 것도 있다. 또한 이 슬라이스 베니어를 두껍게 하면 톱으로 켠 판이라고 한다.

방음 보강 바닥재

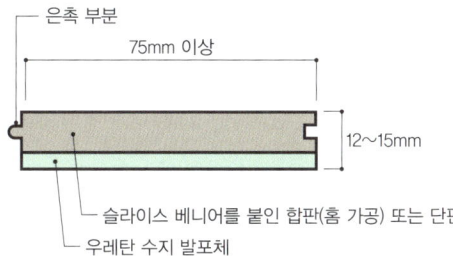

코르크 바닥재

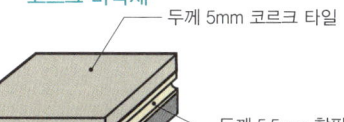

합판과 고무 완충재를 코르크 타일에 조합한 차음용 코르크 타일이다. 전체가 은촉으로 연결되는 까닭에 국부적인 침하가 없고 보행감이 뛰어나다.

다다미

짚으로 만든 바닥의 다다미

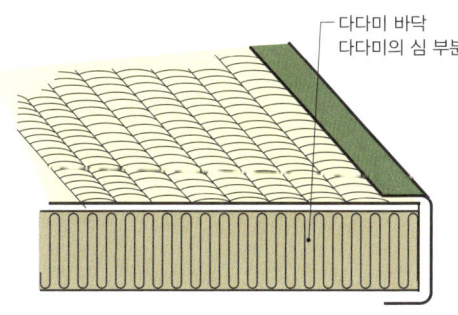

다다미 겉돗자리
다다미 바닥을 감싸는 표면 장식 부분. 본격적인 겉돗자리는 등심초(골풀)를 사용한다.

압출 폴리스틸렌폼 다다미

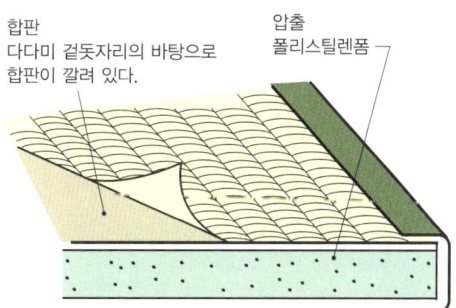

다다미 바닥이 발포 스티롤로 되어 있다. 단열성이 뛰어나지만 통기성이 좋지 않아 곰팡이 발생에 주의해야 한다.

> **Point** 바닥은 몸이 직접 닿는 부분이므로 기능과 질감을 고려해 선택해야 한다.

076 내부 창호의 문

창호의 형식

창호에는 개방과 폐쇄의 기능이 있다. 실내 공간 안에서 개방과 폐쇄의 균형을 고려해 창호의 배치와 형식을 결정한다. 특히 동선뿐만 아니라 가구의 배치 등도 고려해 창호의 위치를 정해야 한다. 창호의 모양은 미닫이와 여닫이가 기본이다. 다다미방에는 장지문이나 맹장지문 등의 미닫이가 사용된다. 서양식 방에는 보통 여닫이문을 사용하는데 최근에는 미닫이를 사용하는 경우도 많아졌다. 미닫이는 열었을 때 방해가 되지 않고 열어놓은 상태로 둘 수 있으며, 통풍을 위해 조금만 열어놓을 수도 있다. 단, 기밀성에 문제가 있다고 할 수 있다.

미닫이에는 미서기문이나 외미닫이, 외미닫이 포켓도어 등 각각의 장소에 맞는 형식이 있다. 예를 들어 바닥에 레일을 없애 행거도어로 만들면 높낮이 차가 생기지 않으므로 문턱을 제거해 마감할 수 있다.

창호의 소재

다다미방에는 장지문과 맹장지문을 사용한다. 서양식 방과 다다미방의 경계를 이루는 창호는 다실 쪽에서는 맹장지문으로 보이고, 서양식 방 쪽에서는 일반 문으로 보이는 맹장지문을 사용하는 경우도 있다.

문은 무게를 가볍게 하기 위해 바탕 뼈대의 양면에 얇은 합판이나 판재를 까는 방식의 플러시 도어flush door로 만드는 경우가 많다. 원목판으로 틀을 만들고 틀 사이에 판재나 유리를 끼워 넣는 형식의 프레임 도어로 하는 경우도 있다.

창호는 틀, 문의 재료, 문고리나 손잡이 등 철물도 사용하기 때문에 비용이 많이 발생한다. 따라서 예산이 한정되어 있다면 창호의 수를 줄여 비용 절감을 도모할 수 있다. 수납장의 경우에도 문을 없앤 개방형 선반을 제작해 천이나 발, 롤스크린을 창호 대신 사용해도 좋다.

용어 해설

플러시 도어 골조의 양면 또는 한쪽 면에 접착제 등을 사용해서 붙인 창호나 칸막이 패널, 가구의 문 등을 총칭한다. 럼버코어 합판 등을 심재로 사용해 장식용 합판을 부착한다. 측면에 붙이는 재료의 경계선이 정면으로 보인다.

문의 종류

플러시 도어

프레임 도어

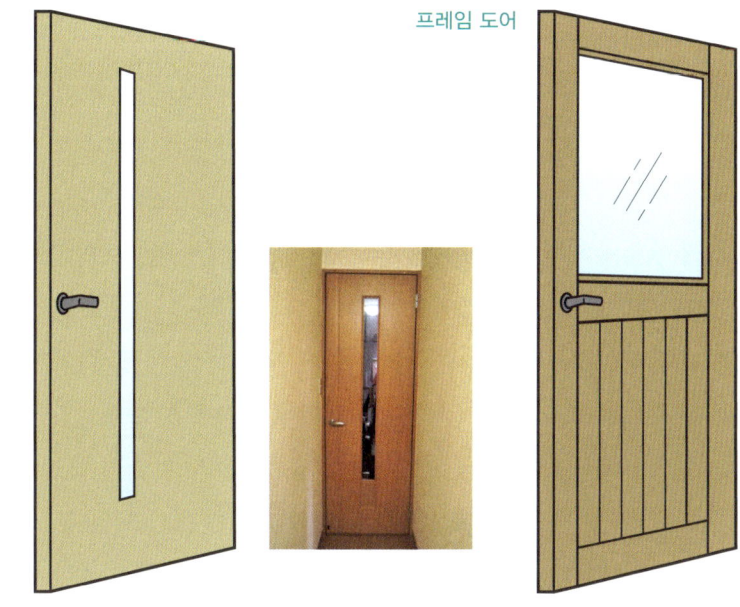

가구의 문을 생략한다

문의 측면 처리

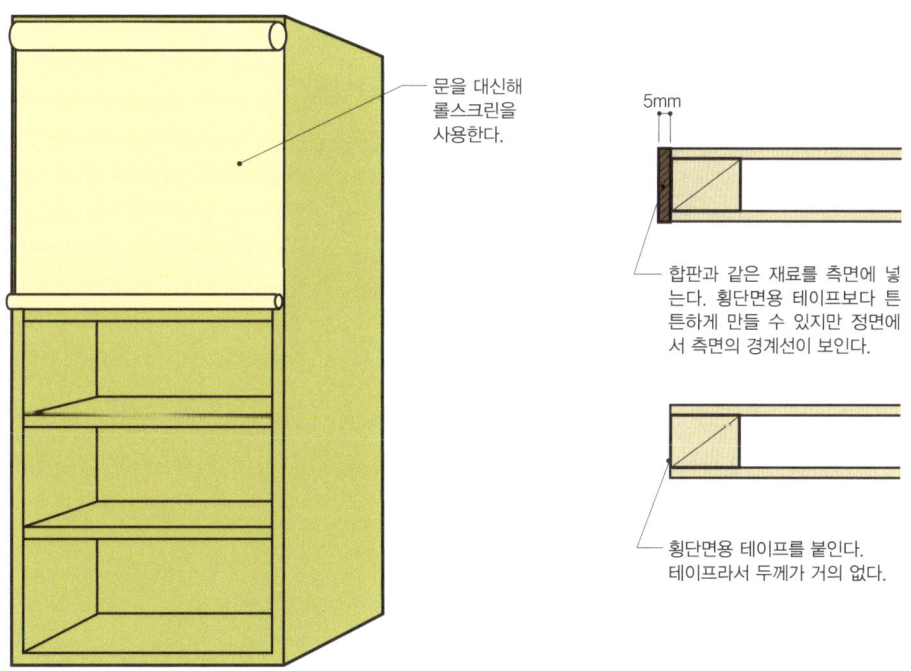

문을 대신해 롤스크린을 사용한다.

5mm

합판과 같은 재료를 측면에 넣는다. 횡단면용 테이프보다 튼튼하게 만들 수 있지만 정면에서 측면의 경계선이 보인다.

횡단면용 테이프를 붙인다. 테이프라서 두께가 거의 없다.

Point 창호 제작에는 비용이 많이 든다. 따라서 창호의 수를 줄이면 비용을 절감할 수 있다.

077 내부 창호의 마무리

미닫이문의 마감

내부 창호에는 비용과 시공시간 면에 있어 유리하면서 틀까지 세트로 된 기성품을 사용하는 사례가 많아졌다. 그러나 자연소재를 사용할 때는 가능하면 내부 공간의 디자인 균형을 고려해 필요에 맞는 창호를 만드는 게 좋다. 여기에서는 미닫이와 여닫이의 마감 방법에 대해 각각 파악하도록 하자.

먼저 하인방과 상인방은 목공사를 할 때 설치한다. 하인방에 홈을 파서 창호를 미끄러지게 하거나 창호에 호차를 달고 레일을 하인방에 설치해 창호를 움직인다. 홈이 V형인 레일을 하인방이나 바닥재 안에 고정하여 레일이 튀어나오지 않게 할 수 있다. V레일은 두께 3mm 정도의 레일을 바닥에 설치해서 마감하는 형식도 있다.

행거도어에는 창호를 한 개 또는 두 개 설치할 수 있다. 이때 창호가 크게 흔들리지 않도록 바닥에 흔들림 고정 철물을 설치한다. 하지만 창호가 너무 무거울 경우에는 부적합하다. 밑에 틈새가 벌어지기 때문에 기밀성이 떨어지므로 설치 장소를 잘 선택해야 한다.

수납장 등에는 폴딩도어가 사용되는 경우가 많다. 폴딩도어도 개폐의 빈도가 높은 장소나 무거운 창호를 사용할 경우에는 철물이 부서지기 쉬우므로 주의해야 한다.

여닫이문의 마감

내부에서는 여닫이문을 사용하는 경우가 많다. 일반적으로 문을 닫고 사용하는 경우에 적합하고 기밀성을 향상시키면 차음 효과도 높일 수 있다. 목공사를 할 때 만들면 주위의 틀만 설치하면 되므로 시공이 간편하다. 단, 하인방 부분과 바닥면에 높낮이 차가 생기면 문턱을 없앤 면에서 문제가 생기므로 하인방의 높낮이 차를 최대한 작게 하거나 하인방 없이 마감하면 좋을 것이다.

용어 해설

하인방 틀 부재의 일종. 맹장지문이나 장지문 등의 창호를 끼워 넣기 위해 개구부의 아랫부분에 설치하며, 홈과 레일이 달려 있다. 상부에 설치하는 상인방과 한 쌍을 이룬다. 튼튼하고 잘 미끄러져야 하므로 소나무 등이 쓰인다.

미닫이문

외미닫이문1

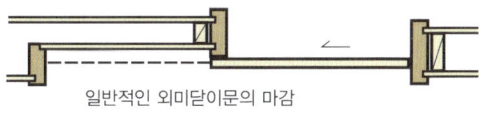
일반적인 외미닫이문의 마감

외미닫이문2
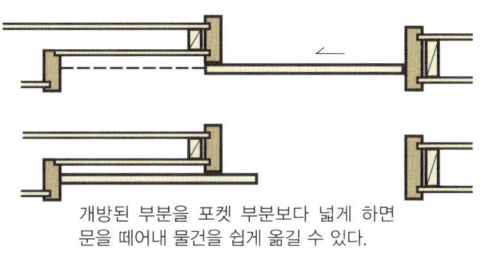
개방된 부분을 포켓 부분보다 넓게 하면 문을 떼어내 물건을 쉽게 옮길 수 있다.

미닫이 포켓도어1

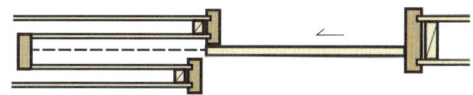

미닫이 포켓도어2
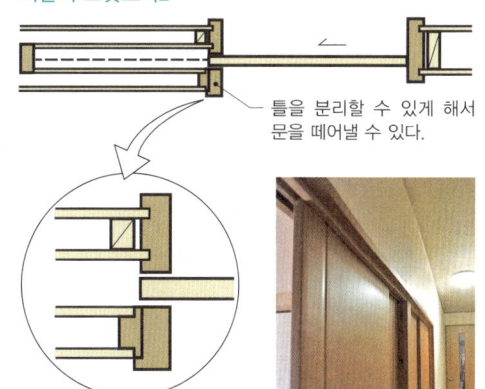
틀을 분리할 수 있게 해서 문을 떼어낼 수 있다.

여닫이문
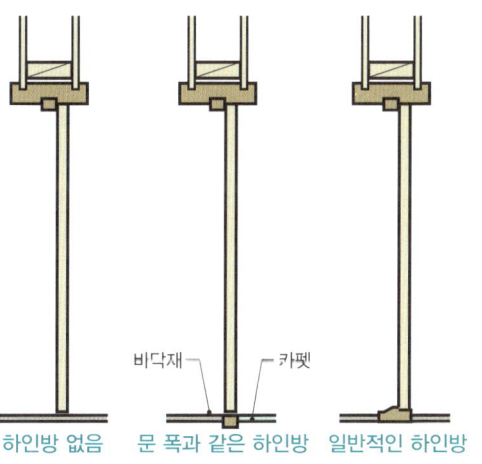

하인방 없음
기밀성은 떨어지지만 하인방이 돌출된 부분이 없어진다.

문 폭과 같은 하인방
하인방을 문의 두께보다 조금 작게 만들면 문을 닫았을 때 하인방이 보이지 않는다.

일반적인 하인방
하인방이 돌출되지만 기밀성을 높일 수 있다.

행거도어
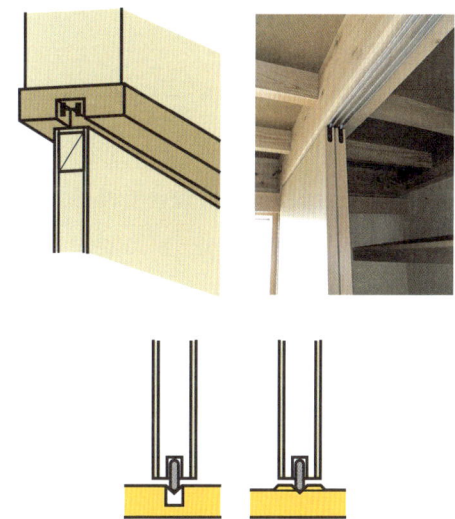

하인방에 V레일(플러터 레일)을 설치한다.

> **Point** 미닫이든 여닫이든 상관없이 문턱을 없애서 마감할 수 있다. 단, 기밀성은 떨어진다.

078 내장 제한

화기 사용실

일본 건축기준법에서는 일반 단독주택일 경우 가스레인지와 같이 불을 사용하는 설비를 두는 공간(화기 사용실)이 단층이나 2층 주택의 2층 등 최상층에 있는 경우 외에는 벽과 천장을 불연재나 준불연재로 마감해야 한다고 규정하고 있다.

천장의 경우 불연 마감 방법에는 석고보드에 수성 도료를 칠하거나 석고보드에 불연재 또는 준불연재 벽지를 붙이거나 회반죽 등 미장으로 마감하는 방법 등이 있다. 벽의 마감도 천장과 마찬가지로 석고보드 바탕 위에 도장이나 벽지, 회반죽 등의 미장 작업을 한다.

개수대의 가스대 주위에 있는 벽은 방화 성능이 높고 때가 잘 타지 않는 소재로 마감한다. 불연재 표면을 때가 잘 타지 않는 수지로 마감하거나 불연재 위에 스테인리스나 알루미늄 금속판을 깐 키친 패널을 부착하거나 타일을 까는 방법이 일반적이다. 타일의 줄눈 부분에 생긴 때가 눈에 띄지 않도록 800×600mm 정도의 대형 타일을 깔거나 컬러 줄눈으로 하는 방법이 있다.

천장에서 아래쪽으로 튀어나온 벽

화기 사용실과 인접하는 다른 방과의 경계 천장에는 천장에서 500mm 이상 높이의 불연 또는 준불연 소재의 돌출벽이 필요하다. 단, 인접하는 방의 벽과 천장이 불연 또는 준불연재면 돌출벽을 설치하지 않아도 된다.

천장에서 아래쪽으로 돌출시킨 벽은 주방의 가스레인지에서 나온 불이 번지지 않도록 하기 위해 만든다. 돌출벽의 마감은 보통 석고보드에 도장을 하거나 벽지를 바르는데 투명한 유리를 달아서 공간의 개방감을 연출할 수도 있다. 또한 IH 쿠킹히터를 사용할 경우에는 화기가 아닌 것으로 간주해 내장 제한을 받지 않을 수 있다.

용어 해설

화기 사용실 화덕이나 가스레인지 등 화기를 항상 사용하는 설비를 설치한 방을 말한다. 이러한 방은 불연 재료로 마감해야 한다. 이동식 난로처럼 계절에 따라서 사용하지 않는 설비일 경우에는 내장 제한 대상이 아니다.

목조주택과 내장 제한

내장 제한을 받는 경우

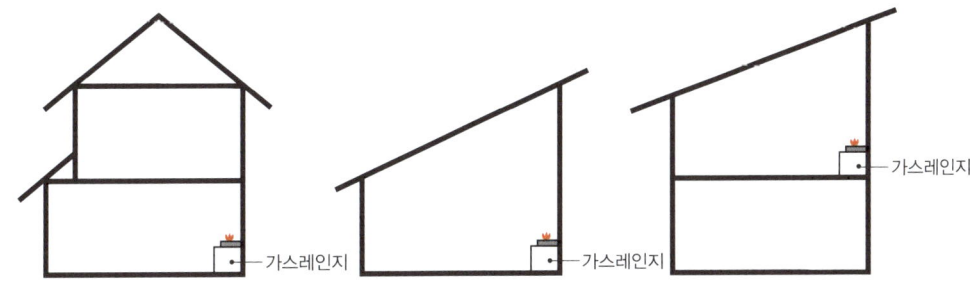

화기를 사용하는 설비(가스레인지 등)가 1층에 있을 경우 내장 제한을 받는다.

주택 외의 목조건축물에서 화기를 사용하는 설비가 있는 경우 단층이거나 설비가 최상층에 있더라도 내장 제한을 받는다.

내장 제한을 받지 않는 경우

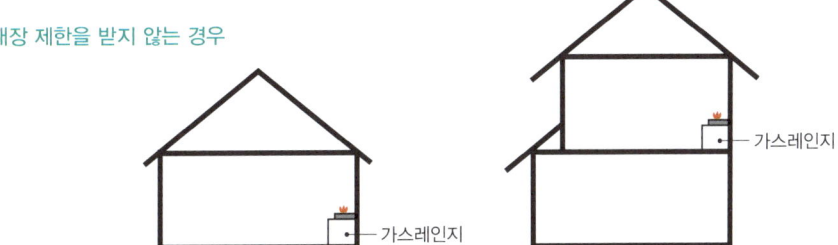

단층 주택 또는 2층 주택이라도 화기를 사용하는 설비가 최상층(단층 주택일 경우 1층)에 있을 경우 내장 제한을 받지 않는다.

거실과 주방의 내장 제한

천장에서 아래로 처진 벽(상인방 위의 작은 벽 등)으로 구역을 나눌 경우

구역을 나누지 않는 경우

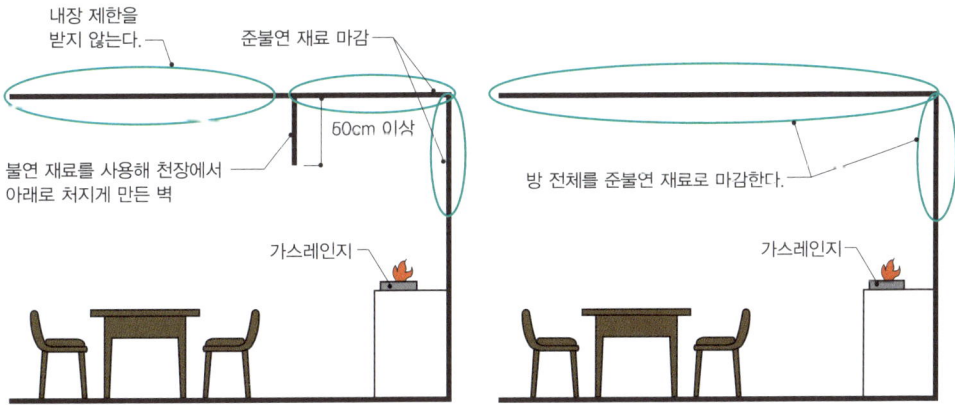

- 내장 제한을 받지 않는다.
- 준불연 재료 마감
- 50cm 이상
- 불연 재료를 사용해 천장에서 아래로 처지게 만든 벽
- 가스레인지
- 방 전체를 준불연 재료로 마감한다.
- 가스레인지

Point 화기 사용실은 내장 제한의 대상이며, 불연 재료를 사용해 마감해야 한다.

079 방음 및 차음

소리에 관한 기초 지식

쾌적하게 생활하려면 불쾌한 소음을 막아야 한다. 그런데 거실처럼 낮 동안 사용되는 공간과 침실처럼 밤 동안 사용되는 공간에서는 불쾌한 소리의 레벨이 다르다.

소리는 강도(dB, 데시벨)와 높이(Hz, 헤르츠), 음색의 차이 등으로 구분된다. 사람의 대화소리 수준인 60dB을 기준으로 그 이상이면 소음이다. 소음은 항공기나 자동차 등과 같이 공기를 매질로 하여 전파되는 '공기음'과 위층의 발소리나 스피커, 자동차, 전철 진동음 같은 '개체음'으로 나뉜다.

차음 대책은 목적별로 생각한다

목조주택에서 차음 성능에 관계되는 부분은 외벽, 개구부, 내벽, 바닥이다. 공기음의 차음 성능은 D값으로 나타낸다. D값이 클수록 성능도 높다. D값으로 표시되는 벽의 차음 성능은 일반적으로 외벽에서 D-40, 내벽에서 D-30 정도다. 벽의 기밀성을 높이거나 벽에 흡음재를 충전해 차음 성능을 높일 수 있다.

개체음의 차음 성능은 L값으로 표시한다. 아이가 뛰거나 돌아다닐 때의 충격음을 중량 충격음(LH), 물건이 떨어지거나 의자를 끄는 소리 등의 충격음을 경량 충격음(LL)으로 분류한다. 바닥의 차음 성능은 L-75(LH, LL 공통) 정도다. 바닥은 중량이 있는 바탕을 사용하면 차음 성능을 높일 수 있다.

새시에 관해서는 JIS에서 T-1부터 T-4까지의 4단계로 차음 성능을 규정해놓았는데 값이 클수록 성능이 좋다. 목조주택용 새시는 루버창을 제외하고 T-1의 차음 성능이 있다. 차음 성능을 높이려면 T-2의 성능을 가지고 있는 알루미늄과 수지의 복합 새시나 이중 새시를 사용하고, 그 이상은 빌딩용 새시로 대응한다.

용어 해설

L값 차음 성능을 나타내는 단위의 일종이며 바닥의 방음 성능을 평가하는 값이다. L값이 낮을수록 차음 성능이 좋다. 바닥이나 벽을 매개체로 하여 전달되는 소리로는 '중량 바닥 충격음=LH'과 '경량 바닥 충격음=LL'이 있다.

달천장(달반자) 마감법

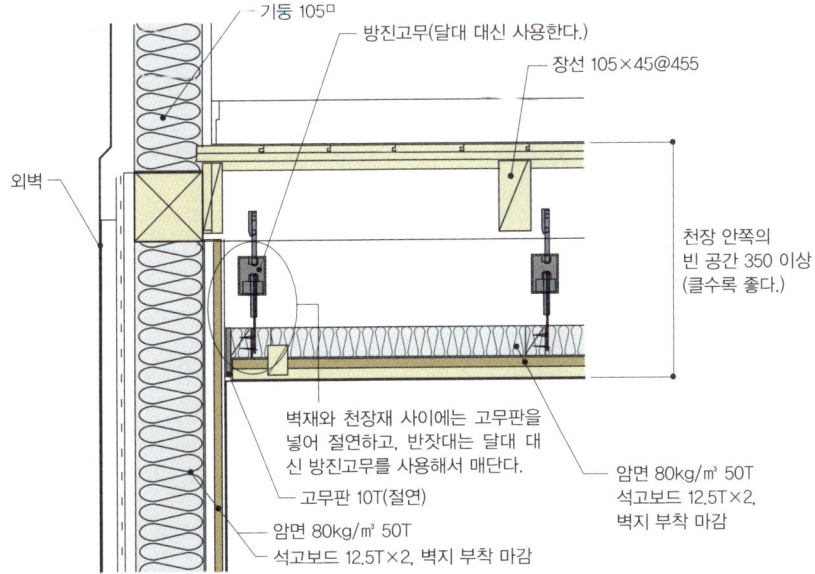

뼈대와 가장자리를 끊은 바닥틀의 마감

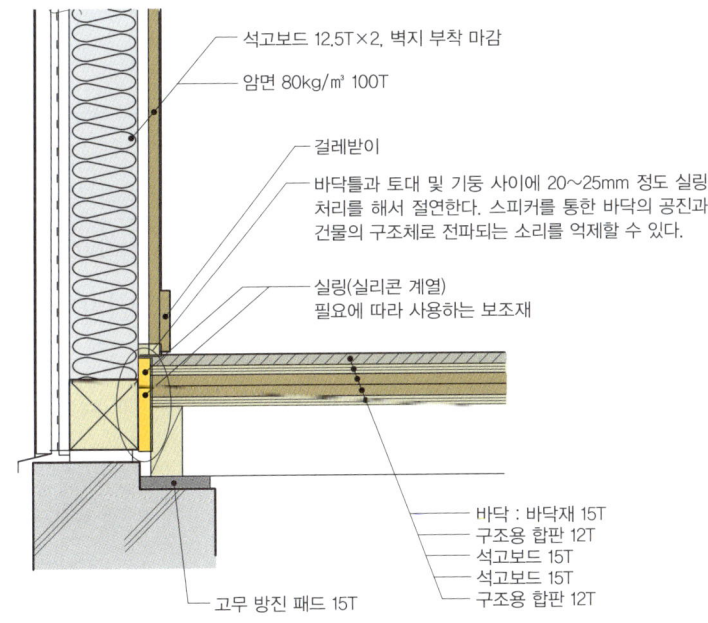

Point 외부에서 전달되는 소음을 차단할 것인지, 실내의 소리가 외부로 나가지 않도록 방지할 것인지 목적을 명확히 한다.

080 다다미방의 기본

다다미방의 기본

일본의 현대 목조주택에서는 본격적인 일식풍 주택을 짓는 경우가 점차 줄어들고 있다. 그러나 방 하나 정도를 다다미방으로 만드는 경우는 꽤 있다. 다다미방은 응접실이나 휴식공간으로 사용하는 등 다양하게 활용할 수 있다. 따라서 목조주택을 설계할 때 다다미방의 기본 양식을 파악해놓으면 도움이 된다.

서체로 하면 해서·행서·초서가 있듯이 다다미방 또한 격조 높고 딱딱한 느낌의 '진眞', 중간의 '행行', 다실 건축 양식 등에 사용되는 부드럽고 친근한 느낌의 '초草'로 표현에 단계를 설정해 공간의 이미지에 적합하게 만든다. 재료부터 마감까지 여러모로 신경 쓴 것을 알 수 있다.

목재 기둥은 선택의 여지가 있다. 네모난 기둥을 '진', 통나무 껍질을 모서리에 남겨 놓는 멘카와面皮 기둥이나 모서리를 깎아 좁은 면을 만드는 사각기둥을 '행', 통나무를 그대로 사용하는 것을 '초'라고 한다. 딱딱한 느낌으로 표현하느냐, 부드러운 느낌으로 표현하느냐에 따라 기둥을 선택할 수 있다.

기본 치수

다다미방은 바닥에 앉았을 때의 눈높이를 기준으로 설계하는데 중심을 낮추는 것이 기본이다. 천장의 높이는 다다미가 8장일 경우 8자(2,400mm) 이상으로는 하지 않는다. 창호의 안치수 높이는 6자(1,800mm) 정도로 한다. 창문도 앉아서 밖이 잘 보일 정도의 높이로 한다. 당연히 선반 높이도 낮게 억제한다.

다다미를 분할하는 방법에는 여러 종류가 있는데 벽심 간에 3자(909mm) 격자를 사용하는 에도마江戶間와 3자 1치 5푼(954.5mm)×6자 3치(1,909mm) 크기의 다다미를 늘어놓은 후 방 배치를 결정하는 교마京間 등이 있다. 에도마에 비해 교마가 크다.

용어 해설

멘카와 기둥 통나무를 기둥용 각재로 가공할 때 모서리 부분에 통나무 껍질을 남겨놓고 마감한 기둥을 말한다. 다실이나 다실풍 건물의 서재 등에서 사용한다. 통나무를 옹이가 없는 각재로 연마할 경우 껍질 부분을 5, 6푼(약 15~18mm) 정도 남겨놓고 네 면을 깎아내면 아름다운 나뭇결이 나타난다. 수령이 어느 정도 경과한 통나무로 기둥을 만들 수 있다.

다다미방의 치수

척촌법

1자=303mm
1치=30.3mm
1푼=3.03mm
한 칸=6자=1,818mm
반 칸=3자=909mm

반 칸을 910mm로 하는 경우가 많은데 척촌법과 오차가 생기므로 909mm로 해야 좋다.

기둥의 진, 행, 초

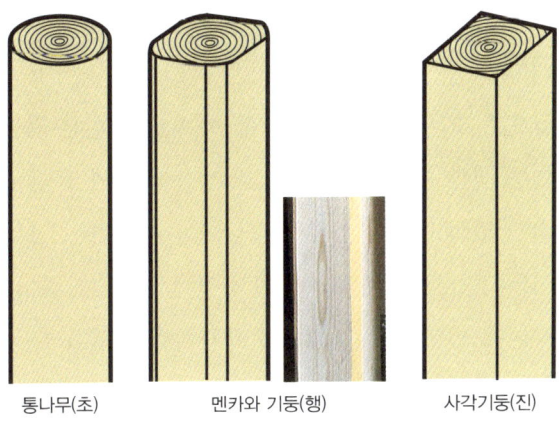

통나무(초)   멘카와 기둥(행)   사각기둥(진)

다다미방의 평면 치수

교마

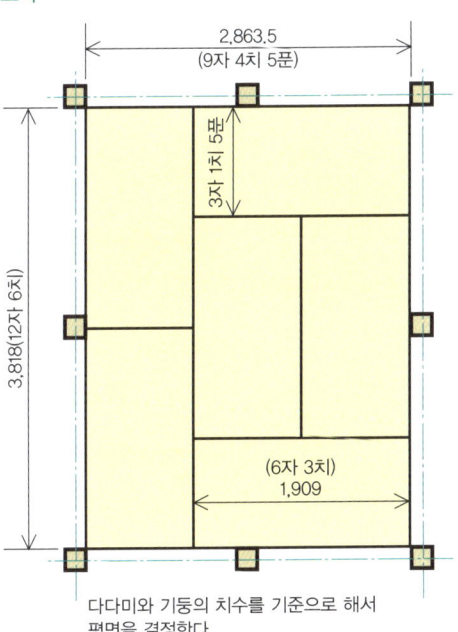

2,863.5 (9자 4치 5푼)
3자 1치 5푼
3,818(12자 6치)
(6자 3치) 1,909

다다미와 기둥의 치수를 기준으로 해서 평면을 결정한다.

에도마

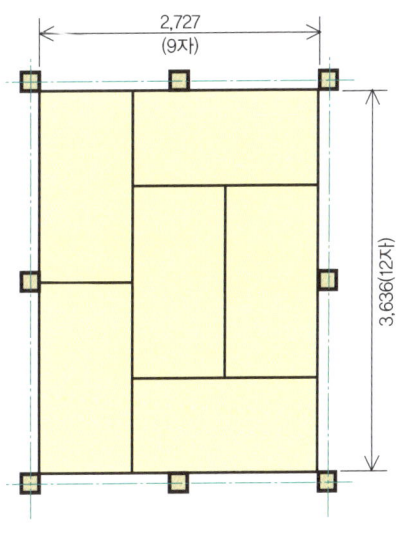

2,727 (9자)
3,636(12자)

기둥 폭의 중심선을 기준으로 해서 평면을 결정한다.

Point 다다미방의 치수는 척촌법으로 설계하는데, 반 칸을 909mm로 해서 설계하면 오차가 생기지 않는다.

081 다다미, 도코노마

다다미

짚으로 만든 판에 겉돗자리를 붙여 만든 일본 전통 바닥재로 두께는 약 60mm다. 최근에는 짚판 대신 압출 폴리스틸렌폼이나 연질 섬유판을 사용하는 것도 많다. 장식 테두리가 없는 다다미나 류큐 다다미를 사용하는 경우도 많아졌다. 다다미 가공비는 한 장이든 반 장이든 거의 비슷해서 전체적으로 가격이 크게 변하지 않는다.

기능 면에서 조습 효과를 생각하면 짚판을 사용한 다다미를 까는 편이 좋다. 겉돗자리와 짚판 사이에 방충매트를 끼워 넣는 경우도 있다. 그러나 알레르기가 있는 건축주의 주택에 사용할 경우 함유되어 있는 성분을 꼼꼼히 따져봐야 한다.

다다미방의 바탕에는 합판을 깔고 그 위에 다다미를 깐다. 이때는 주로 두께 12mm짜리 합판을 사용한다. 삼나무 판을 사용하기도 한다. 그리고 벽과 다다미의 틈새에 다다미요세畳寄せ라고 하는 몰딩 부재를 설치한다. 일반적으로 다다미요세를 설치하고 치수를 재서 그 위에 다다미를 깐다. 다다미를 깔 때는 다다미의 짧은 변이 도코노마와 정면으로 만나면 안 된다. 단, 다실의 경우 예외도 있다.

도코노마

격식을 차려 만든 도코노마床の間(일본 다다미방에서 볼 수 있는 장식. 바닥을 한층 높게 만들어 그림이나 꽃 등으로 꾸며놓는다–옮긴이)의 바닥은 '혼도코本床'라고 하는데 이 부분에는 표면을 얇은 테두리로 장식한 다다미를 깐다. 장식 기둥에는 명목이라 불리는 고급 목재를 사용하거나 삼나무를 연마한 통나무나 모서리에 통나무 껍질을 남겨놓고 가공한 각재를 사용한다.

방의 크기에 따르기도 하지만 바닥의 높이를 너무 높게 하지 않고 가로대도 너무 위로 올리지 않으면 품위 있게 마감할 수 있다. 격식을 차린 도코노마를 만들 수 없더라도 평상을 놓고 위쪽 벽에 장식 선반이나 가로로 긴 판재를 달아서 꾸미는 경우가 있다.

용어 해설

다다미 겉돗자리 다다미 표면에 붙이는 부분을 말하며 보통 등심초(골풀)나 시치토七島 등심초의 줄기를 건조시켜서 짠다. 신소재를 사용해 겉돗자리풍으로 마감한 제품도 있다. 돗자리를 짜는 방법은 다양하다.

다다미 마감법

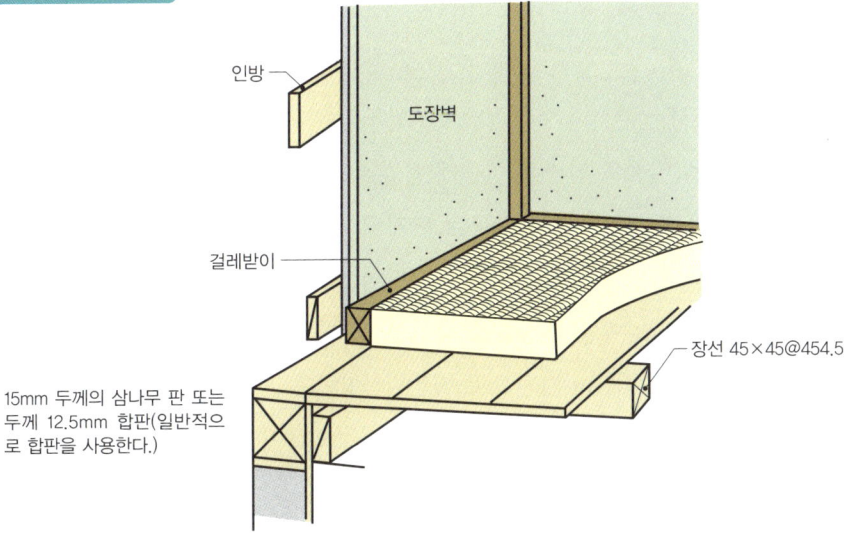

도코노마(정식 도코노마)

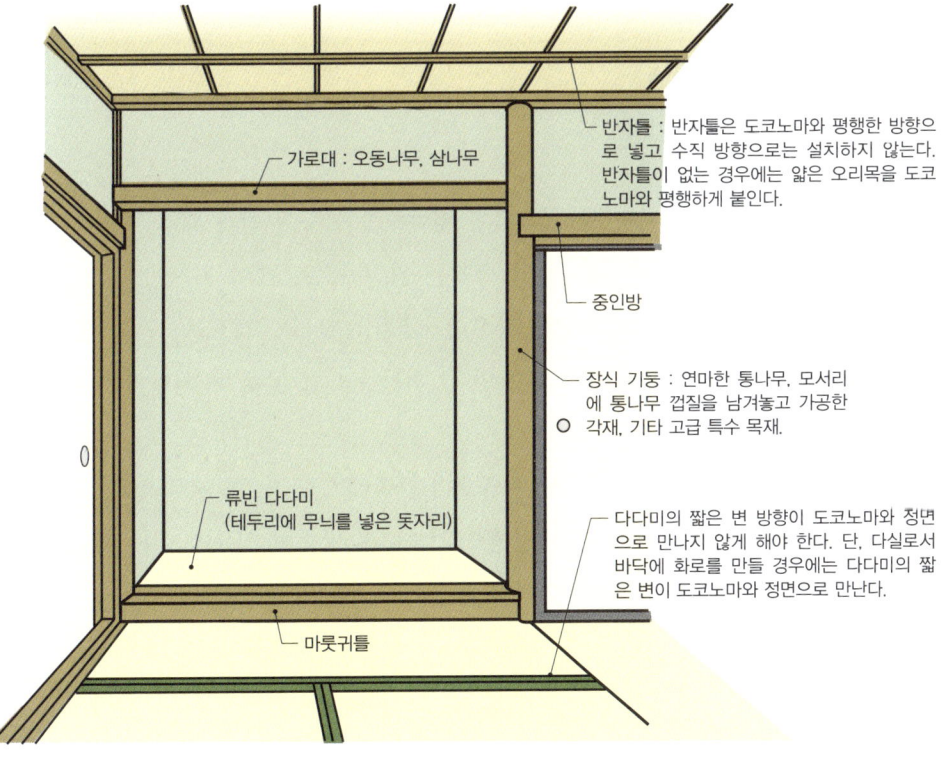

Point 원칙적으로 다다미의 긴 변 방향을 도코노마와 평행하게 깔아야 한다.

제5장 내장과 마감

082 반자틀 천장, 툇마루, 내부 마감

천장과 내부 마감

다다미방의 천장은 대체로 합판의 이음매에 간격을 두고 붙여 욕실 발판 모양처럼 만든다. 이음매에는 곧은결과 널결이 있는데 판재의 중심 부근에 나뭇결이 있는 것이 차분한 느낌을 준다. 바닥과 마찬가지로 줄눈 방향이 도코노마와 평행하도록 주의한다.

격식을 차린 다다미방에는 반자틀을 넣어서 반자틀 천장으로 만든다. 보통 20mm 정도의 반자틀을 360~450mm 간격으로 넣는다. 평반자라고 해서 20×30mm 정도의 부재를 가로 방향으로 부착하는 마감도 있다. 기본적으로 반자틀은 도코노마와 평행한 방향으로 넣는다.

다다미방의 내부 마감 틀은 신카베 방식이 기본이며, 노출이 되는 부분의 폭은 대략 30~35mm 정도로 한다. 서양식 방에 비하면 넓다. 기본적으로 모서리를 마감할 때 고정하지 않는다. 또한 부재의 모서리에 면을 만들고 면의 폭과 방향으로 디테일을 결정한다. 중인방에 면을 만들어 전체 디자인을 부드럽게 하는 경우도 있다.

툇마루

제대로 격식을 차린 다다미방 앞에는 넓은 툇마루를 만들어 안과 밖을 연결하는 중간적인 영역을 연출한다. 넓은 툇마루의 크기는 원칙적으로 폭이 3자(909mm)에서 6자(1,818mm)다. 일반적으로 가장 적합한 폭은 3자 5치(1,060mm) 정도다. 구조적으로 고려해 달개지붕을 만들면 훨씬 격조 있어 보인다. 천장 높이를 낮게 해 처마 안쪽부터 천장을 장식하는 경우도 있다.

실외에 설치하는 덧문 밖 툇마루는 차양보다 안쪽에 만들고, 폭 600mm 정도로 하는 것이 표준이다. 판재는 가로나 세로 방향으로 붙이는 방법이 있는데 어느 쪽이든 바깥쪽으로 배수경사를 확보해 빗물이 고이지 않게 하는 것이 중요하다.

용어 해설

달개지붕 몸채의 지붕에서 뻗어 나온 한쪽으로 경사진 지붕 또는 그 밑에 있는 돌출된 공간을 말한다. 달개지붕은 원칙상 가구架構와 공간 배치를 일치시켜 창고, 복도, 화장실 등으로 이용되는 경우가 많다.

소폭 판재끼리 연결한 천장

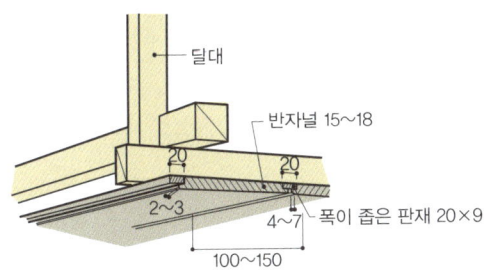

넓은 툇마루의 구성

반자틀 천장

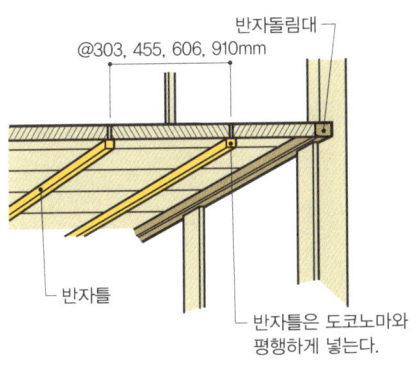

천장 줄눈과 반자틀 방향

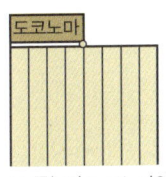

× 줄눈이 도코노마와 정면으로 만난다.
○ 줄눈의 방향이 도코노마와 평행하다.

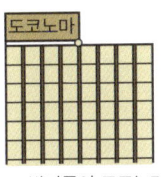
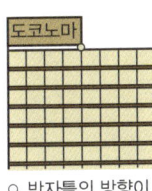

× 반자틀이 도코노마와 정면으로 만난다.
○ 반자틀의 방향이 도코노마와 평행하다.

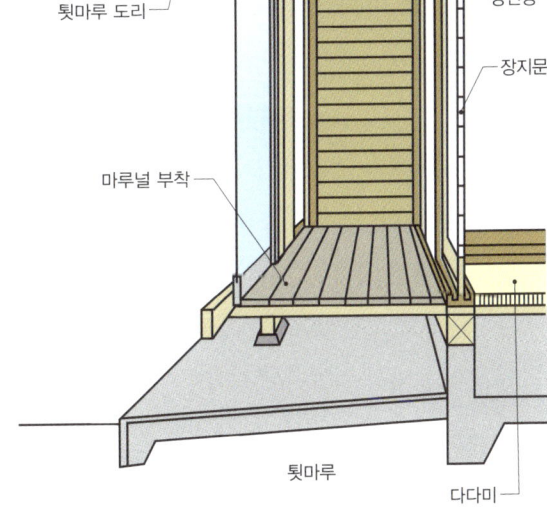

Point 다다미방의 마감 틀은 외관의 폭이 서양식 방보다 넓으며, 모서리를 고정해서 마감하지 않는다.

083 장지문, 맹장지문

장지문

다다미방의 창호에는 주로 장지문과 맹장지문이 사용된다. 장지문과 맹장지문은 만드는 방법과 소재의 사용 방법이 다양해서 기본을 파악해놓아야 한다. 장지문을 사용하면 장지를 통과한 빛이 방으로 부드럽게 들어오는 공간을 연출할 수 있다. 그런 이유로 서양식 방에도 장지를 사용하는 경우가 많아졌다.

장지문의 두께는 30mm 정도다. 예전에는 장지의 폭에 따라 문살을 나누었지만 최근에는 폭이 넓은 장지가 있어서 문살을 자유롭게 분할할 수 있게 되었다. 엮은 문살을 약간 큼직하게 분할한 디자인은 서양식 방에도 어울린다. 장지문의 소재는 삼나무나 가문비나무 등을 사용한다. 삼나무에는 아키타에서 나는 삼나무와 같이 고급스러운 재목이나 일반적으로 사용되는 지역 삼나무가 있다.

장지문의 모양은 오른쪽 그림과 같이 여러 가지가 있는데 하부를 밀어 올릴 수 있는 유키미 장지문은 개구부 연출에 효과적으로 사용할 수 있다.

맹장지문

목재로 격자 모양의 틀을 만들어 안에 화지를 붙이고 그 위에 마감용 맹장지를 붙인 다음 주위에 틀을 부착한 문이다. 맹장지문의 두께는 7푼(21mm)이 표준이다. 일반적인 판자문의 홈 치수와는 다르므로 주의해야 한다.

맹장지문 틀은 검은색이나 갈색으로 도장하는데 옻칠이나 옻과 비슷한 색감의 도료인 캐슈를 칠한다. 무광과 유광이 있는데 무광이 고급스러운 느낌을 준다. 자연스러운 느낌을 내려면 칠하지 않은 나무로 만든 틀을 붙이거나 틀이 없는 양면 붙이기 방식의 맹장지문으로 하면 좋다. 문고리는 여러 가지 모양이 있는데 일반 주택에서는 부드러운 목재를 사용해서 원형이나 사각형 등 단순한 모양으로 만드는 게 좋다.

용어 해설

양면 붙이기 맹장지문 등의 창호를 만드는 방법 중 하나다. 맹장지문과 같이 격자 모양 골조의 겉쪽과 안쪽에 종이나 판재를 붙여서 속을 비운다. 속에 공기층이 있어서 단열성이 있으며 주로 한랭지에서 사용되었다.

장지문의 구조와 주요 종류

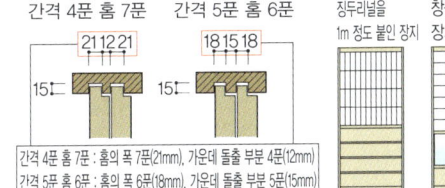

일반적으로 두께는 30mm이며 종류에는 가로로 엮은 문살을 넣은 문(요코구미), 가로로 엮은 문살을 많이 넣은 문(요코시게구미), 세로로 엮은 문살을 많이 넣은 문(다테시게구미), 정사각형으로 엮은 문살을 넣은 문(마스구미) 등이 있다. 고급스러운 재질로 마감할 때는 편백나무를, 일반적인 건물에서는 삼나무를 주로 사용한다. 재료는 보통 껍질만 벗긴 재목이지만 고급스럽게 마감할 때는 옻칠을 한다. 요즘에는 도장을 하는 경우도 있다.

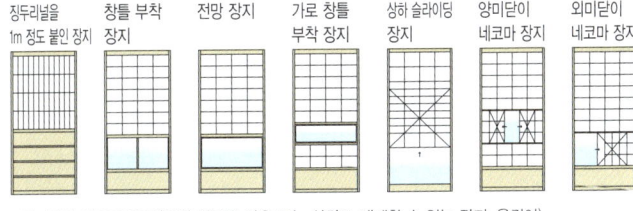

맹장지문의 구조와 주요 종류

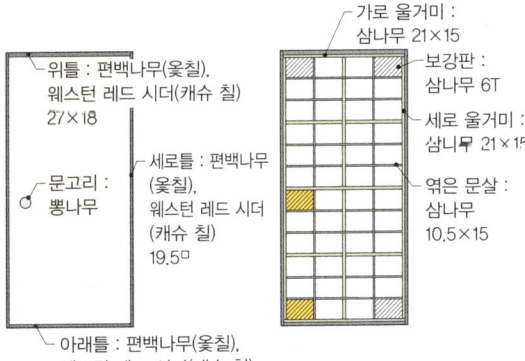

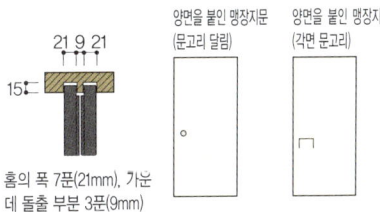

높이 1,800mm, 폭 900mm 내외의 맹장지문에서 안쪽에 넣는 문살은 세로 3개, 가로 11개로 한다. 가로, 세로 울거미 21×15, 21×16.5, 엮은 문살 10.5×15 또는 18×15, 힘살 24×15, 27×15 정도로 한다. 바탕의 뼈대를 보강하기 위해 세로 방향의 엮은 문살을 양 끝에만 하나씩 넣은 것도 있다. 네 모서리에 두께 6mm 정도, 폭 100mm 내외의 보강판을 넣어 맹장지문이 처지는 것을 방지한다.

Point 장지문의 두께는 30mm, 맹장지문의 두께는 21mm 정도가 표준이다.

084 현관

현관의 기본적인 구조

현관은 주택의 얼굴로서 사람을 제일 먼저 맞아들이는 역할을 한다. 여기에서는 현관의 기본적인 구조에 대해서 설명한다.

　미국이나 유럽에서는 현관문을 안여닫이로 만든다. 밖에서 밀면 안에서도 밀면서 버틸 수 있기 때문에 방범 면에서는 안여닫이가 좋다고 평가되고 있다. 또 사람을 맞아들이는 점에서도 안여닫이가 적합하다. 하지만 방수상의 마감으로는 외여닫이가 적합해 일본 주택의 현관문은 대부분 외여닫이다. 기성품 새시 도어는 비용적으로 선택지가 많다. 어중간한 디자인보다는 심플한 아파트용 문 등을 활용하는 것도 한 가지 방법이 될 수 있다.

　현관 토방은 타일을 붙이거나 씻어내기 마감, 단순한 모르타르 마감, 모르타르에 자갈을 박아 넣는 마감 방식 등으로 한다. 토방에서 마루로 올라오는 부분을 현관 마룻귀틀이라고 한다. 마룻귀틀은 토방에서 1층의 마루로 올라가는 단의 모서리에 붙인다. 일반적으로 단에 250mm 정도 차이를 둔다. 신발을 신고 벗으려면 250mm 정도의 높낮이 차가 적합하며 그보다 낮게 하면 무릎을 구부려야 움직일 수 있기 때문에 사용하기 불편해진다. 문턱 제거를 위해 높낮이 차를 없애는 경우도 있지만 이때는 의자를 놓아 신발을 신고 벗는 동작을 보조해야 한다. 현관 마룻귀틀의 재질은 바닥재에 어울리는 것을 선택하는데 보통 졸참나무나 편백나무 등을 사용한다.

현관 수납

하부 신발장은 반드시 필요하며 신발 외에도 우산, 우비 등을 보관할 수 있는 수납공간을 만들어야 한다. 현관과 이어지는 현관 수납공간은 밖에서 사용하는 물건이나 흙이 묻은 채소 등을 수납할 수 있어서 편리하다.

용어 해설

씻어내기 마감 미장 마감의 일종이며, 쇄석을 골고루 섞은 모르타르를 위에 칠한 뒤 물이나 산으로 씻어내 모르타르에 남아 있는 자갈이 자연스러운 느낌으로 보이도록 하는 마감이다. 현관의 토방이나 어프로치 등에 사용된다.

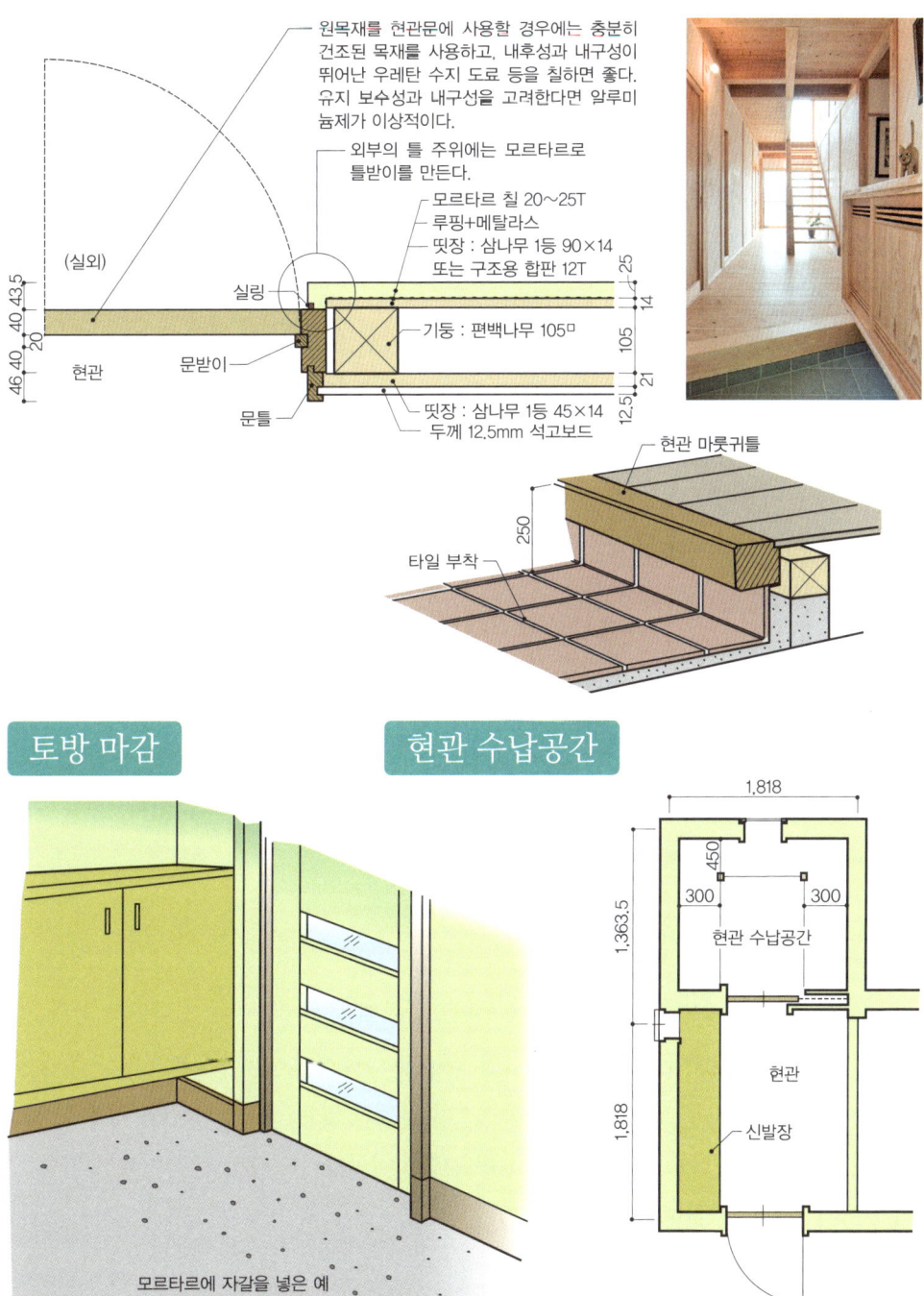

제5장 내장과 마감

085 욕실, 화장실

욕실

욕실과 화장실은 설비를 설치해야 하므로 마감이 복잡하다. 최근에는 방수성과 시공시간, 비용 면에서 유리한 유닛 배스를 사용하는 경우가 많다. 바탕을 만들고 욕조를 붙박아 놓은 뒤 타일 등으로 마감하는 지금까지의 방법을 재래공법이라고 하는데 이 공법은 기초를 일반적인 기초 상단보다 600mm 정도 높게 세워 토대나 기둥이 잘 썩지 않게 하거나 내수 합판으로 바탕을 만들어 방수층을 시공함으로써 방수성을 높인다.

욕실 바닥면의 높이는 고령자나 장애가 있는 사람을 고려해서 일반 바닥면과의 높낮이 차이를 없애야 한다. 이때 배수를 위해 입구에 그레이팅이 달린 배수구를 설치한다. 입구의 문은 미닫이로 하는데 휠체어가 이동할 수 있는 폭을 확보하려면 3면 미닫이문으로 하는 것이 좋다. 바닥에는 일반적으로 바닥용 타일 등을 붙인다. 발바닥이 차가워지지 않는 타일도 있다. 찬 기운을 피하는 방법으로 500×500mm 정도의 편백나무 발판을 바닥과 평평하게 묻어 넣고 그 위에 배수를 확보하는 경우도 있다. 목재 발판은 분리해서 말릴 수 있도록 해놓는다.

벽에는 타일이나 전용 패널을 깐다. 바닥에서 1m 정도까지의 부분에 타일을 붙이고 그 위쪽은 편백나무나 화백나무 등과 같이 물에 강한 판재를 붙이기도 한다. 천장은 수지제 욕실용 패널을 붙이거나 판재를 붙인다.

화장실

화장실 문은 안에 있는 사람이 쓰러졌을 때를 생각해서 외여닫이나 미닫이로 한다. 벽마감은 일반적인 실내와 마찬가지로 하면 되는데 바닥에서 1m 정도까지의 부분에 나무판을 붙여 때가 덜 타게 하면 좋다. 고령자나 장애가 있는 사람을 고려할 경우 문턱을 제거하여 바닥의 높낮이 차이를 없애고 손잡이를 설치하거나 훗날 손잡이를 설치할 수 있게 미리 바탕을 만들어놓아야 한다.

용어 해설

내수 합판 JAS 규격에서는 합판의 접착강도를 보증하기 위해 합판에 사용하는 접착제의 내수 성능에 따라 내수성이 높은 것부터 특류, 1류, 2류, 3류의 4단계로 분류하고 있다. 일반적으로 내수 합판은 특류 또는 1류를 말한다.

욕실의 구성

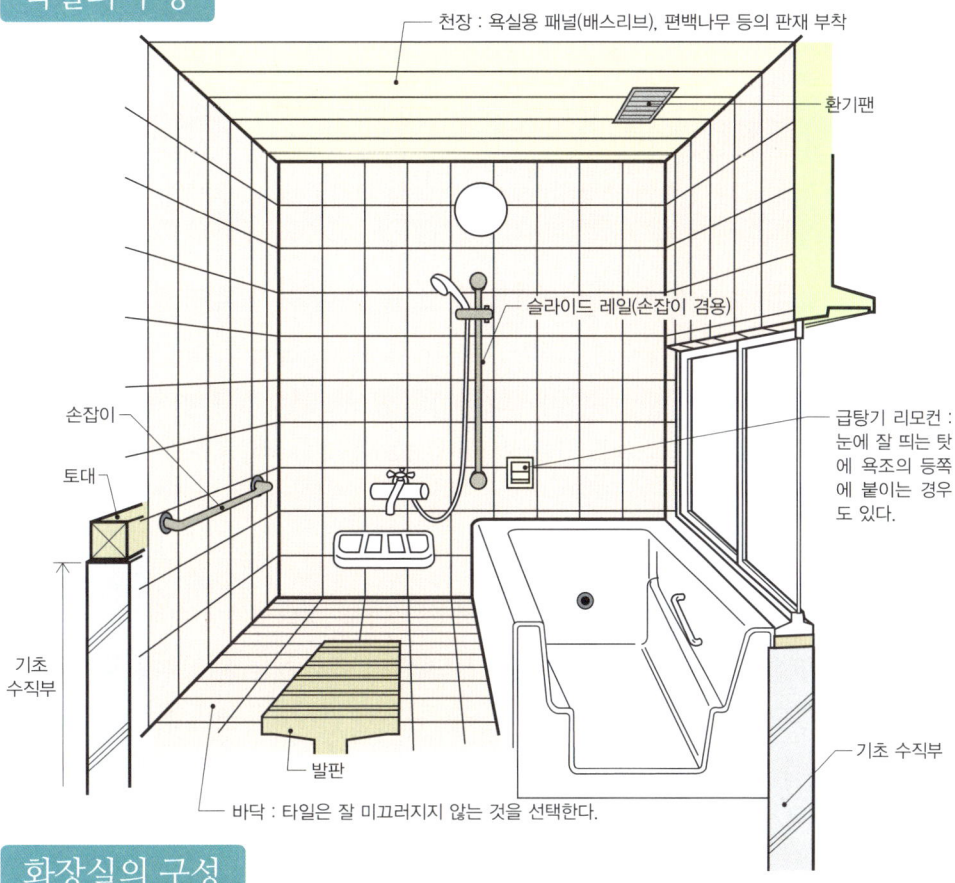

화장실의 구성

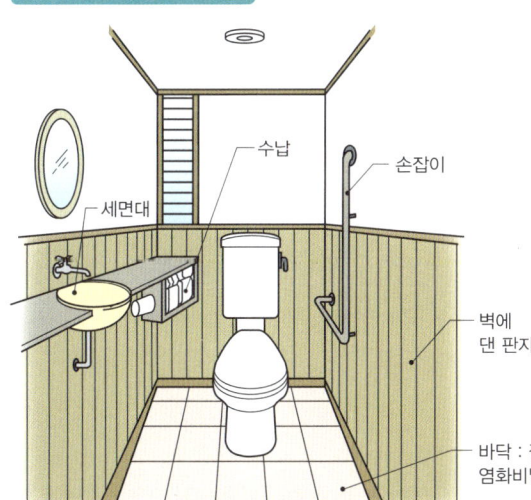

하프 유닛 배스. 위의 마감 방식은 자유롭게 선택할 수 있는 타입이다.

> **Point** 욕실을 재래공법으로 만들 경우 기초 상단을 보통보다 600mm 정도 높게 만들어 토대나 기둥의 부식을 방지한다.

제5장 내장과 마감 187

086 주방

설비와 수납을 집중시킨다

주방은 설비가 집중되어 있어 대량의 수납공간이 필요하다. 또 거주자의 생활방식에 따라 여러 가지 구조를 생각할 수 있으므로 설계자가 실력을 발휘해야 할 부분이다.

주방가구는 기성품을 선택하거나 개별로 붙박이를 설치하는 두 가지 방법이 있다. 기성품은 시스템키친이라고 불리며 개수대, 가스레인지대 등이 연결된 가정용과 업무용 등의 선택지가 있다. 시스템키친은 가격의 폭이 다양하고 개수대의 상판도 스테인리스와 인조대리석 등 종류가 풍부하다. 서랍식 수납장이나 식기세척기 등을 짜 넣는 등 변형 방법도 다양하다.

서랍장이나 수납공간 등을 주문 제작할 경우에는 상판만 설치하고 아래쪽을 개방하면 비용도 많이 들지 않고 사용하기에도 편하다. 개별로 붙박이를 설치하면 가격이 저렴하지만 상판에 이음매가 생겨 근래에는 그다지 사용되지 않는다. 업무용은 중고품이나 가격이 저렴한 범용품도 있다. 실용적이기도 하므로 거주자에 따라서는 요긴하게 활용할 수 있다.

수납

주방에는 많은 수납공간이 필요하다. 더불어 전기밥솥이나 포트 등 가전기구를 놓을 공간과 작업공간도 필수적이다. 개수대나 수납장 밑을 개방해놓으면 쓰레기통을 놓는 공간으로도 활용할 수 있다. 식료품 보관 창고를 작게라도 만들면 편리하다. 이때 폭 100mm 정도의 얕은 선반을 만들면 식료품을 수납하기 좋다.

바닥 하부 수납공간은 바닥난방 기기를 설치할 경우에는 사용할 수 없고, 있더라도 충분히 활용하지 못하는 경우가 많아서 필요 여부를 면밀히 검토해야 한다.

용어 해설

시스템키친 개수대와 조리대, 가열 조리기기, 수납공간 등을 조합하고 그 위에 상판을 올려서 일체화한 주방을 말한다. 1960년대 중반, 고도 경제성장기에 독일에서 수입되어 일본의 주택에 맞게 변형되었다.

주방의 구성

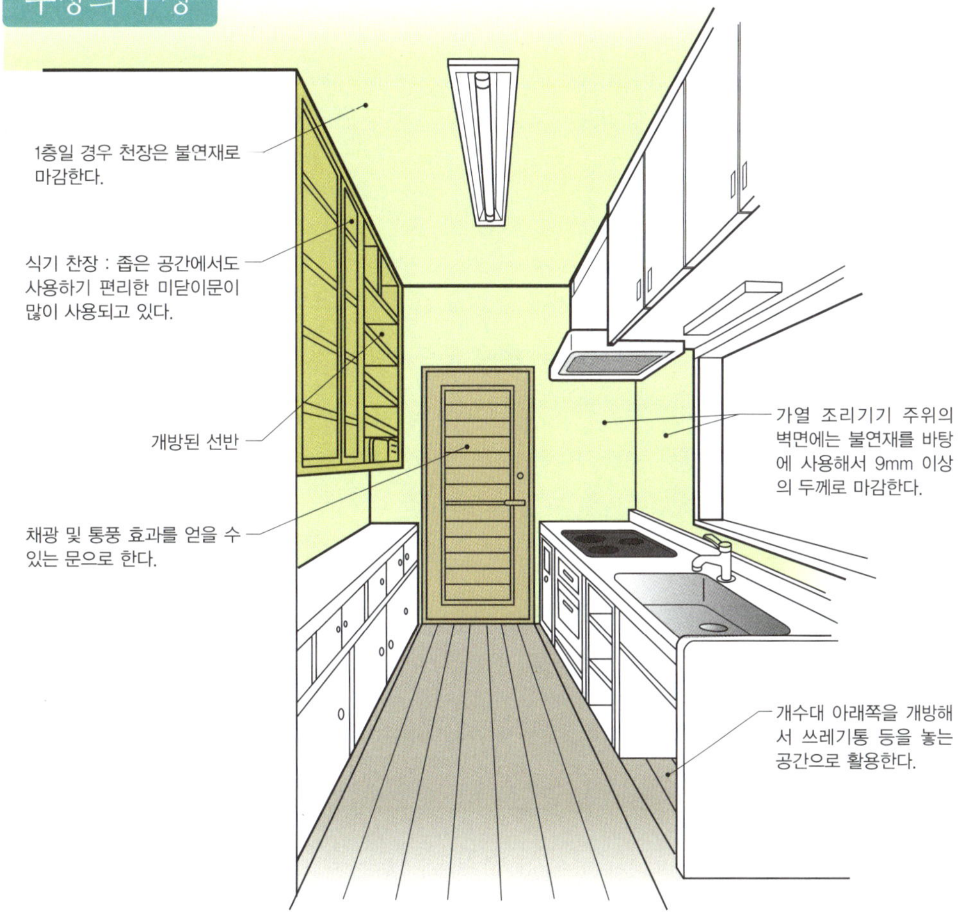

- 1층일 경우 천장은 불연재로 마감한다.
- 식기 찬장 : 좁은 공간에서도 사용하기 편리한 미닫이문이 많이 사용되고 있다.
- 개방된 선반
- 채광 및 통풍 효과를 얻을 수 있는 문으로 한다.
- 가열 조리기기 주위의 벽면에는 불연재를 바탕에 사용해서 9mm 이상의 두께로 마감한다.
- 개수대 아래쪽을 개방해서 쓰레기통 등을 놓는 공간으로 활용한다.

주방의 레이아웃과 특징

폐쇄식

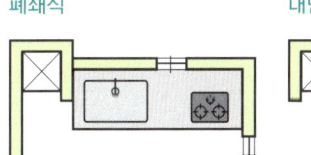

다른 공간에서 내부가 보이지 않고 채광 효과를 기대하기 어렵다. 본격적으로 요리하기에 적합하다.

대면식

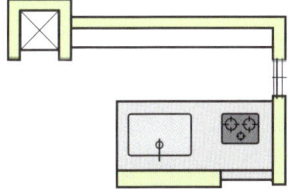

다른 공간과 일체화된 공간을 이룬다. 조리대 위에 선반을 매달아 설치하면 반폐쇄식 공간이 되는데 최근에는 선반을 매달지 않는 경우가 많다.

아일랜드식

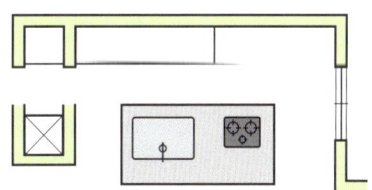

다른 공간과 완전히 일체화한다. 수납공간을 많이 설치해 난잡해지지 않도록 연구하고, 냄새나 연기 등이 거실 및 다른 공간으로 빠져나가지 않도록 환기 대책을 세워야 한다.

Point 붙박이 주방가구는 단순하게 만들고, 아래쪽을 개방하면 사용하기 편하고 비용도 절감할 수 있다.

087 계단

계단의 형식과 기본 치수

계단은 굴러떨어지는 사고가 발생하기 쉽다. 그렇기에 안전하면서도 오르내리기 쉬운 계단을 만들어야 한다.

계단의 형태는 주택 전체의 평면이나 단면을 계획할 때 정해지는데 직선으로 오르내리는 곧은계단과 중간에 방향을 U자로 틀어 오르내리는 꺾인계단, 나선계단 등 다양하게 변형할 수 있다. 계단 면적을 확보해야 하는 문제가 있기는 하지만 안전성을 고려한다면 계단참을 만드는 것이 좋다. 또한 꺾인계단에서 중간에 방향을 트는 부분의 계단 수는 3단 이하로 한다.

계단의 기울기는 일단 45도 이하를 기준으로 설정한다. 계단 폭을 750mm 이상 확보하려면 벽심 간의 간격을 900mm, 가능하면 1,000mm는 잡아야 한다. 계단 한 단의 높이는 층높이를 등분해서 치수를 정한다. 목조주택의 계단 한 단의 높이는 일본 건축기준법에서 230mm 이하, 단 너비는 150mm 이상으로 규정되어 있다. 올라가기 쉽게 하려면 단 높이 200mm 이하, 평면적으로는 단 너비 225mm 정도를 확보해야 한다.

계단의 구조

양옆에 설치한 계단옆판으로 디딤판을 지탱하는 방식은 가장 일반적인 계단의 구조라고 할 수 있다. 계단옆판을 톱날 모양으로 따낸 판재를 '따낸 옆판'이라고 하는데 그 위에 디딤판과 챌판을 대는 계단도 있다. 최근에는 기성품 조립계단이 많이 사용되고 있다. 또한 디딤판이 미끄럽지 않도록 계단코 부분에 홈을 파거나 미끄럼 방지용 논슬립을 설치하기도 한다.

안전성을 확보하기 위해 난간 설치가 의무화되어 있는데 난간의 일반적인 두께는 30mm 정도이며, 약간 가늘게 만들어야 잡기 편하다. 보통은 한쪽에 설치하는데 미래를 생각해서 양쪽에 설치할 수 있도록 벽면에 난간 부착용 바탕을 만들어놓으면 좋다.

용어 해설

계단옆판 가구와 계단을 구성하기 위해 옆면에 부착하는 판재. 계단옆판에는 디딤판을 끼워 넣듯이 설치할 수 있다.

계단의 표준 치수

일본 건축기준법에서 규정한 계단 치수

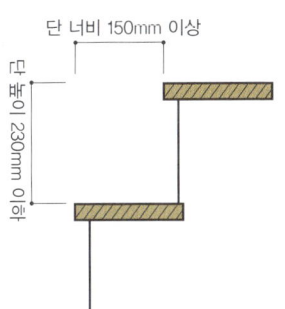

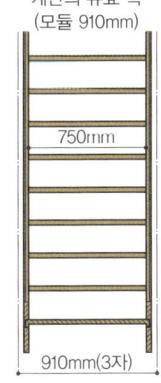

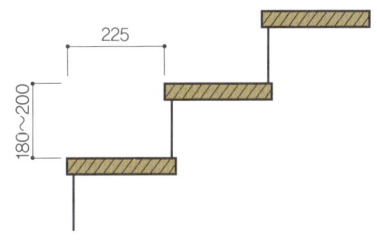

유효 폭을 750mm 이상으로 설정해야 하는데 난간이 벽면에서 100mm 이하로 돌출된 경우에는 유효 폭에 넣지 않고 계산할 수 있다.

계단과 천장 높이의 관계

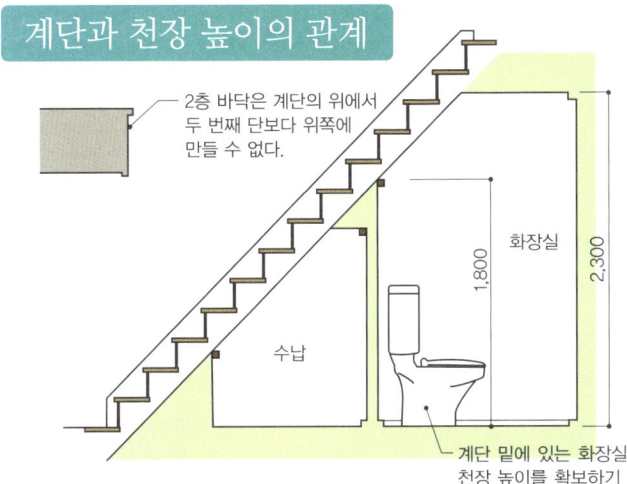

- 2층 바닥은 계단의 위에서 두 번째 단보다 위쪽에 만들 수 없다.
- 계단 밑에 있는 화장실의 천장 높이를 확보하기 어렵다.

계단을 시공하는 모습

옆판계단

꺾인계단(굴절계단)

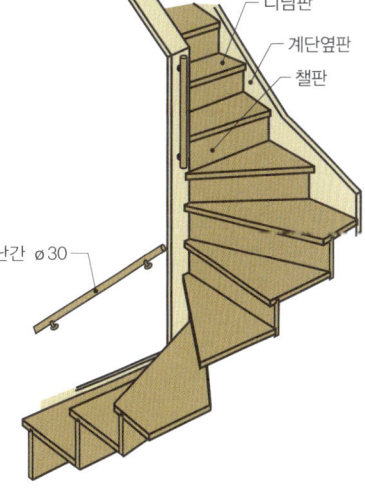

Point 일본 건축기준법에서는 계단의 유효 폭과 챌판, 디딤판의 최소 치수를 규정하고 있다.

088 수납

수납실과 창고

현대의 주택에는 많은 양의 물건이 넘쳐나고 있다. 그런 까닭에 필요한 물건을 정리한 뒤 수납량을 생각해야 한다. 면적에 여유가 있으면 수납을 전용으로 하는 독립된 공간으로 수납실과 창고를 설치한다. 내부에는 수납가구를 놓거나 선반이나 옷걸이 행거를 설치해서 편의성을 높인다. 특히 벽장 크기의 개방형 선반을 만들면 편리하다.

계단 밑을 수납공간으로 할 경우 바닥재를 깔지 않고 바닥 하부를 활용해 식료품 저장고 등으로 만들면 많은 수납량을 확보할 수 있다. 또 냉암소라서 저장에 적합한 온도와 습도를 확보할 수 있는 점도 장점이라고 할 수 있다. 현관과 연결해서 창고를 설치하면 신발이나 밖에서 사용하는 물건 등을 수납하기에 편리하다.

일본식 벽장과 수납장

일본에서는 일반적으로 이불을 수납하기 위해 다다미방에 벽장을 만든다. 요를 접었을 때의 치수가 평균적으로 900×650mm 정도이므로 벽장의 폭은 가능한 한 벽심 간의 간격을 1,000mm 정도 확보해야 한다.

벽장의 천장 수납장은 물건을 넣고 빼기 어려운 탓에 만들어놓아도 결국은 활용하지 못하는 경우가 대부분이다. 따라서 천장 수납장을 설치하지 않고 벽장 안 상부에 폭 400mm 정도의 안길이가 짧은 선반을 다는 편이 훨씬 실용적이다. 천장 수납장을 설치할 경우 창호를 만들지 않으면 비용을 줄일 수 있다.

수납장은 속이 깊지 않아야 물건이 앞뒤로 쌓이지 않고 사용하기 편리하므로 안길이를 300~400mm 정도로 설정한다. 또 수납장에는 문 대신 롤스크린이나 발 등을 달아서 가리개로 사용하면 비용을 절감할 수 있다. 책장 선반은 A4 치수를 기본으로 해서 높이 320mm, 안길이 230mm 정도로 한다. 외단열로 시공할 때는 벽의 두께를 활용해 책장을 만드는 방법도 효과적이다.

용어 해설

천장 수납장 일본에서 방의 상부에 만드는 수납공간이다. 다다미방의 벽장 상부에 만들어놓은 수납장이 많은데 원래는 정식 다다미방에서 도코노마 옆에 있는 다른 선반의 상부에 설치된 벽장식 수납장을 말한다.

수납에 필요한 치수

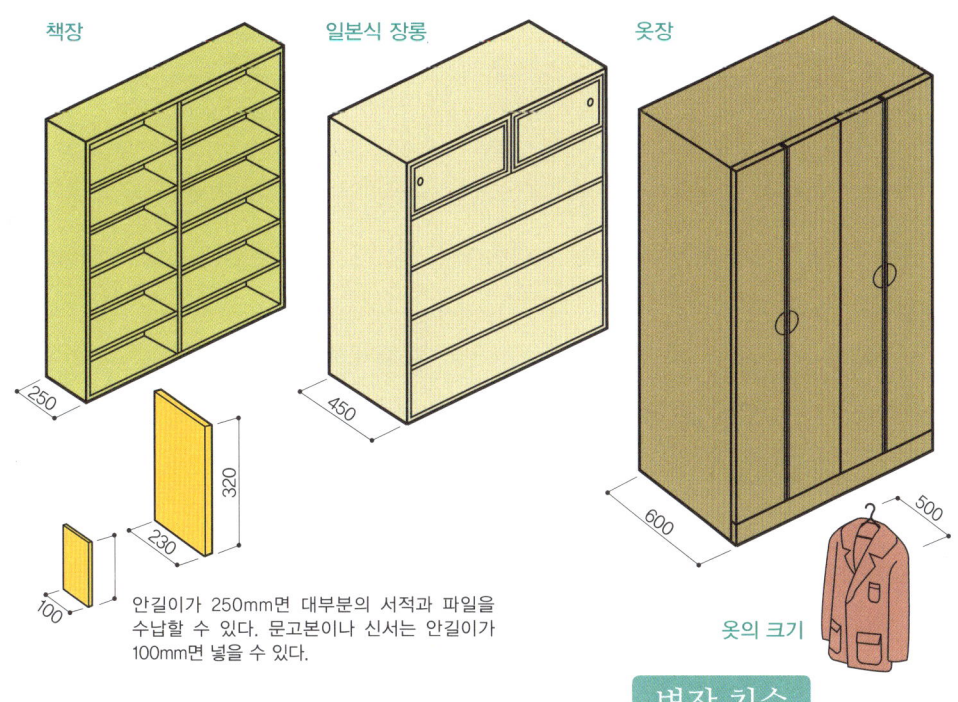

안길이가 250mm면 대부분의 서적과 파일을 수납할 수 있다. 문고본이나 신서는 안길이가 100mm면 넣을 수 있다.

수납실의 치수

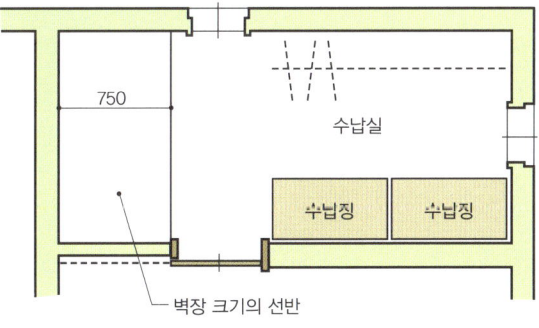

수납실 안에 벽장 크기의 선반을 만든다. 수납실 안에 설치해서 문을 달지 않아도 되기 때문에 비용을 절감할 수 있고, 물건을 쉽게 넣고 뺄 수 있다.

벽장 치수

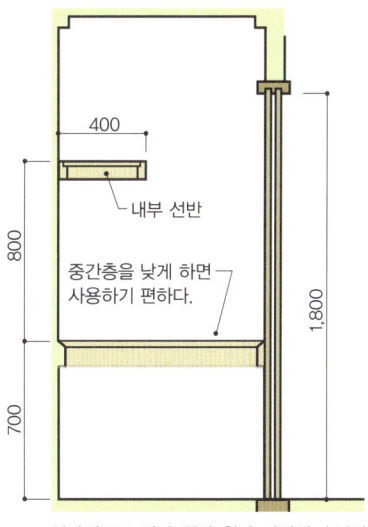

일반적으로 벽장 위와 천장 사이에 수납장을 만드는데 사용하기 불편하므로 천장 수납장을 생략하고 내부에 안길이가 짧은 선반을 설치한다.

Point 수납공간은 무조건 많이 만든다고 좋은 게 아니다. 결과적으로 벽장 위의 천장 수납장 등은 사용하는 일이 드물다.

089 붙박이 가구

붙박이 가구의 장단점

붙박이 가구는 가구와 실내의 소재를 맞출 수 있고 지진이 발생해도 잘 쓰러지지 않는다는 장점이 있다. 반면 생활의 변화에 대응하기 어렵고, 가구에 맞춰 넣은 설비기기를 교체할 경우 크기를 맞추기가 매우 까다롭다는 단점이 있다. 이런 점을 고려해서 필요에 맞게 만들면 좋다.

붙박이 가구는 가구 공사로 제작하는 경우와 목공사를 할 때 틀을 만들고 나중에 창호를 설치하는 방법이 있다. 가구 공사로 만들면 정밀도가 높고 서랍 등을 세밀하게 세공할 수 있지만 비용이 많이 든다.

소재와 치수

일반적으로 붙박이 가구의 문은 실내의 문과 같은 소재로 만든다. 문보다 등급이 높은 소재를 사용하는 경우도 있다. 최근에는 럼버 코어 합판이라고 해서 적층 바탕의 양쪽에 참피나무 합판을 붙인 소재가 많이 쓰이고 있다. 플러시 패널은 격자 모양 바탕의 양면에 판재를 붙인 부재이며 이 역시 많이 사용된다.

적층재는 졸참나무, 들메나무, 레드 파인 등을 긴 직사각형 모양으로 붙여서 판으로 만든 부재이며, 테이블 카운터 등에 사용하는 경우가 많다. 삼나무 판을 100mm 정도의 폭으로 붙인 것도 있다.

가구를 제작하려면 도면을 그려서 상세하게 검토해야 한다. 수납할 물건의 치수를 재고 앞으로 어떤 용도로 사용할 것인지 최대한 예상해서 크기를 결정한다. 옷의 폭은 최소 500mm가 필요하며, 책은 안길이 250mm 정도면 웬만한 서적은 다 들어간다. 가구에 문을 달 경우에는 여닫이나 미닫이로 하는데 안을 넓게 사용할 수 있다는 점을 포함해서 여닫이문으로 하는 경우가 많다. 그러나 미닫이문은 문을 열어놓고 사용할 수 있다는 점에서 편리하다. 그런 이유로 최근에는 미닫이문으로 하는 경우도 늘고 있다.

용어 해설

럼버 코어 합판 집성재의 심재에 단판으로 된 나왕을 붙인 판재. 표면이 하얗고 깨끗한 참피나무 베니어 합판을 접착한 럼버 코어 합판은 창호 등에 자주 쓰인다. 심재가 단단해 베니어보다 휨 현상이 적다.

붙박이 가구의 예

붙박이 가구는 건축과의 일체감을 형성하기 쉽다. 가구 공사를 하거나 목공사와 창호 공사를 동시에 진행할 때도 시공할 수 있지만 가구 공사를 할 때 만들어야 정교함을 표현할 수 있다. 목공사를 할 때 만들면 비용을 절감할 수 있지만 모양이 평범해지기 쉽다.

붙박이 가구의 재료

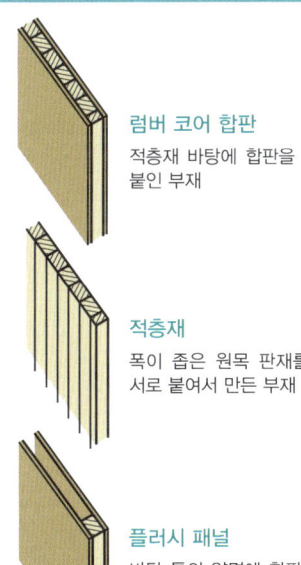

럼버 코어 합판
적층재 바탕에 합판을 붙인 부재

적층재
폭이 좁은 원목 판재를 서로 붙여서 만든 부재

플러시 패널
바탕 틀의 양면에 합판을 붙인 부재

여닫이문과 미닫이문의 특징

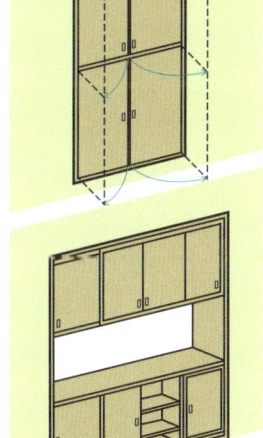

여닫이문의 장점
- 문을 닫으면 모든 면이 평평해져 깔끔해 보인다.
- 세로로 길고 폭이 좁은 문이라도 구조적으로 문제가 없다.
- 수납장의 전면을 개방할 수 있다.

미닫이문의 장점
- 열어놓은 상태로 내버려둬도 문이 방해되지 않아서 물건을 쉽게 넣고 뺄 수 있다.
- 부분적으로 열 수 있다.
- 큰 지진이 일어났을 때 수납물이 밖으로 튀어나오는 것을 방지할 수 있다.

Point 붙박이 가구는 가구 공사, 창호 공사, 목공사를 잘 활용해서 만들면 비용을 절감할 수 있다.

칼럼 | 누구나 쉽게 하는 자연소재 마감

자연소재를 간편하게 활용하는 아이디어

주택에 자연소재를 사용하면 거주자의 건강에 유익할 뿐 아니라 해당 소재의 질감이 마음까지 치유해준다. 또한 건물을 완성한 직후보다 시간이 지날수록 멋스러움이 더해진다는 점이 최고의 장점이라고 할 수 있다.

자연소재를 사용해 마감한다면 비용이 많이 들고 다루기 어렵다는 이유로 주저하는 사람이 많다. 비용이 들고 취급이 어려운 점은 사실이므로 이를 잘 숙지한 뒤 사용하는 것이 바람직하다. 그런데 의외로 손쉽게 사용할 수 있는 자연소재도 있다.

간편한 회반죽 마감

회반죽을 석고보드 바탕에 얇게 칠하는 방식. 회반죽으로 석회크림 등 제품화된 조합품을 사용하는데 라스보드 바탕을 사용해 현장에서 조합하는 본격적인 회반죽 마감 방식과 비교하면 매우 저렴하게 해결할 수 있다. 매우 간단하면서도 질감이 상당히 좋다. 또 회반죽은 시간이 지나도 변색되지 않아서 부분적으로 때가 타더라도 다시 칠할 필요가 없는 경우가 많다. 초기 비용이 저렴한 편은 아니지만 유지보수 비용이 들지 않는 소재라고 할 수 있다.

옹이가 있는 일본산 삼나무

일본산 삼나무 중에서 옹이가 있는 1등 목재는 수입재보다 저렴한 비용으로 구입할 수 있다. 기둥 부재 하나에 3,000엔 정도밖에 안 한다. 이렇듯 옹이가 있으면 목재를 매우 저렴하게 사용할 수 있다. 옹이는 나뭇가지를 잘라낸 부분이며, 강도 면에서는 문제가 전혀 없다. 죽은 옹이가 아닌 한 옹이가 있는 목재는 끈기가 있어서 오히려 강도가 높다고 할 수 있다. 마루청에 옹이가 있는 두꺼운 삼나무 판과 같이 비교적 저렴한 판재를 사용하면 밟았을 때의 감촉이 좋은 바닥으로 마감할 수 있다.

직접 시공하는 재미

마루청에는 자연도료라고 불리는 오일이나 밀랍왁스를 칠한다. 이 재료들은 초기 비용이 들지만 자신이 직접 시공할 수 있기 때문에 비용 절감을 노릴 수 있다. 손수 시공하면 소재를 직접 다루면서 특성을 이해하는 데도 도움이 된다. 보수 공사 연습을 겸해서 작업해보는 것도 좋을 것이다.

자신이 직접 시공할 수 있는 자연소재 마감 방식으로 벽에 화지를 붙이는 방법도 추천한다. 화지가 찢어지면 그 부분만 덧붙이면 되므로 건축주도 쉽게 보수할 수 있다.

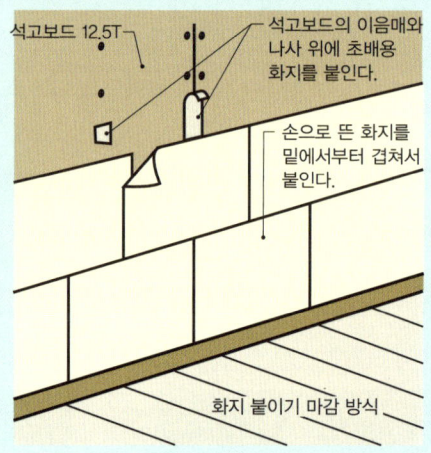

화지 붙이기 마감 방식

주택에 있어 설비란 사람으로 치면 혈액순환·폐·신경과 같다. 그 정도로 반드시 필요하며, 설비를 통해 생활을 업그레이드할 수도 있다. 설비기기는 해마다 새로운 종류가 개발되면서 사양이 향상되고 있으므로 최신 동향을 파악해놓아야 한다. 한편 주택의 배치·평면·단면 계획에 따라 일조와 통풍을 고려해서 가능한 한 설비기기에 지나치게 의존하지 않는 주택을 지어야 한다.

제6장
주택의 설비

090 목조주택의 설비 계획

앞으로의 주택설비 계획

주택의 설비는 사람으로 치면 혈액순환·폐·신경과 같다. 그 정도로 주택에 반드시 필요하며, 그와 동시에 설비로 생활을 업그레이드할 수도 있다. 설비기기는 해마다 새로운 종류가 개발되면서 사양이 향상되고 있으므로 되도록 최신 동향을 파악해놓아야 한다. 한편 주택의 배치·평면·단면 계획에 따라 일조와 통풍을 고려해서 가능한 한 설비기기에 지나치게 의존하지 않는 주택을 지어야 한다.

에너지 절약

전기나 연료 등의 에너지를 효율적으로 사용할 수 있는 설비기기를 선택하고 배관 설계를 신경 써야 한다. 물을 사용하는 장소를 평면적으로 최대한 한곳에 집중시키고, 위아래층으로 나뉘어 있더라도 배관을 짧게 해야 한다. 또한 에어컨이나 난방기의 설정 온도, 조명을 형광등이나 LED로 하는 등 사용자를 배려한 아이디어도 매우 중요하다.

장래의 변수

설비기기는 건축물 본체에 비해 수명이 짧다. 배관은 어느 정도 오래가지만 설비기기의 수명은 기껏해야 15년 정도다. 따라서 설계를 할 때 설비기기를 교체하거나 새로운 설비가 추가될 것을 가정해야 한다. 즉 설비를 쉽게 보수하고 교체할 수 있는 설계를 생각해야 한다.

설비의 디자인성

설비는 건축 공간의 디자인과는 별개라고 생각하기 쉬운데 건축과 하나로 생각하는 것이 중요하다. 따라서 배관이나 **웨더 커버**weather cover 등도 색상이나 모양이 공간 전체에 어울리도록 신경 써야 한다. 한편 설비기기와 배관이 눈에 띄지 않도록 설계하는 방법도 중요하다고 할 수 있다.

용어 해설

웨더 커버 환기팬의 외부(실외)에 설치해서 빗물의 침입을 막는 커버. 방수댐퍼가 달린 제품도 있다.

단독주택의 설비 계획

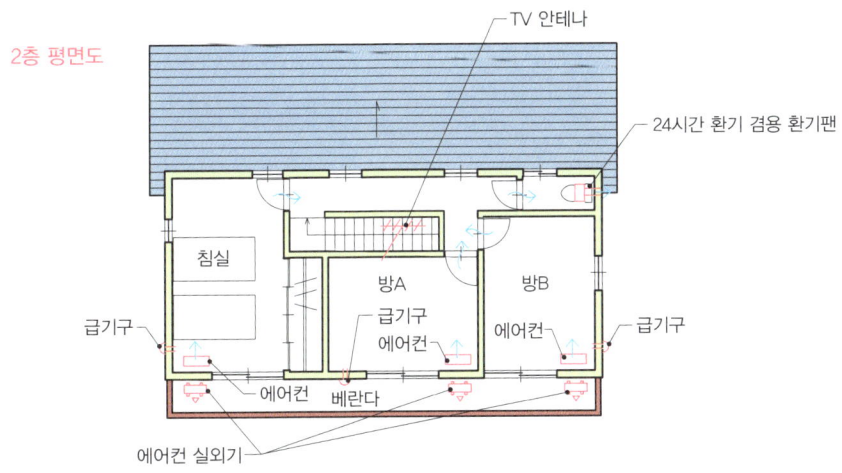

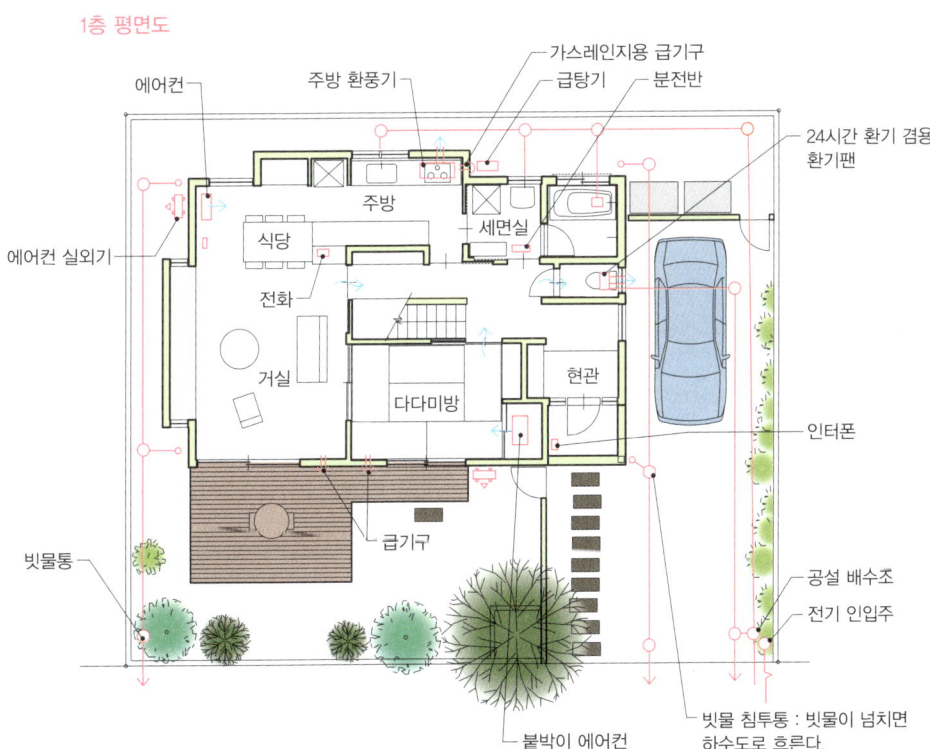

Point 설비와 건축은 하나로 생각한다. 단, 설비의 수명이 건축물보다 짧은 점을 고려한다.

091 전기설비, 배선 계획

전선 인입과 계량기

최근에는 전기를 사용하는 기기가 많아졌다. 약전이라고 불리는 전화나 TV 등의 배선에도 주의해야 한다.

전선을 도로에서 끌어올 경우 보통은 건물의 높은 위치에서 받아들인다. 도로에서 멀리 떨어진 장소일 경우에는 전력회사가 전봇대를 무료로 세워주기도 한다. 전선을 건물에 직접 인입했을 때 보기 좋지 않을 경우에는 일단 부지 내에 인입주를 세워 전선을 끌어온 뒤 전선을 땅속에 매설해 건물 안으로 끌어오는 방법이 있다. 전선을 끌어온 곳에는 계량기를 설치한다. 계량기는 전기량을 쉽게 검침할 수 있는 위치가 좋다. 인입주를 세웠을 경우에는 인입주에 설치할 수도 있다.

내부 배선

전자기기나 콘센트의 수, 회로 수에 따라 차단기의 용량이 정해진다. 예전에는 30~40 암페어(A)를 많이 사용했는데 현재는 50~60암페어가 일반적이다. 에어컨이나 전자레인지 등 전기 소비량이 큰 기기는 전용 콘센트를 설치한다. 또 누전을 감지하는 누전차단기도 함께 설치한다.

일반적으로 목조주택에서는 규격 전기설비도보다 조명이나 콘센트, 스위치 등의 위치도를 그려서 위치를 표시한다. 배선 경로도 어느 정도 가정해놓아야 한다. 계단 등에 다는 3로, 4로 스위치도 효율적으로 사용하면 좋다.

콘센트의 높이는 보통 마루 위 300mm 정도이며, 디자인을 고려해 걸레받이 바로 위에 플레이트가 오도록 설치하는 경우도 있다. 고령자처럼 몸을 굽히기 어려운 사람을 위해 콘센트를 높은 위치에 달기도 한다.

용어 해설

암페어 전류의 단위이며 A로 표기한다. 암페어 차단기는 전력회사와 가정의 계약 암페어 값을 초과하는 전류가 가정에 흘렀을 때 전기 공급을 자동으로 차단하는 장치를 말한다.

전선 인입의 기본

부지 내에 인입주를 세워서 전선을 끌어온다

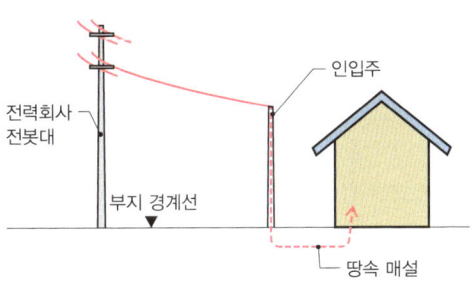

주택에 직접 전선을 끌어온다

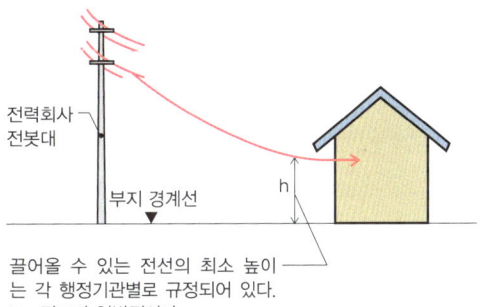

끌어올 수 있는 전선의 최소 높이는 각 행정기관별로 규정되어 있다. 5m 정도가 일반적이다.

배선 계획의 예

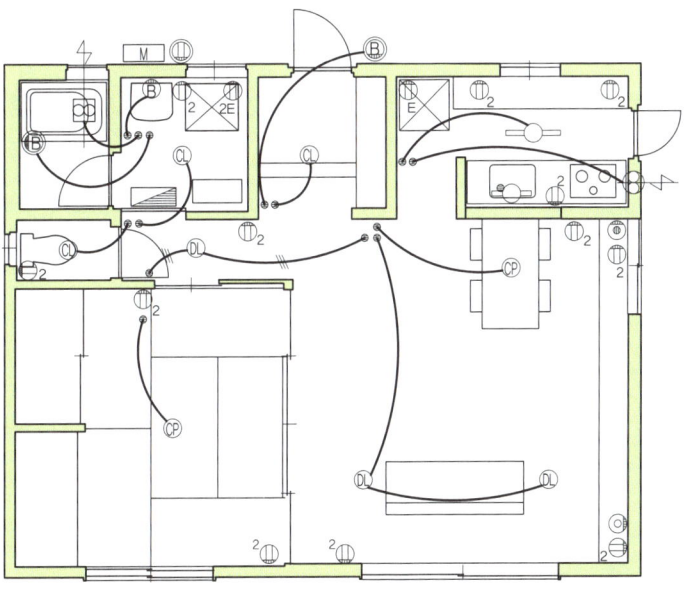

기호	명칭
M	계량기
	전등 분전반
	조명기구(형광등)
CL	위와 같음(실링라이트)
CP	위와 같음(코드 펜던트)
DL	위와 같음(다운라이트)
B	위와 같음(백열등 브래킷 조명)
B	위와 같음(방수 브래킷 조명)
	매립 콘센트(숫자는 콘센트 구멍 수)
E	위와 같음(접지 장치)
	위와 같음(방수 콘센트)
○	텀블러 스위치
	전화 콘센트
	TV 단자
t	인터폰 본체
d	인터폰에 딸린 도어폰
	급배기팬(상용 스위치 없음)
	국소환기팬(역류 방지 셔터 있음)

- 전기 용량은 50암페어로 한다.
- 에어컨용 슬리브는 별도.
- 콘센트 보호판은 신금속을 사용한다.
- 환기팬 실외용 벤트 캡(스테인리스 소재)은 전부 방화댐퍼가 달려 있는 것을 사용한다.

Point 전선은 가능한 한 인입주를 부지 내에 세워서 끌어와야 보기 좋다.

092 전력 계약

계약의 기본

현재 전기는 인간이 생활하는 데 반드시 필요한 요소이며, 각자의 생활방식에 따라 전기를 사용하는 방법도 다양하다. 따라서 일본의 경우 전력회사에서도 각각의 생활패턴에 맞춘 계약 사양을 제공하고 있다(전력회사마다 조금씩 다르다).

목조주택의 경우에는 일정 이상의 전류가 흐르면 전력이 차단되는 암페어 차단 계약이 일반적이다. 콘센트나 조명기구 수를 토대로 차단기의 암페어 수를 결정한다. 최근에는 가전제품의 사용량이 많아져서 적어도 40암페어, 많게는 50~60암페어를 이용한다. 차단기의 암페어 수를 높일 때는 전력회사가 무상으로 처리해준다. 단, 60암페어를 초과할 경우에는 사용량을 계측해서 요금을 결정한다.

일본의 경우 전기요금은 정부의 지도에 따라 3단계로 설정되어 있다. 1단계는 생활에 필요한 최소한의 전기 사용량으로서 요금이 가장 저렴하다. 2단계는 일반적인 생활을 하는 데 필요하다고 생각되는 전기 사용량에 대한 요금이며, 3단계는 좀 더 풍요롭게 생활하기 위한 전기 사용량으로서 요금이 가장 비싸다. 전기요금을 줄이려면 3단계 요금 수준의 전기 사용량을 최대한 줄여야 한다.

생활방식별로 계약

전기요금은 생활방식이나 사용 기구에 대응한 여러 가지 계약 종류가 있다. 맞벌이를 해서 낮 동안의 전기 사용이 거의 없고, 밤 동안의 전기 사용이 많은 경우에는 야간 사용 요금이 저렴한 계약을 하면 좋다. 낮에도 사용하고 야간에도 전기온수기 등을 이용하는 등 전기 소비량이 많은 경우에는 기존의 계약과 결합해서 계약한다. 올^{All} 전기화 주택일 경우 할인율이 높아진다.

용어 해설

올 전기화 주택 일본에서 가정 내의 모든 열원을 전기로 공급하는 주택을 말한다. 에코 큐트^{Eco Cute}(자연 냉매 열펌프 급탕기. 일본 전력회사와 급탕기 제조회사가 사용하는 상품명이며, 간사이 전력의 등록상표다. 열펌프 기술을 이용해 공기의 열로 물을 끓이는 전기급탕기 중 이산화탄소를 냉매로 사용한 기종─옮긴이)나 IH 조리기기, 에어컨, 축열식 전기난방기 또는 바닥난방 시스템 등을 함께 이용한다. 올 전기화 주택의 경우에는 일반적으로 200볼트를 사용한다.

일본의 전기요금 체계

전기요금(표준적인 종량 전등의 경우) = 기본요금 + 전력량 요금 + 연료비 조정

연료 가격의 변동에 맞추어 3개월마다 요금을 조정한다.

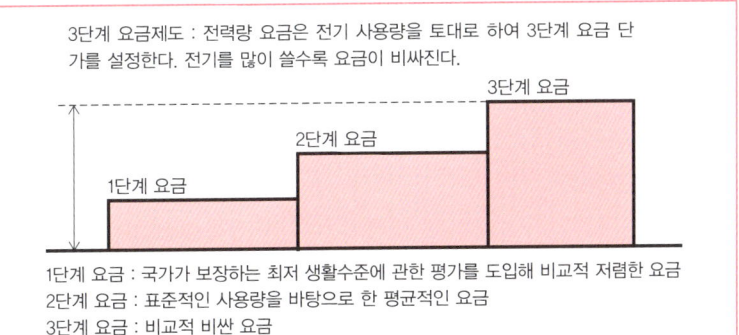

3단계 요금제도 : 전력량 요금은 전기 사용량을 토대로 하여 3단계 요금 단가를 설정한다. 전기를 많이 쓸수록 요금이 비싸진다.

1단계 요금 : 국가가 보장하는 최저 생활수준에 관한 평가를 도입해 비교적 저렴한 요금
2단계 요금 : 표준적인 사용량을 바탕으로 한 평균적인 요금
3단계 요금 : 비교적 비싼 요금

그 밖에도 생활방식이나 사용 목적에 맞춘 계약이 있다.
예) 심야요금이 저렴한 계약, 올 전기화 주택용 전기요금 등

올 전기화 주택의 이미지

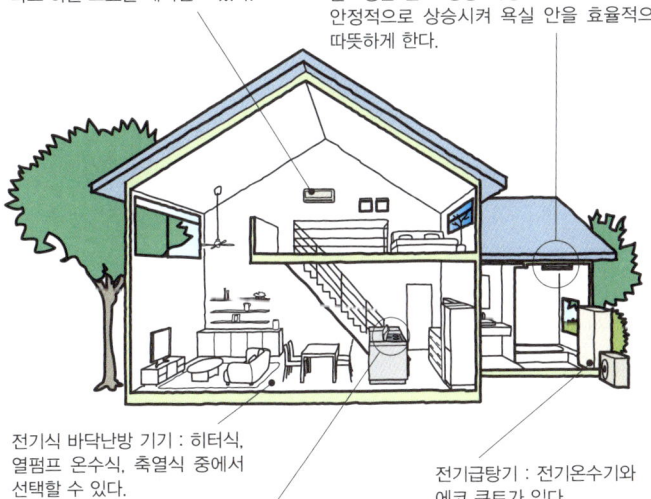

에너지 절약 에어컨 : COP 6.0이라고 하는 고효율 에어컨도 있다.

전기식 욕실 환기 난방 건조기 : 욕실의 난방이나 환기·건조를 담당하는 설비. 저온, 고습의 안개 사우나 기능이 있는 타입도 있다. 200볼트형은 온도 상승 특성이 뛰어나서 온도를 안정적으로 상승시켜 욕실 안을 효율적으로 따뜻하게 한다.

전기식 바닥난방 기기 : 히터식, 열펌프 온수식, 축열식 중에서 선택할 수 있다.

IH 조리기기(IH 쿠킹히터) : 전자유도 가열로 냄비를 직접 발열시킨다. 손질 및 청소하기 편하다.

전기급탕기 : 전기온수기와 에코 큐트가 있다.

올 전기화 주택의 장점

- 전력회사마다 올 전기화 주택용 전력 계약이나 전력량 요금의 할인이 있다.
- IH 쿠킹히터나 전기식 바닥난방 기기류는 연소식이 아니므로 수증기 배출이 적고 결로 현상이 잘 일어나지 않는다. 또한 연소가스가 발생하지 않아 실내 공기 환경을 쾌적하게 유지할 수 있다.
- 주택 내에서 연소를 이용할 일이 없어서 안심할 수 있다.
- 전기는 재해시 가스나 수도보다 빨리 복구된다.

올 전기화를 도입할 때의 주의점

- 전기급탕기의 저장탱크나 열펌프 장치를 설치할 만한 공간을 확보할 수 있는지 확인한다.
- 가스를 병용하는 주택과 비교하면 전력량이 많이 필요하다. 또 IH 조리기기, 열펌프 등을 사용하려면 200볼트 전용 배선을 마련해야 한다.

Point 전기요금 체계를 면밀히 파악하여 거주자의 생활방식에 유리한 계약을 제안한다.

093 배수 계획

배수는 화장실에서 나오는 오수, 잡배수, 빗물 세 종류가 있다. 부지에서 나오는 배수가 연결되는 장소에 따라 부지 내의 배수가 달라진다.

부지 외부로의 연결
공공 하수도가 전면도로에 있을 경우 일반적으로 도로가의 부지에 공설 배수조가 설치되어 있다. 하수도는 오수와 잡배수를 모아서 오수관으로 처리하며, 빗물을 나누어 처리하는 분류식과 빗물과 오수를 함께 처리하는 합류식이 있다.

하수도가 없을 경우에는 정화조를 설치한다. 최근에는 오수만 처리하는 단독정화조보다 원칙적으로 오수와 잡배수를 함께 처리하는 합병정화조를 사용하고 있다. 장소에 따라 배수가 연결되는 장소가 없을 때는 침투통을 설치하여 정화조에서 처리한 배수를 땅속에 침투시키기도 한다.

부지 내의 배수 및 건물 안의 배관
부지 내에서는 오수와 잡배수를 하수도의 공설 배수조나 정화조까지 각각의 배수로로 배관하는 경우와 부지가 협소한 탓에 배수로 한 개로 배관하는 경우가 있다. 일반적으로 배수관은 염화비닐 소재의 내경 100mm짜리를 사용한다.

건물 내의 배관이 길어지지 않도록 물을 사용하는 장소를 한곳으로 모으면 좋다. 배관시에는 경사를 주고 배수트랩을 설치해 배수관의 악취가 밖으로 새어나오지 않게 한다. 2층의 배수를 1층까지 내려오게 하기 위해 배관 설치 공간을 확보하거나 눈에 띄지 않는 곳이면 외부에 노출시키는 경우도 있다. 또 통기관을 설치해 배관 내부가 진공 상태가 되는 것을 방지한다.

빗물관을 연결할 때는 관과 관 사이에 공간을 두는 간접 배수로 해야 빗물관이 막혀 역류하는 사태를 방지할 수 있다.

용어 해설

합병정화조 정화조는 수세식 화장실과 연결해서 배설물과 잡배수를 처리한 뒤 종말처리 하수도 이외로 방류하기 위한 설비다. 일본에서는 2001년 4월 1일부터 정화조법이 개정되어 법률에 따라 원칙상 단독정화조를 새로 설치할 수 없다.

배수 방식의 종류

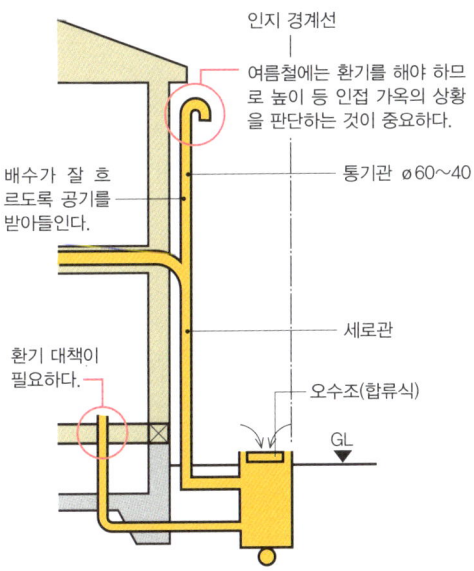

공기를 배수관에 받아들여서 압력을 높이면 물이 잘 흐르므로 통기관을 배수관에 장착하는 편이 좋다. 하지만 통기관에서 악취가 발생할 수 있으므로 방향과 높이에 주의해야 한다.

트랩으로 악취 차단

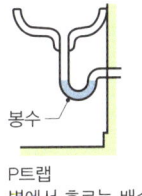
P트랩
벽에서 흐르는 배수

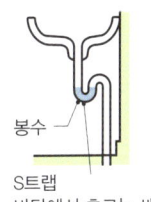
S트랩
바닥에서 흐르는 배수

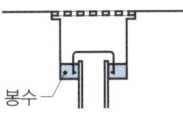
벨트랩
바닥에서 흐르는 배수

트랩은 배수관을 통해 악취가 올라오거나 벌레 등이 침입하는 것을 방지할 목적으로 설치한다. 그림과 같이 P형이나 S형의 배수관에 물을 채워 악취와 벌레의 침입을 막는다.

호우시 배수 역류 방지하기

자연경사로 처리해 빗물이 역류한 사례

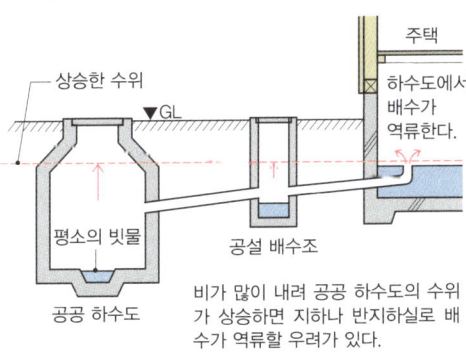

비가 많이 내려 공공 하수도의 수위가 상승하면 지하나 반지하실로 배수가 역류할 우려가 있다.

펌프로 퍼 올려 처리함으로써 역류를 방지한다

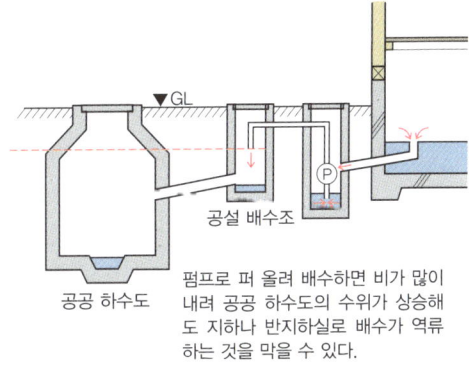

펌프로 퍼 올려 배수하면 비가 많이 내려 공공 하수도의 수위가 상승해도 지하나 반지하실로 배수가 역류하는 것을 막을 수 있다.

Point 비가 많이 내릴 때를 대비해 배수가 역류하지 않는 방법을 연구해야 한다. 또한 악취를 차단하기 위한 대책도 함께 마련한다.

094 급수 계획

급수의 기본
도로에서 끌어오는 상수도와 부지 내 배관, 건물 내의 급수 배관은 상황에 따라 여러 가지 경우가 있다.

도로에서의 인입
급수계량기가 설치되어 있으면 부지 내 배관만 처리하면 되는데 13mm 계량기일 경우에는 관경이 작기 때문에 원칙상 관경 20mm 이상으로 개조해서 설치한다. 그럴 경우 도로의 수도 본관에서 수도를 끌어와 밸브를 설치하고 급수계량기를 설치한다.

부지 내 배관
부지 내에서는 땅속에 매설해 배관한다. 관의 재질은 대부분 염화비닐인데 내구성과 비염화 소재를 고려한다면 다소 비용이 들더라도 스테인리스 관을 사용하는 경우도 있다. 한랭지의 외부에서는 겨울철에 수도꼭지 등이 동결될 우려가 있으므로 단열재나 열선 히터로 둘러싼다.

건물 내 배관
배수와 마찬가지로 물을 사용하는 장소를 되도록 한곳으로 모아 급수관의 길이를 짧게 하는 게 좋다. 수압이 부족할 경우 물이 잘 안 나오거나 급탕기가 제대로 작동하지 않을 수 있다. 수압이 부족하면 가압펌프를 설치하는 등 대책을 세워야 한다. 건물 내의 배관은 얼마 전까지 염화비닐 소재를 많이 사용했는데 최근에는 유연성이 있는 가교 폴리에틸렌 관처럼 접속 부분이 적은 소재를 사용하고 있다. 간혹 스테인리스 관을 사용하는 경우도 있다.

주택 내의 급수 배관은 각각의 수도꼭지까지 여러 갈래로 갈라져서 배관할 수 있는 슬리브 헤더 방식을 채용하면 유지 및 보수성이 좋고 배관도 쉽게 교체할 수 있다.

용어 해설

슬리브 헤더 방식 급수 배관 방식의 일종. 세면실 등 물을 사용하는 장소에 설치된 헤더에서 문어발 모양으로 관을 분배하여 각 수도꼭지 등의 기구에 단독으로 접속하는 장치이며, 가이드 역할을 하는 수지제 슬리브 안에 똑같은 수지제 내관을 삽입한다. 급탕설비에도 채용된다.

급수 방식의 종류

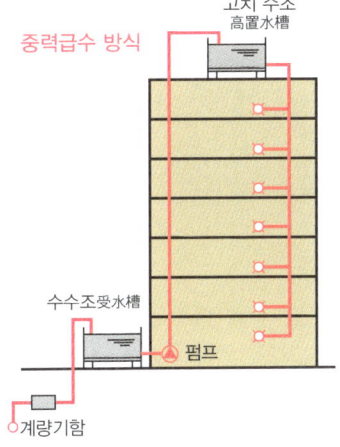

직결급수 방식

중력급수 방식

증압직결급수 방식

주택 내의 배관

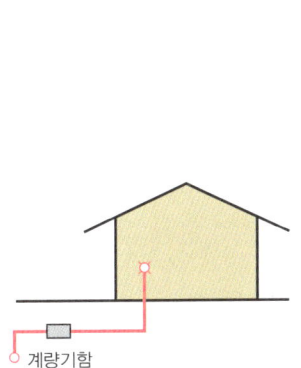

헤더 배관 방식
헤더부에서 여러 개로 갈라져 각각의 수도꼭지까지 배관하기 때문에 접속부가 헤더부와 수도꼭지뿐이며 점검 및 관리가 간편해 배관을 교체하기 쉽다.

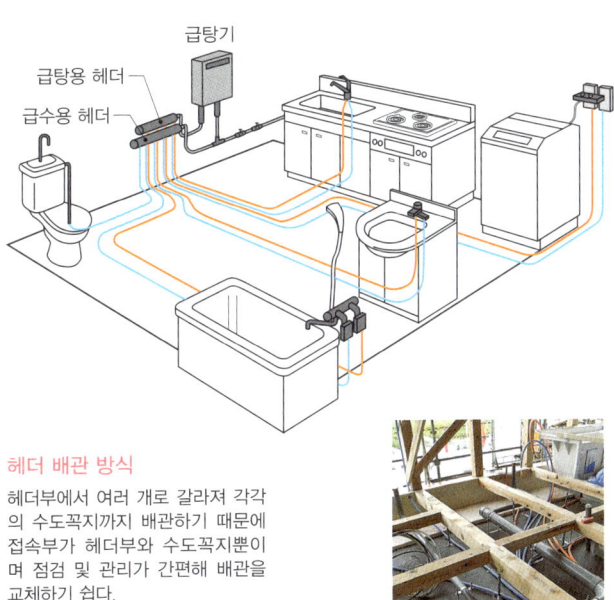

배관 재질의 종류

강관
이전에는 많이 쓰였지만 녹이 스는 단점으로 인해 현재는 거의 사용하지 않는다.

염화비닐
경질 염화비닐로서 급수관에 자주 쓰인다. 비용이 저렴해 가장 많이 쓰이고 있다.

염화비닐 라이닝 강관
강관 안쪽을 염화비닐로 코팅했다. 강관의 강도를 유지하면서 녹을 방지할 수 있다.

가교 폴리에틸렌 관
이음매가 적게 배관할 수 있어서 시공성이 뛰어나다.

구리관
이음매를 줄일 수 있고 내구성도 높다.

스테인리스 관
가공하는 데 시간이 조금 걸리지만 보수하지 않아도 된다.

Point 배수와 마찬가지로 물을 사용하는 장소를 최대한 한곳으로 모아서 급수관의 길이를 짧게 한다.

095 냉난방 공조 계획

최근에는 대부분의 주택에 냉난방기기가 완비되어 있다. 또한 기밀 성능이 향상됨에 따라 환기의 중요성이 높아졌다.

냉난방기기

냉방은 대부분 열펌프식 에어컨이다. 에어컨을 벽에 설치하는 장소에는 합판을 바탕에 깔아놓는 식으로 밑바탕을 보강한다. 또 냉방시 결로수를 배출하는 배수관을 관통시키는 슬리브를 적절한 장소에 설치해야 한다.

난방 열원은 가스·등유·전기로 나뉘는데 주로 히터와 에어컨 두 종류가 있다. 화목난로나 목재를 분말로 만든 과립형 펠릿을 연료로 하는 펠릿난로도 사용되고 있다. 어느 쪽이든 기기에 따라 초기 비용과 유지비가 다르므로 충분히 검토해야 한다.

바닥난방 기기를 설치하는 경우도 많아졌다. 바닥난방 기기에는 전기식과 온수식이 있다. 전기식은 초기 비용은 저렴하지만 넓은 면적에서 바닥난방을 사용할 경우 유지비가 많이 든다. 온수식은 초기 비용이 높은 반면 전기식에 비해 유지비가 저렴하다. 온수식 열원은 등유나 가스보일러, 열펌프다.

환기설비

주방이나 욕실 등에는 환기팬을 설치하는데 최근에는 화장실에 설치하는 경우도 많아졌다. 한편 일본 건축기준법에서는 24시간 환기를 규정하고 있다. 따라서 원칙적으로 각 방에 환기팬을 설치해야 하지만 환기팬이 없는 방은 문 아래쪽을 잘라내 공기가 흐르는 경로를 확보하여 대응할 수 있다.

용어 해설

열펌프 물을 끓이거나 방 안의 공기를 따뜻하게 하기 위해 필요한 열에너지를 불의 연소 없이 공기에서 얻는 구조를 말한다. 공기의 열을 모을 때는 전력을 사용한다. 열펌프를 활용한 기기 중에는 열펌프식 급탕기인 에코 큐트가 대표적이다.

에어컨의 종류

독립형

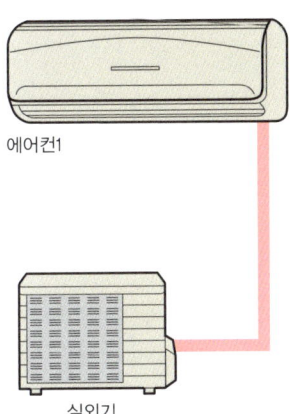

멀티형

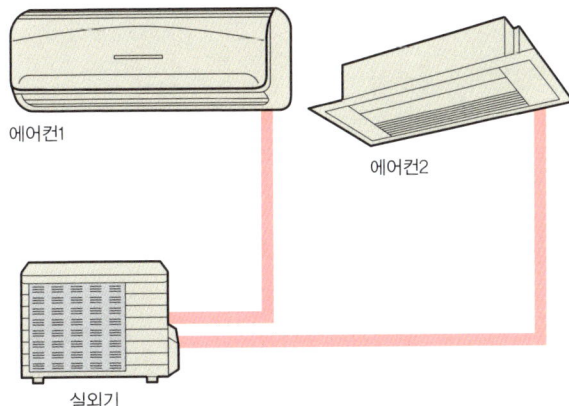

독립형은 실외기 한 대에 실내 에어컨이 한 대, 멀티형은 실외기 한 대에 실내 에어컨 여러 대를 연결할 수 있다. 주택용 에어컨은 벽걸이형이 일반적이며, 천장 카세트형과 천장 은폐형도 있다.

난방 열원의 비용

열원	난방기	초기 비용	유지비	비고
전기	열펌프 에어컨	비싸다	저렴하다	전기를 열원으로 하면 공기가 오염되지 않는다는 장점이 있다. 패널히터는 넓은 범위를 난방하기에 부적합하다.
	히터	저렴하다	비싸다	
	패널히터(오일)	중간	비싸다	
가스 (도시가스, LP가스)	가스난로	저렴하다	중간	가스난로는 사용상의 안전성에 주의해야 한다. 온수식 팬히터는 공기를 오염시키지 않는다.
	가스 팬히터	저렴하다	중간	
	FF식 팬히터	비싸다	중간	
	온수식 팬히터	비싸다	비싸다	
등유	석유난로	저렴하다	저렴하다	비용이 가장 저렴하다. 하지만 FF식 팬히터 외에는 실내 공기가 오염되기 쉽다.
	등유 팬히터	저렴하다	중간	
	FF식 팬히터	중간	중간	
태양광	공기식	비싸다	저렴하다	보조 열원이 필요한 점에 주의해야 한다.
	온수식 팬히터	비싸다	저렴하다	

Point 냉난방과 환기를 고려해 주택을 지어야 한다. 즉 건축과 하나로 생각한다.

096 환기

주택의 기밀성이 높아지면서 환기가 중요해졌다. 새집증후군에 대응한 24시간 환기구 설치도 건축기준법으로 의무화되어 있다.

기계환기와 자연환기

기계환기는 세 가지 방식으로 분류된다. 급기와 배기를 전부 기계로 하거나 급기와 배기 중 하나는 자연급기(배기)로 한다. 주방과 욕실은 최소한 기계환기로 해서 환기팬을 설치한다. 환기팬으로 배기하고, 외부 공기를 급기구에서 자연환기로 받아들인다. 욕실에는 환기팬을 설치해 습기를 배출한다. 타이머를 설치해서 입욕 후 잠시 동안 습기를 배출하는 방법도 좋다. 환기팬을 화장실에 설치하는 경우도 있는데 특히 창문을 달지 않을 때는 반드시 필요하다. 허리 높이 부근에 설치하면 냄새가 퍼지기 전에 배출할 수 있다. 또 열교환식 환기팬을 설치하면 냉난방의 부하가 줄어든다.

 한편 창문을 열어서 자연환기를 할 수도 있다. 자연환기를 위해서는 개구부를 방의 대각선 방향으로 두 군데 정도 설치하면 좋다. 여름철의 더운 공기를 배출할 경우에는 창문을 높은 위치에 달아 위쪽으로 환기할 수 있게 하면 효과적이다. 되도록 기계에 의존하지 않고 자연환기도 할 수 있게 창문을 설치해놓아야 한다.

24시간 환기

일본 건축기준법에서는 새집증후군 대책으로 건축자재의 규제와 함께 24시간 환기가 의무화되어 있다. 건축자재뿐만 아니라 가구나 커튼 등에서 나오는 휘발성 유기화합물의 배출을 건물 완공 후 5년 동안 지속하게 되어 있다.

 방마다 환기팬을 설치하는 방법과 각 방에 급기구만 설치하고 문 아래쪽을 잘라내서 공기가 흐르는 경로를 확보하여 환기팬 하나로 여러 방의 환기를 돕는 방법이 있다.

용어 해설

급기구 신선한 공기를 받아들이기 위해 벽면이나 천장에 설치한 개구부를 말한다. 창문과는 별도로 설치한 공기 도입구라고 할 수 있다. 공기량을 조절하는 댐퍼가 달려 있으며, 주방 등의 환기팬을 작동시키면 외부의 공기가 급기구로 자연스럽게 들어온다.

기계환기 방식의 종류

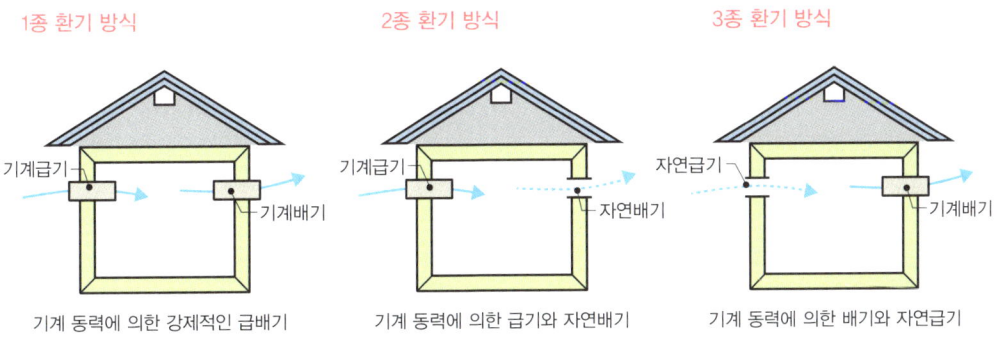

패시브 환기

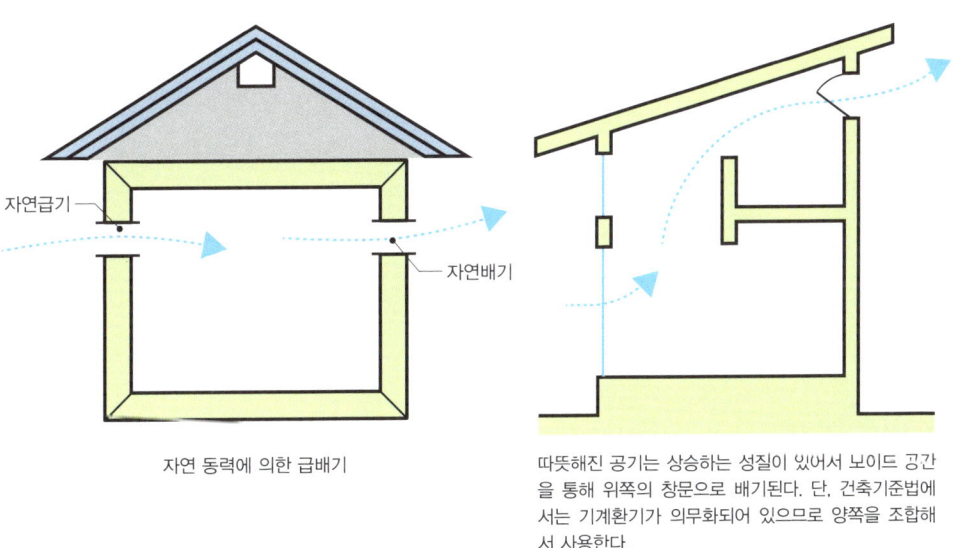

Point   기계환기와 자연환기의 특성을 파악한 후 공간별로 적절히 구분해서 사용하면 좋다.

097 급탕

급탕의 열원으로는 가스급탕기가 가장 많고, 그다음으로 등유급탕기가 많이 사용되고 있다. 최근에는 전기히터나 열펌프로 온수를 만드는 에코 큐트를 이용하기도 한다.

가스·등유급탕기

급탕기는 스탠드형과 벽걸이형이 있으며 외부에 전원이 필요하다. 장기간 사용하지 않을 경우라 해도 겨울철에는 동결을 방지하기 위해 콘센트를 꽂아놓는 편이 좋다. 급탕 온도는 리모컨으로 설정하고 리모컨은 욕실이나 주방, 세면실에 설치한다.

일반적으로 급탕 온도는 약 40도로 하는데 화상을 입지 않을 정도로 설정해야 한다. 예전에는 뜨거운 물과 찬물을 섞어서 사용했기 때문에 수도꼭지를 서모스탯^{thermostat} 방식으로 만들었지만 현재는 온도를 자유롭게 설정할 수 있어서 서모스탯 방식을 그다지 채용하지 않는다.

전기급탕기

심야전력을 사용한다

요금이 저렴한 심야에 전력을 사용해 밤 동안 전기히터로 온수를 만든 뒤 저장탱크에 모아놓으면 온종일 사용할 수 있다. 탱크 용량에 따라 온수의 양이 정해지므로 온수를 대량으로 사용했을 때 물이 부족한 경우도 있다.

에코 큐트

열펌프를 이용해 온수를 만든 뒤 탱크에 저장해서 사용하는 방식이다. 심야전력을 사용해 온수를 만드는 시스템이 일반적이다. 초기 비용은 들지만 유지비가 확실히 저렴하다. 다만 저장탱크를 설치할 공간이 필요하다. 또 대가족이 사는 주택에서 여러 명이 한꺼번에 목욕할 경우 온수가 부족하지 않도록 탱크 용량도 충분히 검토해야 한다.

용어 해설

서모스탯 열과 온도를 일정하게 유지하기 위한 자동 온도조절 장치. 급탕기에서는 물이 뜨거워졌을 때 자동으로 꺼지는 역할을 한다. 서모스탯의 어원은 온도와 열을 나타내는 'themo'와 일정하다는 의미의 'stat'이 합성된 단어다.

급탕 열원의 종류

에너지	열원기	초기 비용	유지비	비고
도시가스	보일러	저렴하다	중간	가장 많이 사용되고 있다.
LP가스	보일러	저렴하다	비싸다	많이 사용되고 있지만 유지비가 비싸다.
등유	보일러	저렴하다	저렴하다	현재는 유지비가 저렴하지만 장래가 불안정하다.
전기	히터	중간	비싸다	야간 할인제도를 활용하면 유지비를 낮출 수 있다.
전기	열펌프	비싸다	저렴하다	등유보다 유지비가 저렴하다(야간 할인제도를 활용할 수 있다).
태양열	태양열 온수기	중간	저렴하다	기후에 따라 불안정하지만 보조 보일러와 함께 사용할 수 있다.

열펌프 급탕기

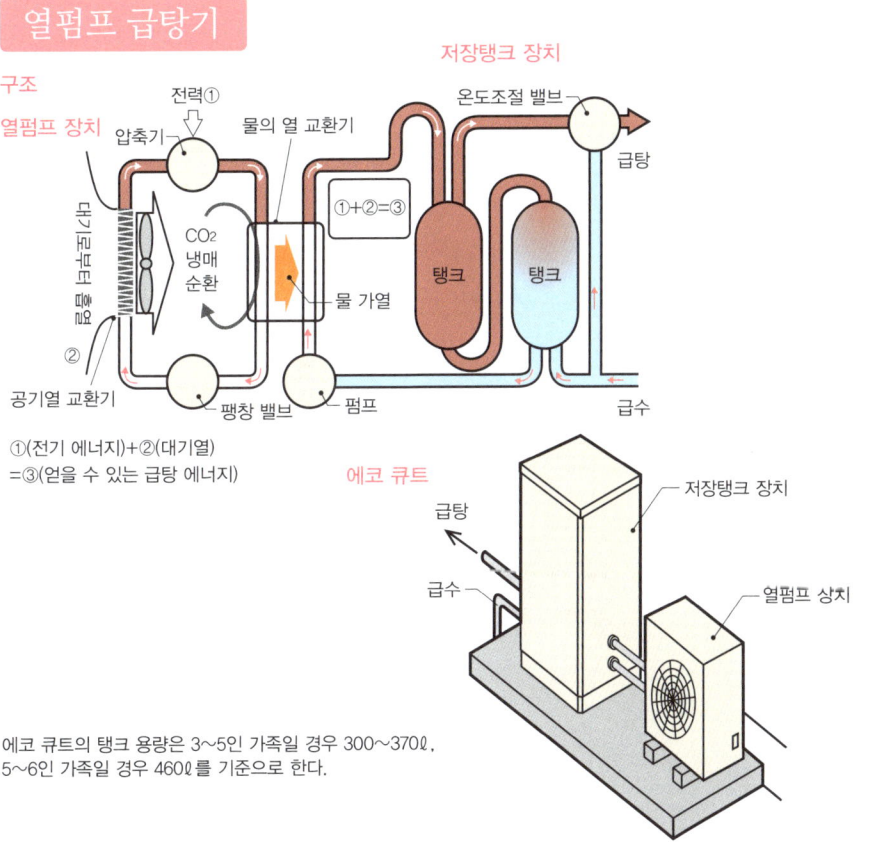

①(전기 에너지)+②(대기열)
=③(얻을 수 있는 급탕 에너지)

에코 큐트의 탱크 용량은 3~5인 가족일 경우 300~370ℓ, 5~6인 가족일 경우 460ℓ를 기준으로 한다.

Point 거주자의 생활방식에 맞추어 적절한 급탕 방식을 도입한다. 유지비도 반드시 검토한다.

098 욕실 설비

유닛 배스와 재래공법

욕실 설비는 급배수, 욕조, 수도꼭지로 구성된다. 목조주택에서는 방수성이 높고 공사 기간을 단축할 수 있는 유닛 배스를 많이 채용하고 있다.

유닛 배스를 설치할 때는 미리 바닥 하부에 배수관의 배관 공간을 마련해야 한다. 또 천장에는 환기팬 보수용 점검구를 만들고 손잡이를 설치할 경우에는 바탕을 보강해놓아야 한다. 재래공법의 경우 아스팔트 방수시트 등을 시공해 바탕을 튼튼하게 만들어야 한다. 그리고 욕조와 바닥, 벽, 천장 재료 순으로 결정한다.

욕조의 재질에는 법랑, 인조대리석, 폴리에틸렌, 나무 등이 있으며 드물기는 하지만 목재로 할 경우 편백나무나 화백나무를 사용한다. 욕조는 고령자가 들어가기 편한 높이를 고려해 바닥보다 300~400mm 정도 높게 한다.

한편 욕실 바닥을 탈의실보다 100mm 정도 낮추거나 입구 새시의 하인방 높이만 30mm 정도 낮추면 바닥에 흐르는 물을 처리할 수 있다. 반대로 문턱을 제거할 목적으로 욕실과 탈의실의 바닥 높이를 똑같이 맞추어 평평하게 하는 방법도 있다. 이 경우에는 욕실의 물이 탈의실 바닥으로 흘러가지 않도록 욕실의 출입구 부근에 그레이팅grating을 설치하고 욕실 안의 배수를 별도로 만든다. 단, 그레이팅을 설치하는 만큼 비용이 올라간다. 욕실 바닥과 출입구의 높낮이 차는 그대로 두고, 바닥에 600×600mm 정도의 편백나무 발판을 묻어 넣는 방법도 효과적이다.

급탕

급탕기에 재가열 기능을 설치하면 온수를 자동으로 받을 수 있고, 퍼놓은 물이나 식은 물을 가열해서 데울 수 있다는 장점이 있다.

용어 해설

그레이팅 강철을 격자 모양으로 엮어 만든 측구 덮개. 철(아연 도금), 스테인리스, 알루미늄, FRP제 등 소재가 다양하다. 일반적으로는 도로의 배수로에 덮는 뚜껑으로 사용되는데 주택을 건축할 때도 여러 가지로 활용되고 있다.

유닛 배스의 종류

하프 유닛 배스
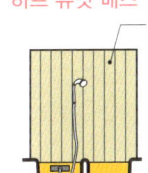
상부는 타일이나 나무판 등으로 마감한다.

욕조를 포함해서 하부의 절반 정도만 유닛으로 되어 있다. 상부는 재래 공법과 똑같은 마감 방식으로 처리할 수 있다.

단독주택 1층용

천장은 아파트용보다 높게 할 수 있다. 모양은 다양하게 변형이 가능하다.

단독주택 2층용
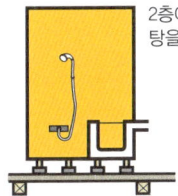
2층에 설치하는 방식. 바탕을 보강해야 한다.

재래공법으로 만든 욕실(바탕)

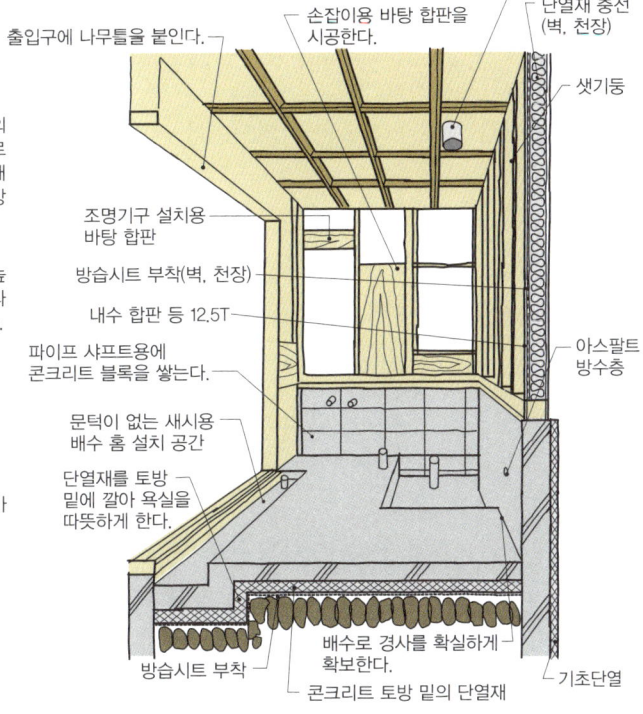

욕조의 급탕 방식

급탕 전용 방식

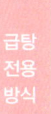  
급탕밸브를 열어 물을 받기 시작한다. ▶ 급탕밸브를 잠그고 물받기를 종료한다.

일정량 자동 정지 밸브를 설치한 경우
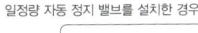 
스위치를 누른다. ▶ 물을 받기 시작한다. ▶ 설정 수위에서 정지한다.

- 급탕밸브의 개폐를 수동으로 한다.
- 수도꼭지에 일정량 자동 정지 밸브를 설치하면 원터치로 자동 물받기가 가능하다.
- 초기 비용이 저렴하다.

반자동 방식

스위치를 누른다. ▶ 물을 받기 시작한다. ▶ 적정 온도, 설정 수위에서 정지한다. ▶ 스위치를 누른다. ▶ 스위치 하나로 물을 더하거나 뜨거운 물을 타서 온도를 유지할 수 있다.

- 물받기 스위치를 누르기만 하면 물을 받기 시작한다.
- 적정 온도, 설정 수위에서 자동으로 급탕을 정지한다.
- 재가열, 자동 온도 유지 기능
- 부족한 물을 더하거나 뜨거운 물을 더 탈 수 있다.

완전 자동 방식

스위치를 누른다. ▶ 물을 받기 시작한다. ▶ 적정 온도, 설정 수위에서 정지한다. ▶ 온도 유지 및 물을 더 받을 수 있다. ▶ 자동으로 수위가 회복된다.

- 물받기 스위치를 누르기만 하면 물을 받기 시작한다.
- 적정 온도, 설정 수위에서 자동으로 급탕을 정지한다.
- 재가열, 자동 온도 유지 기능
- 자동으로 수위가 회복된다(항상 적정 온도, 설정 수위를 유지한다).
- 비용이 많이 든다.

Point 유닛 배스와 재래공법 가운데 어느 방식을 선택하느냐에 따라 건축구조가 달라지므로 시공주에게 반드시 설명한다.

099 화장실 설비

화장실에 필요한 설비
최근에는 여러 기능과 청소의 편의성이나 쾌적성을 배려한 아이디어를 엿볼 수 있다.

대변기
대변기는 종류가 매우 많은데 그중에서도 사이펀 제트식이 가장 좋은 평가를 받고 있다. 그다음으로 사이펀식, 세락(씻어내림)식 순으로 사용된다. 물의 사용량을 억제한 절수형 변기도 있으며, 청소하기 쉬운 타입 등 새로운 제품이 많이 나오고 있다. 비데처럼 세정 기능을 보유한 제품을 설치하는 경우도 많아졌다.

소변기
스툴형과 벽걸이형이 있다. 스툴형은 아이들도 사용할 수 있지만 바닥과 소변기가 닿는 부분이 더러워지기 쉽다. 오염을 막기 위해 바닥에서 약간 위로 올라간 것도 있다.

세면대
세면대를 변기와 별도로 설치하는 경우가 많아졌다. 카운터를 만들어 세면기를 설치하거나 단독으로 설치한다. 특히 물탱크가 없는 변기에는 반드시 설치해야 한다.

손잡이
고령자나 장애가 있는 사람을 위해 손잡이를 설치한다. 보통 화장실에는 L자형 손잡이가 적합하다. 이용자의 상황에 맞추어 대응해야 하며 당장 설치하지 않더라도 나중에 손잡이를 달 수 있도록 바탕을 미리 시공해놓아야 한다. 미닫이문을 달아 바닥의 문턱을 없애는 방법도 효과적이다.

수납장
휴지나 청소도구 등을 넣을 수 있는 수납장이 필요하다. 문틀 위에 폭 120mm 정도의 선반을 달면 좋다. 벽에 고정하는 형태로 상자 모양의 선반을 설치할 수도 있다.

용어 해설

사이펀 제트식 변기의 세정 방식 중 하나이며, 배수로에 설치된 분사구에서 나오는 물이 강력한 사이펀 작용을 일으켜 오물을 빨아들이듯이 배출한다. 물이 고이는 면이 넓어서 오물이 물속에 잠기기 쉽고 악취 발산을 억제할 수 있다.

대변기의 종류

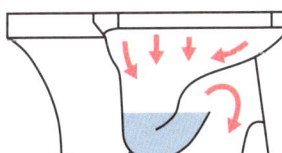
세락(씻어내림)식
물의 낙차에 의한 유수작용으로 오물을 흘러가게 하는 방식이다. 물이 고이는 면이 좁아 물이 잘 튄다.

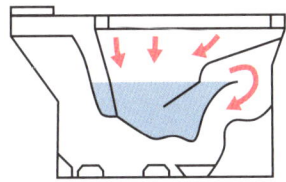
사이펀식
사이펀 작용으로 오물을 빨아들이듯이 배출하는 방식. 물이 고이는 면이 비교적 좁아 건조면에 오물이 묻는 경우가 있다.

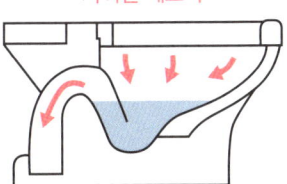
사이펀 제트식
배수로에 설치된 분사구에서 나오는 물이 강력한 사이펀 작용을 일으켜 오물을 빨아들이듯이 배출한다. 물이 고이는 면이 넓어서 악취가 나거나 오물이 묻는 경우가 거의 없다.

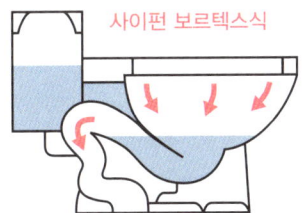
사이펀 보르텍스식
변기와 탱크가 하나로 이루어진 원피스형 변기. 사이펀 작용과 소용돌이 작용을 병용한 배출 방식이다.

소변기

화장실의 레이아웃

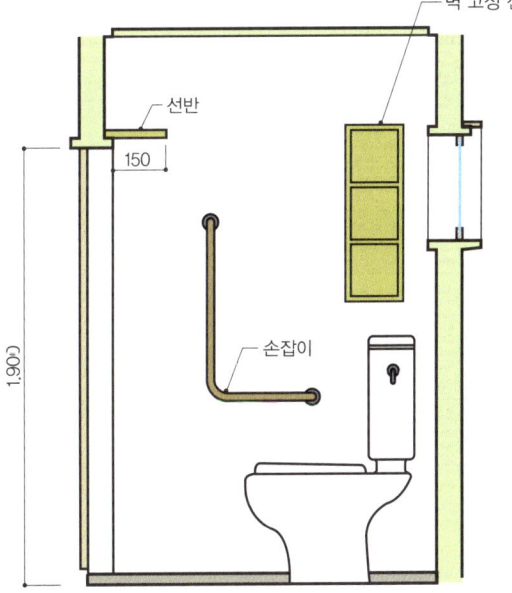

Point 변기는 절수형이나 물탱크가 없는 형태로 진화하고 있으므로 새로운 제품을 수시로 파악해놓는다.

100 주방 설비

시스템키친 등 주방에서 사용하는 기구의 사양과 가격은 천차만별이다. 공사시 초기 단계에서 배수와 급수의 위치를 확정해야 하므로 설비 배관과 관계가 있는 기구는 되도록 빨리 선정할수록 좋다.

개수대 주위의 설비

개수대에는 여러 가지 사양이 있는데 기성품 개수대의 경우 스테인리스나 인조대리석 상판을 주로 사용한다. 싱크볼 타입은 싱글이나 더블 중에 선택할 수 있는데 최근에는 대체로 큼직한 싱글 싱크볼을 채용하는 추세다.

가스레인지는 고정식 가스대가 주류이며 때가 잘 지워지는 유리 상판 가스레인지도 인기가 있다. 또 전자파를 활용한 IH 쿠킹히터(전기레인지)도 많이 사용되고 있다. IH 쿠킹히터에는 전용 콘센트가 필요하다. 전자레인지에도 접지 장치가 달린 콘센트가 있어야 한다. 수도꼭지는 싱글 레버가 많이 사용되며, 샤워기가 달려서 호스를 당겨 쓸 수 있는 제품도 있다.

한편 개수대 상판만 주문 제작하고 하부를 개방하면 그 공간에 쓰레기통이나 바퀴 달린 트레이 등을 놓을 수 있다. 가스레인지나 IH 쿠킹히터 위에는 환기팬을 설치한다. 특히 가스레인지의 경우에는 반드시 급기구를 설치해야 한다.

내장 제한

주방은 가스레인지와 같이 불을 사용하는 설비를 놓을 경우 화기 사용실이 되기 때문에 벽과 천장을 준불연 재료 이상의 방화 성능이 있는 소재로 마감해야 한다. 또한 다른 공간과는 달리 천장에서 500mm 이상 내려오는 벽을 설치하는데 가스레인지에서부터 일정한 범위를 돌출벽으로 에워싸서 그 부분만 준불연 재료 이상의 소재를 이용해 마감하는 방법으로 대응할 수 있다.

용어 해설

IH 쿠킹히터 불을 사용하지 않고 자력선의 작용으로 냄비 자체가 발열하여 가열되는 조리기기다. 200볼트 기기라서 고열량 버너에 견줄 만하다. 상판이 평평해서 손질하기 편하다.

주방 설비

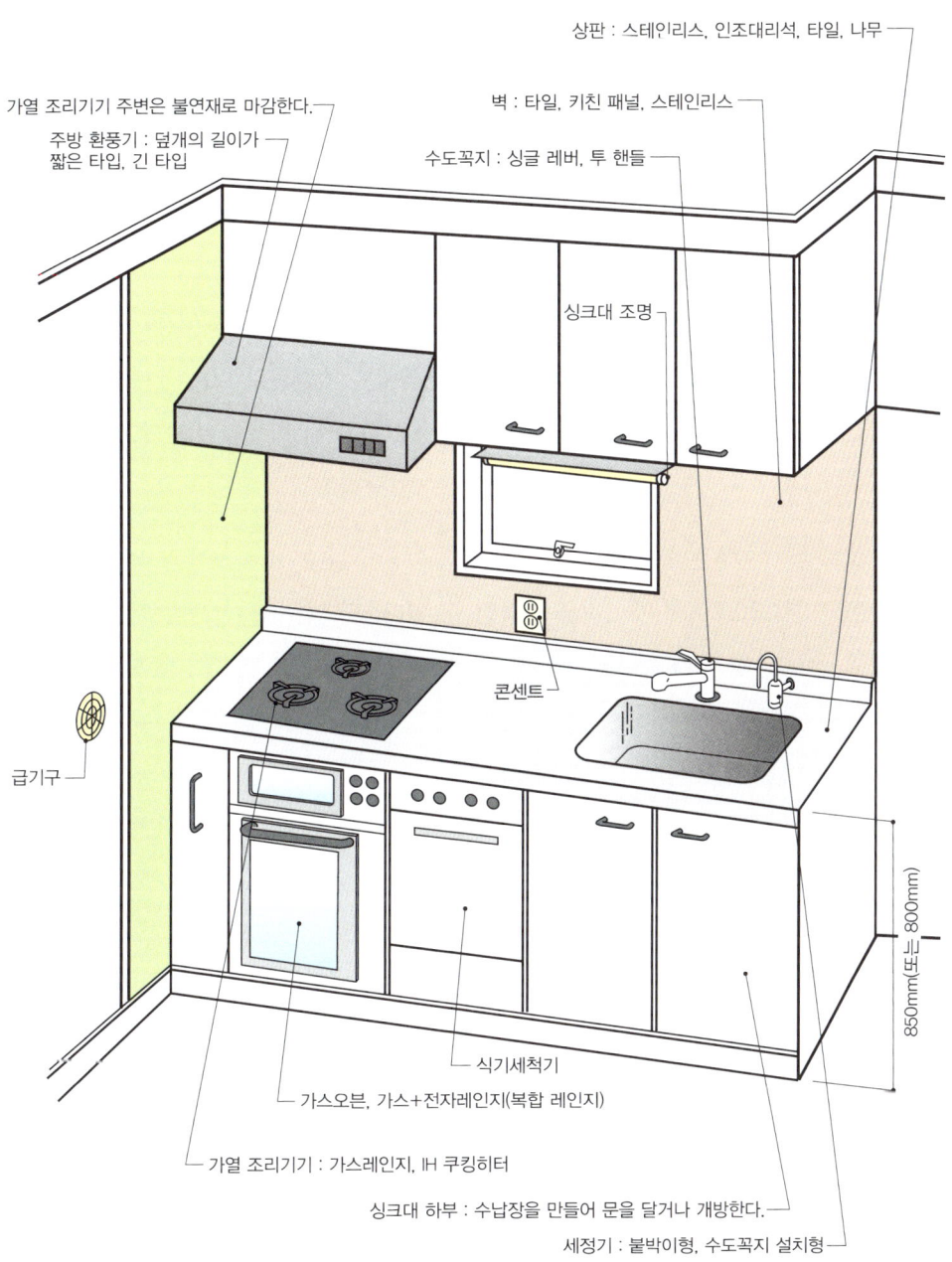

Point 복잡한 기능의 설비를 최대한 줄여 사용하기 편한 주방을 만든다.

101 조명

전구의 종류

백열등
화장실이나 수납실처럼 짧은 시간 동안만 사용하는 공간에는 백열등이 적합하다.

형광등
사무실이나 주방의 싱크대 조명으로는 형광등을 사용하는 경우가 많다. 장시간 사용하는 방에도 형광등이 적합하다. 흰색뿐 아니라 전구색이나 백열등과 비슷한 색도 있어서 쾌적한 공간을 연출할 수 있다. 형광등은 수명이 긴 반면 초기 비용이 비싸다.

LED등
발광 다이오드를 사용하는 조명이며 크기가 작고 수명이 길다. 소비전력은 백열등의 약 87%, 형광등의 약 30%여서 에너지를 절약할 수 있다. 단, 화재를 일으킬 위험이 있으므로 전구를 교체할 경우 해당 조명기구에 적합한 LED 전구인지 잘 확인해야 한다.

조명기구

방 전체를 조명 하나로 비출 경우에는 방 한가운데 천장에 부착하는 실링라이트나 코드 펜던트를 설치한다. 광원을 최대한 감추는 다운라이트도 공간을 연출하는 데 유용하다. 다운라이트는 빛의 조사 각도나 전구 등의 광원별로 종류가 풍부하다.

  간접 조명도 공간 연출에 도움을 준다. 배선용 덕트는 레일에 스폿 조명이나 코드 펜던트를 자유롭게 장착하거나 분리할 수 있어 잘 사용하면 편리하다. 사기 소켓을 사용한 리셉터클은 공사용 기구지만 가격이 매우 저렴해서 브래킷 조명 등으로 활용하면 공간의 분위기를 한정 짓지 않는 연출이 가능하다. 전체를 존재감이 적은 조명기구로 통일하고 포인트 조명을 달아서 돋보이게 한다.

용어 해설

다운라이트 조명기구의 일종. 통 모양으로 되어 있으며, 천장 내부에 매립해서 설치하므로 천장면이 평평해진다. 과열로 인한 화재가 일어나지 않도록 다운라이트 내부 주위에 공간을 확보해야 한다.

효과적인 조명의 예

간접 조명의 예

천장 매립

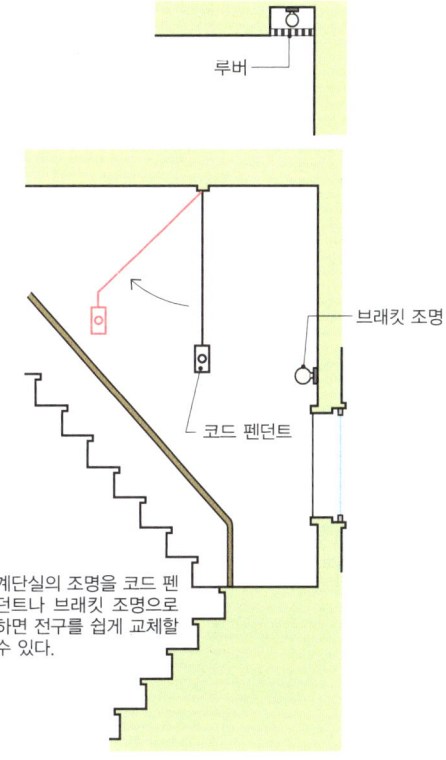

루버

브래킷 조명

코드 펜던트

계단실의 조명을 코드 펜던트나 브래킷 조명으로 하면 전구를 쉽게 교체할 수 있다.

야간 취침시 사용하는 평면 광

백열등과 형광등의 차이

백열등

- 차분한 분위기의 붉은빛을 띠며 따뜻한 느낌을 준다. 자연스러운 음영을 연출한다.
- 스위치를 누르면 바로 불이 들어온다.
- 전기요금이 조금 비싸다.
- 전구 수명이 짧다.

형광등

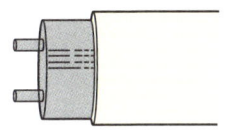

- 전구색은 약간 붉은빛을 띠며, 주백색은 태양광과 같이 푸른빛을 띠는 흰색이다. 둘 다 음영이 잘 생기지 않는다.
- 불이 들어올 때까지 약간 시간이 걸리는 종류가 있다.
- 조광기와 함께 사용할 수 없다.
- 전기요금이 저렴하다.
- 전구 수명이 길다.

리셉터클

조명기구의 존재감을 없애고 빛만 보여주고 싶을 때 사용하면 좋다.

Point 조명기구의 존재감이 적고 광원이 최대한 보이지 않는 조명을 사용하면 공간에 안정감을 줄 수 있다.

102 LAN과 약전

주택의 랜 배선

최근의 주택에서는 컴퓨터와 관련된 설비의 배선 및 배관이 필요하다. 따라서 기기를 설치하는 공간 사이에 CD관을 통과시켜 나중에 배선을 교체할 수 있게 하면 좋다.

랜^{LAN}은 로컬 에어리어 네트워크$^{local\ area\ network}$의 약자이며, 전화 회선이나 광케이블을 통해 외부 정보를 모뎀으로 받고 각 방의 컴퓨터에 접속하는 동시에 복수의 컴퓨터나 OA 기기끼리 연결한다. 실내에 있는 기기끼리 접속할 때는 주로 케이블이나 무선을 이용한다. 배선으로 대응할 경우에는 멀티미디어 대응형 배선 시스템도 있다.

최근에는 무선 랜을 많이 사용하므로 전화선이나 광케이블을 끌어오는 위치와 모뎀 위치를 검토할 필요는 있지만 배선 공사를 반드시 건축 공사에 포함하지 않아도 된다. 그러나 무선 랜은 보안에 관한 문제가 있고, 지하실이나 3층 이상의 방에서는 전파가 잘 닿지 않아서 무선 랜으로 대응할 수 없는 경우도 있으니 주의해야 한다.

또한 콘센트 전기배선을 사용하는 PLC 네트워크도 있다. 이것은 지하실이나 3층 이상의 방에서도 사용할 수 있고, 보안 대책을 마련한 시스템도 있어서 사용을 검토해보는 것도 좋다.

약전 설비

주택에 필요한 약전弱電 설비는 전화, TV, 인터폰, 오디오, 보안설비 등 여러 가지가 있다. 설계 초기 단계에서 필요하다고 생각되는 설비를 확인한 뒤 전기배선 공사를 해야 한다. 각각의 설비기기에 필요한 전원을 확보하고 배선 등이 노출되지 않도록 신경 써야 한다. 약전도 분전반을 만들면 케이블을 깔끔하게 정리할 수 있다.

용어 해설

CD관 물결 모양의 관으로 전선이나 케이블을 통과시킬 때 저항이 줄어들어서 쉽게 통과시킬 수 있는 배관 자재다. 오렌지 색을 띤다.

유선 랜, 무선 랜, PLC의 차이

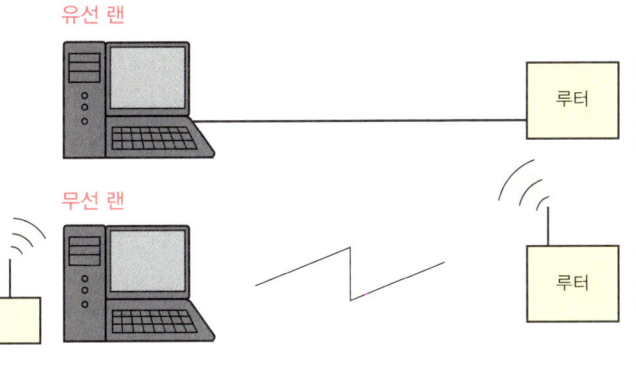

유선 랜 랜 케이블을 통해서 데이터 통신을 하기 때문에 통신 품질이 안정적이다. 설계시 케이블의 경로가 복잡해지지 않도록 고려해야 한다.

무선 랜 무선으로 데이터를 전송하므로 케이블을 사용하지 않는다. 설치 공간이 매우 자유롭다. 단, 지하실에는 전파가 잘 통하지 않는 경우가 있다. 보안에도 주의해야 한다.

PLC 전기콘센트를 통해 데이터를 통신하는 통신 기술이다. 이론상으로는 통신 속도가 빠르다. 무선 랜과 마찬가지로 보안에 주의해야 한다.

주택 내의 랜 배선 예

정보(약전) 분전반이 있으면 좋다

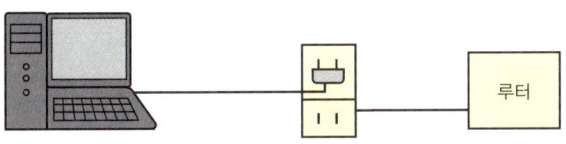

TV용 콘센트(CS 디지털) : (CS communications satellite. 통신위성-옮긴이) 디지털 방송 수신용 콘센트

전원콘센트 : 내선 규정이 변경되어 현재는 모든 콘센트에 접지 장치가 권장되고 있다.

랜 용 콘센트 : 정보 분전반 안의 허브와 접속해서 각 방의 컴퓨터와 네트워크를 구축할 수 있다. 랜 용 콘센트에는 ISDN 회선을 사용할 수 없으므로 주의해야 한다.

가입자 선 (디지털 전화 회선)

FTTH, CATV

멀티미디어 콘센트

정보 분전반 : 랜 단자대나 허브, TV를 시청하기 위한 부스터 등을 분전반에 하나로 모아 정리하면 배선이 복잡해지지 않고 깔끔하게 마감할 수 있다.

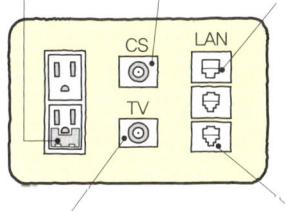

TV용 콘센트 : VHF, UHF, CATV, BS, 동경 110도 CS용 TV 콘센트로 이용한다. CATV용 콘센트는 양방향용으로 한다.

아날로그 전화 회선 콘센트 : 일반 회선용 콘센트. 일반 회선의 전화나 팩스, 디지털 튜너 등을 접속할 수 있다.

Point 무선 랜의 경우 전파가 잘 닿지 않을 수 있으므로 각 방에 배선할 수 있게 조치해놓는다.

103 홈시어터

홈시어터의 방음 대책

대화면 TV나 프로젝터 등의 보급에 따라 각종 오디오 및 영상기기가 개량되어 가정에서 영화를 즐길 수 있는 홈시어터를 설치하는 경우가 많아졌다. 건축주가 홈시어터 설치를 희망한 경우 플래닝 단계에서 배선을 비롯해 기기류의 수납 등에 관한 사항까지 충분히 검토해야 한다. 또한 홈시어터 전용실을 만드는 경우가 있는데 대부분은 거실을 홈시어터로 활용한다.

홈시어터는 영상기기와 음향기기를 동시에 설치해야 하므로 제대로 만들려면 방음 시설까지 검토해야 한다. 그러나 목조는 경량 구조라서 완전한 방음실을 만들기 어렵다. 가능한 범위의 방음 대책으로는 벽 속에 흡음재를 넣고 석고보드를 이중으로 부착하거나 방음형 문을 선택해 문틀과의 틈새가 벌어지지 않도록 하는 방법 등이 있다. 환기팬이나 흡기구를 통해 소리가 새어나가므로 이 점에도 신경을 써야 한다.

기기의 설치와 수납

기기를 설치하는 데도 검토가 필요하다. 영상을 보려면 100인치 이상의 프로젝터나 50인치 정도의 모니터를 선택하는데 시청거리를 고려해 소파의 배치를 검토해야 한다. 5.1채널 서라운드는 시청 위치 주위에 여러 개의 스피커를 설치한다. 설치 방법과 장소를 미리 가정해서 배관이나 배선, 바탕 보강을 해놓아야 한다.

스피커나 오디오 기기가 노출된 상태로 놓여 있으면 방의 분위기를 해치므로 DVD나 CD 수납까지 포함해서 배치를 고려하고, 천장 고정식 스피커를 설치하는 방법도 검토하도록 한다.

용어 해설

5.1채널 서라운드 현장에서 실제로 듣는 듯한 느낌을 주는 음향 효과를 재현하기 위해 시청 위치를 전·후방에서 둘러싸듯이 스피커를 배치하는 음성 출력 시스템의 일종이다.

차음 대책을 위한 마감 예

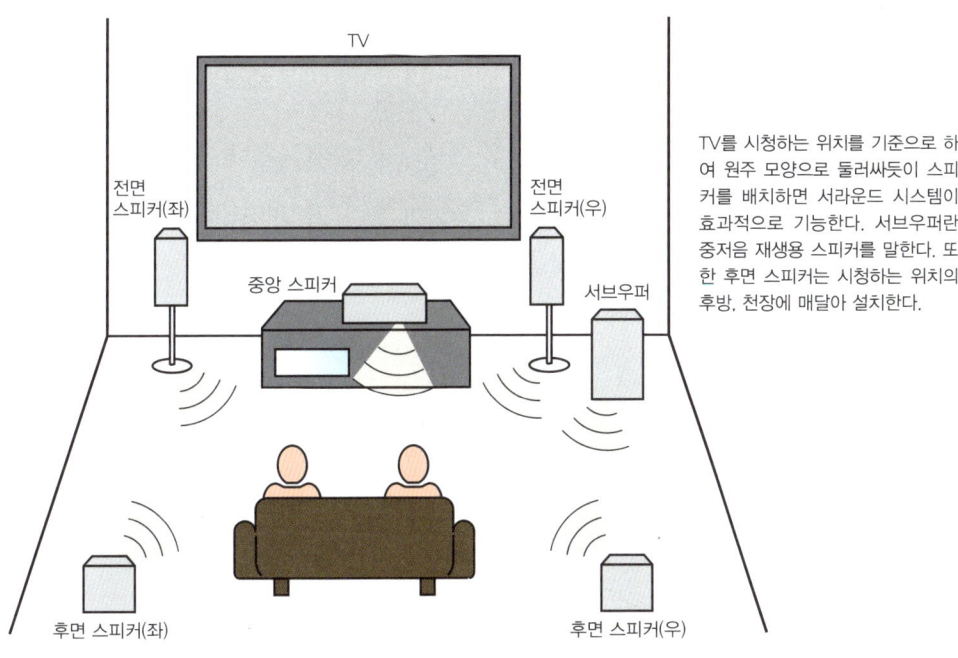

TV를 시청하는 위치를 기준으로 하여 원주 모양으로 둘러싸듯이 스피커를 배치하면 서라운드 시스템이 효과적으로 기능한다. 서브우퍼란 중저음 재생용 스피커를 말한다. 또한 후면 스피커는 시청하는 위치의 후방, 천장에 매달아 설치한다.

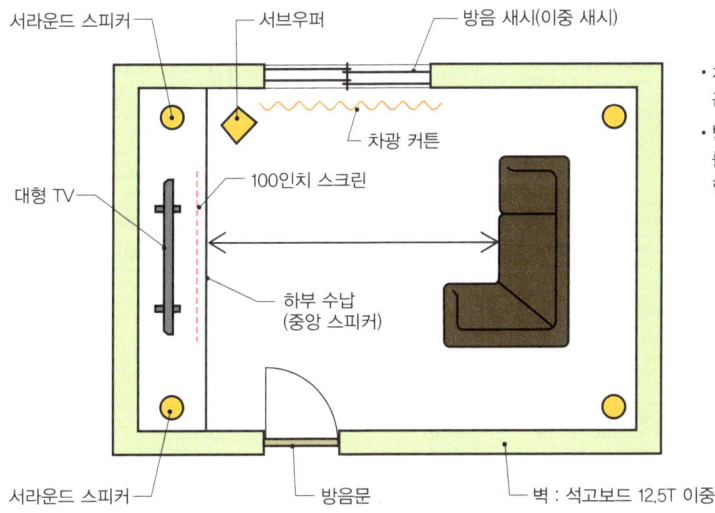

- 차광 커튼(암막 커튼)에는 흡음성이 있다.
- 방음문으로는 암면 흡음재를 끼워 넣은 창호를 사용한다.

Point 목조주택에 홈시어터를 만들 경우에는 방음 대책이 완벽해야 한다는 점을 건축주에게 주지시킨다.

104 친환경 설비

도입시 유익한 친환경 설비

지구 온난화에 대비하려면 기본적으로 평면이나 단면 계획시 여름철 통풍과 겨울철 일조량을 확보해야 한다. 현재는 이와 동시에 에너지를 절약할 수 있는 설비가 사용되고 있다. 에어컨이나 가전제품 자체의 에너지 절약 대책은 상당히 진행된 상태다. 에너지 절약에 대한 의식이 높은 건축주도 많으므로 잘 알아두어야 한다.

태양광 발전

태양광 발전은 태양전지판을 지붕 위에 설치해 발전하는 방식이다. 전지판의 수에 따라 발전량이 다르며, 햇볕이 강한 낮 동안에는 전력회사에 전기를 판매할 수도 있다. 태양광 발전의 초기 비용을 고려하면 채산을 맞출 때까지 10년 이상 걸리지만 환경을 생각하면 의미가 깊은 설비라고 할 수 있다.

태양열 온수기

물을 직접 데우는 유형과 부동액을 순환시킴으로써 열을 교환하여 탱크에 모으는 유형이 있다. 물을 직접 데우는 유형에도 지붕 위에 집열 부분과 탱크가 하나로 된 가장 단순한 모델과 밑에 놓은 탱크 사이를 펌프로 순환시키는 모델이 있다. 물의 온도가 올라가지 않을 때는 급탕기를 이용해 온도를 높일 수 있는 구조로 하는 경우도 있다.

빗물 이용(빗물 저류조)

앞으로는 빗물 이용도 고려해야 한다. 지붕에 내린 비를 저류해서 이용할 수 있다. 빗물 전용 탱크를 설치해서 홈통을 타고 내려온 물을 모아놓는다. 쓰레기나 먼지의 유입을 방지하거나 내리기 시작한 빗물이 포함되지 않게 하는 등 조정할 수 있는 경우도 있다. 그 밖에 작은 연못을 만들어서 빗물을 모으는 방법도 좋다.

용어 해설

태양광 발전 태양전지를 활용해 태양광 에너지를 전력으로 변환하는 발전 방식을 말한다. 건축에서는 태양광 발전의 집열판을 지붕이나 옥상에 설치해 주택에서 소비하는 전력을 조달한다. 초기 비용이 부담될 수 있지만 온실효과 가스 배출량을 줄일 수 있다.

태양광 발전

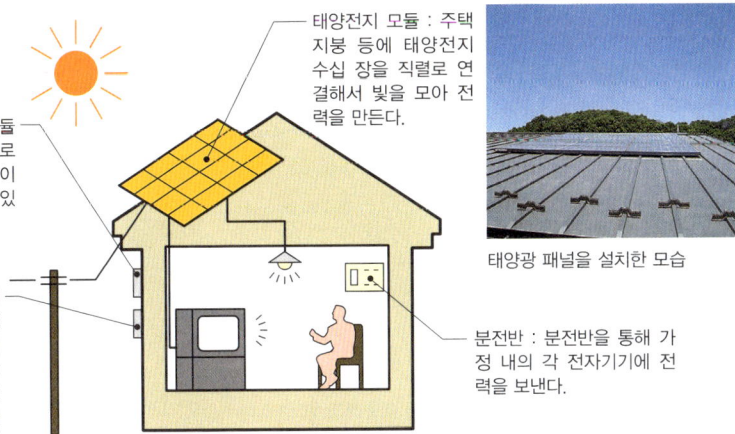

태양광 패널을 설치한 모습

태양전지 모듈 : 주택 지붕 등에 태양전지 수십 장을 직렬로 연결해서 빛을 모아 전력을 만든다.

파워 컨디셔너 : 태양전지 모듈로 발전한 전력을 가정용으로 변환하는 파워 컨디셔너를 이용해 가정 안에서 사용할 수 있는 전력으로 변환한다.

매전買電(전력회사가 공급하는 전력) 계량기와 매전売電(자가 발전한 전력을 전력회사에 판매하는 것) 계량기 : 매전買電 계량기와 매전売電 계량기를 통해 전력회사에서 공급받는 전력량과 전력회사에 판매하는 전력량을 자동으로 구별한다.

분전반 : 분전반을 통해 가정 내의 각 전자기기에 전력을 보낸다.

지붕 위에 태양전지판을 설치해서 발전한다. 전지판 수에 따라 발전량이 다르다.

태양열 온수기

물을 직접 데우는 유형과 부동액을 순환시켜서 열을 교환해 탱크에 저장하는 유형이 있다.

빗물 저류조

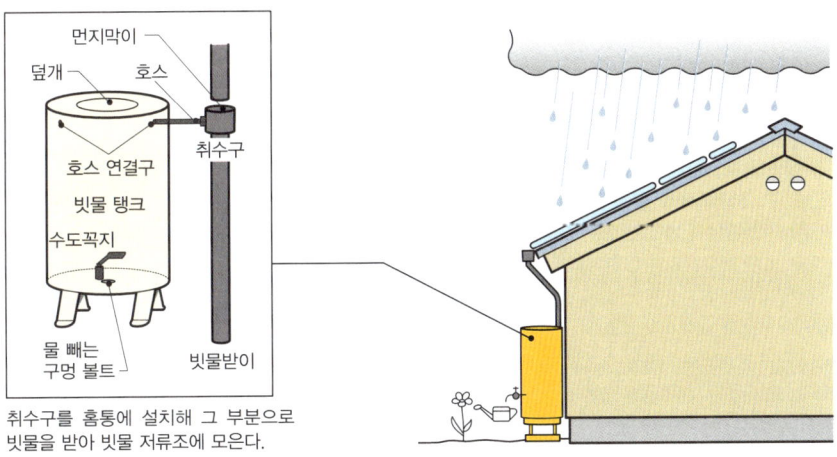

취수구를 홈통에 설치해 그 부분으로 빗물을 받아 빗물 저류조에 모은다.

> **Point** 친환경과 에너지 절약에 대한 의식이 높은 건축주가 많으므로 초기 비용에 관해 확실히 설명해둔다.

칼럼 화목난로, 펠릿난로

장작불에 둘러앉아 누리는 기쁨

주택에 화목난로를 설치하는 것은 커다란 즐거움 중 하나다. 불은 난방 역할뿐 아니라 바라보는 것만으로도 마음이 따뜻해진다. 여기에서는 화목난로를 도입할 경우 주의해야 할 점에 관해 설명한다.

화목난로

화력이 강해서 한 대로 주택 전체를 따뜻하게 할 수 있다. 난로 본체는 주물인지 철재인지에 따라 연소 성능이 다르며, 완전 연소되는 형식의 난로도 있다. 일반 난로와 달리 급기구의 개폐로 연소량을 조절할 수 있다. 밤에 자기 전에 두툼한 장작을 넣고 공기구를 최소로 줄여놓으면 아침까지 천천히 연소된다. 가능하면 난로 문에 내화 유리가 들어 있어서 연소되는 불꽃이 보이는 타입을 채용하도록 한다.

굴뚝은 연기가 잘 올라가고 청소하기 쉽도록 최대한 똑바로 세워야 한다. 지붕으로 관통하는 부분은 전용 물끊기가 있으며 단열재가 들어 있는 이중 굴뚝을 사용한다. 2층 바닥의 관통 부분이나 안전상의 배려로 이중 굴뚝을 사용하는 경우도 있다. 비용 면에서는 난로 본체와 굴뚝에 드는 비용이 거의 비슷하다. 또한 난로 본체의 가격은 천차만별이므로 충분히 비교 검색한 후 구입해야 한다.

화목난로를 설치하려면 굴뚝 구멍으로 나오는 연기가 이웃에게 영향을 주기 때문에 주위에 있는 주택의 상황이나 장작 구입 방법 등을 고려해서 판단하도록 한다.

펠릿난로

장작을 대신해서 목재 펠릿을 연료로 한 난로도 있다. 펠릿은 제재시 재목의 여분 조각 등을 가루로 만든 뒤 톱밥을 만들 듯이 압력을 가하여 직경 5~6mm의 노즐에서 짜내 만드는데 연소되는 열량이 매우 커서 화목난로와 마찬가지로 주택 전체를 따뜻하게 할 수 있다. 또한 펠릿이 난로에 자동으로 공급되는 구조로 이루어져 있어서 가스식 FF 난방기와 똑같은 방식으로 사용할 수 있다.

펠릿난로는 연기가 나오는 경우가 드물어서 시가지에서 사용하는 데 특별한 문제가 없다. 또 펠릿은 목재 자원을 효율적으로 이용한다는 점에서도 주목을 받고 있다.

건물을 제외한 빈 공간에 대해서도 처음부터 배치 계획을 세워놓아야 한다. 우선 각 공간의 성격에 맞게 조닝을 한다. 현관으로 통하는 어프로치, 차고, 정원, 서비스 야드 등에 필요한 공간을 결정한다. 또한 공간의 이미지를 토대로 외관과 잘 어울리는 식재를 선택한다. 최근에는 낮 동안 집에 사람이 없는 경우가 많고, 지나는 사람도 적기 때문에 방범 대책도 충분히 고려해야 한다.

제7장
주택의 외관

105 외관

외관은 배치 계획시 검토한다
건물을 제외한 외부의 빈 공간에 대해서도 처음부터 배치 계획을 세워놓아야 한다.

외부 공간의 조닝
우선 각 공간의 성격에 맞게 조닝을 한다. 현관으로 통하는 어프로치, 차고, 정원, 서비스 야드service yard 등에 필요한 공간을 결정한다.

빗물이나 일조 등의 조건을 검토한다
부지에 내린 비를 충분히 처리할 수 있는지, 이웃집과 도로에서 빗물이 흘러들어오지는 않는지 부지 조건을 확인한다. 또한 이웃하는 건물이나 옹벽, 수목 등에 따라 통풍과 일조 조건이 달라진다. 따라서 그런 환경에 맞춘 식재와 외관을 검토한다. 더불어 빗물이 침투하기 쉽게 지면의 흙을 그대로 두거나 식물을 심는 일도 중요하다.

담장과 철재 펜스
블록이 높은 담장은 버트레스(벽이 쓰러지지 않도록 외부에서 지탱해주는 버팀벽-옮긴이) 등을 만들어 충분한 강도를 주어야 위험하지 않다. 통풍을 생각할 경우 낮은 부분에는 블록을 쌓더라도 높은 부분에는 철재 펜스를 치는 편이 좋다. 방범을 고려할 경우에도 철재 펜스가 숨을 곳이 없어서 효과적이다. 산울타리는 거주자뿐 아니라 거리에 습기를 공급하고 지진이 일어났을 때 쓰러져서 다치는 일도 없다. 유지 및 보수 방법이나 수종 선택 등을 충분히 검토해서 적절히 활용하도록 한다.

지면 처리
지면은 흙 상태로 두는 경우를 포함해서 콘크리트나 돌, 블록 등으로 포장하거나 자갈을 깔아서 처리해야 한다. 주택이 완성된 시점에서 외관이 반드시 완성되어 있어야 할 필요는 없으며, 건축주가 직접 만들어가는 부분이 있어도 좋다.

> **용어 해설**
> **서비스 야드** 실외에 있는 가사용 공간을 말한다. 주방이나 뒷문 부근에 만들어서 세탁이나 빨래건조장, 창고, 쓰레기장으로 사용하는 경우가 많다. 지면에 콘크리트를 쳐서 물이 잘 빠지게 하거나 외부 개수대 등을 설치하면 편의성이 향상된다.

주택의 외관 계획

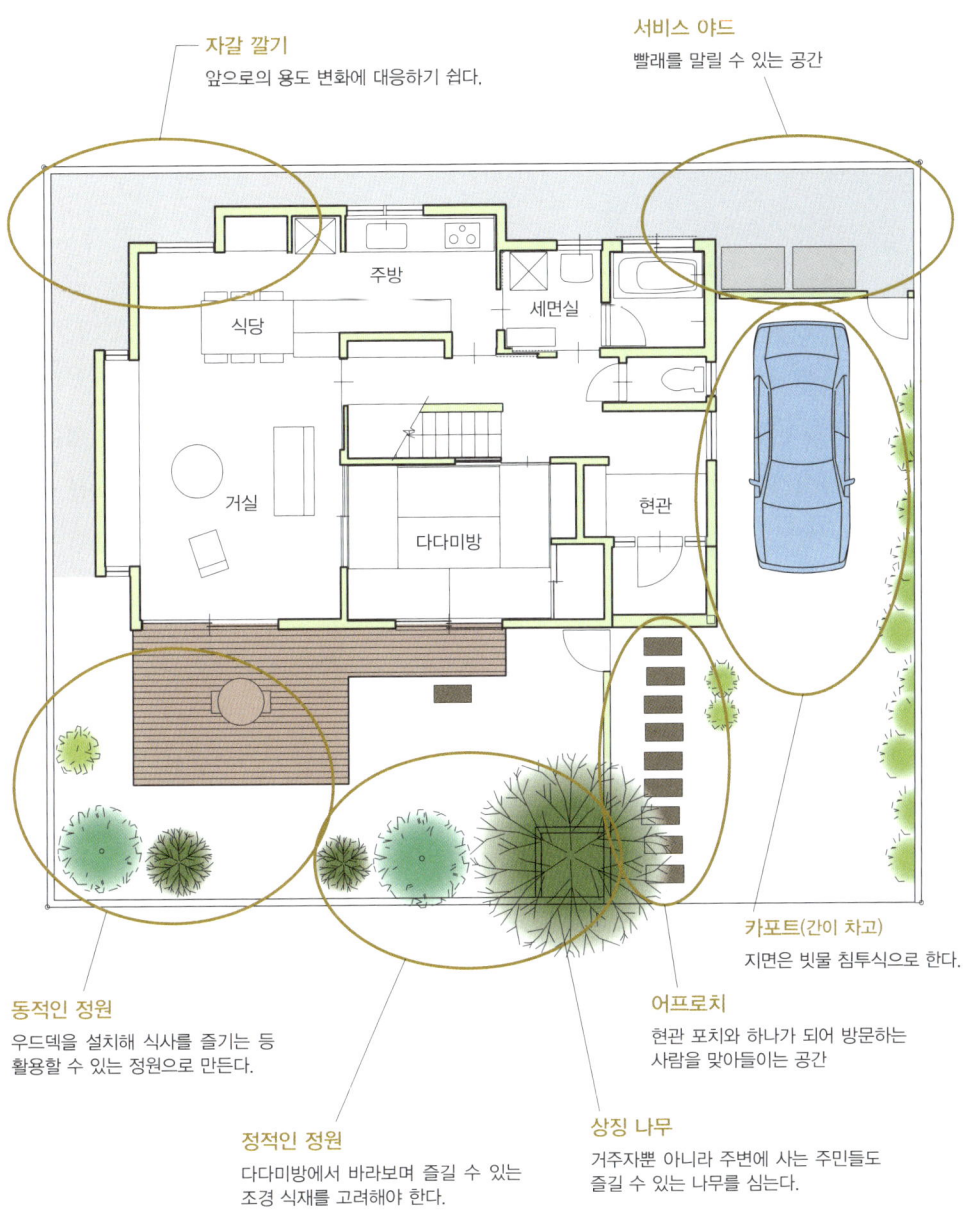

- **자갈 깔기**: 앞으로의 용도 변화에 대응하기 쉽다.
- **서비스 야드**: 빨래를 말릴 수 있는 공간
- **카포트(간이 차고)**: 지면은 빗물 침투식으로 한다.
- **어프로치**: 현관 포치와 하나가 되어 방문하는 사람을 맞아들이는 공간
- **상징 나무**: 거주자뿐 아니라 주변에 사는 주민들도 즐길 수 있는 나무를 심는다.
- **정적인 정원**: 다다미방에서 바라보며 즐길 수 있는 조경 식재를 고려해야 한다.
- **동적인 정원**: 우드덱을 설치해 식사를 즐기는 등 활용할 수 있는 정원으로 만든다.

Point 외관 조닝은 주택의 배치 계획시부터 검토해놓는다. 이때 부지의 환경 조건도 추가로 고려해야 한다.

106 포치, 카포트

현관 앞 포치porch는 도로에서 시작되는 어프로치를 포함해 방문하는 사람을 가장 먼저 맞아들이는 장소이자 주택의 얼굴이기도 하다. 카포트carport(간이 차고)도 포치나 어프로치와 일체적으로 생각해야 한다.

포치

포치는 건물 본체 디자인과의 균형을 고려해 현관과 통일감 있게 만들어야 한다. 바닥에는 타일을 깔거나 미끄럼 방지를 고려한 씻어내기 등의 마감법으로 처리한다. 또한 우산을 접어도 비를 맞지 않을 정도의 지붕이나 차양이 필요하다. 포치 바로 앞에는 계단을 한두 단 정도 설치하는데 고령자나 장애가 있는 사람 등을 배려해 슬로프를 설치하는 경우도 있다. 야간에 포치를 밝힐 수 있도록 외부에 조명용 스위치나 인체감지 센서가 달린 조명기구를 설치하면 좋다.

카포트

일본 건축기준법에서는 건물의 일부를 카포트로 사용할 경우 바닥 면적의 3분의 1까지는 용적률을 산정하기 위한 총면적에 넣어 계산하지 않아도 된다. 단, 카포트에 지붕이 달린 경우에는 건축 면적에 넣어 계산해야 하므로 주의하도록 한다.

바닥에는 자동차가 올라와도 거뜬한 콘크리트나 돌, 인터로킹 블록 등을 깐다. 콘크리트 사이에 폭 100mm 정도의 스토퍼를 만든 뒤 그 틈새에 식물을 심거나 콘크리트를 붓고 물이 빠졌을 때 호스로 물을 뿌려 골재의 자갈을 씻어내는 콘크리트 씻어내기 마감도 자연스러운 느낌을 연출한다. 타이어가 닿는 부분만 콘크리트로 하는 방법도 좋다. 한편 흙을 넣어서 잔디를 심을 수 있는 콘크리트나 벽돌 소재로 만든 블록, 90×90mm 정도의 간벌 목재를 나란히 놓아서 만드는 우드덱(239쪽 참조)도 카포트로 사용할 수 있다.

> **용어 해설**
>
> **인터로킹 블록** 포장용 블록으로 콘크리트제가 많다. 주로 보도나 공원, 주차장 공사 등에서 사용한다. 인터로킹 블록 사이의 틈을 통해 빗물이 밑으로 침투하므로 콘크리트보다 배수가 잘 된다.

카포트와 일체화한 어프로치와 포치

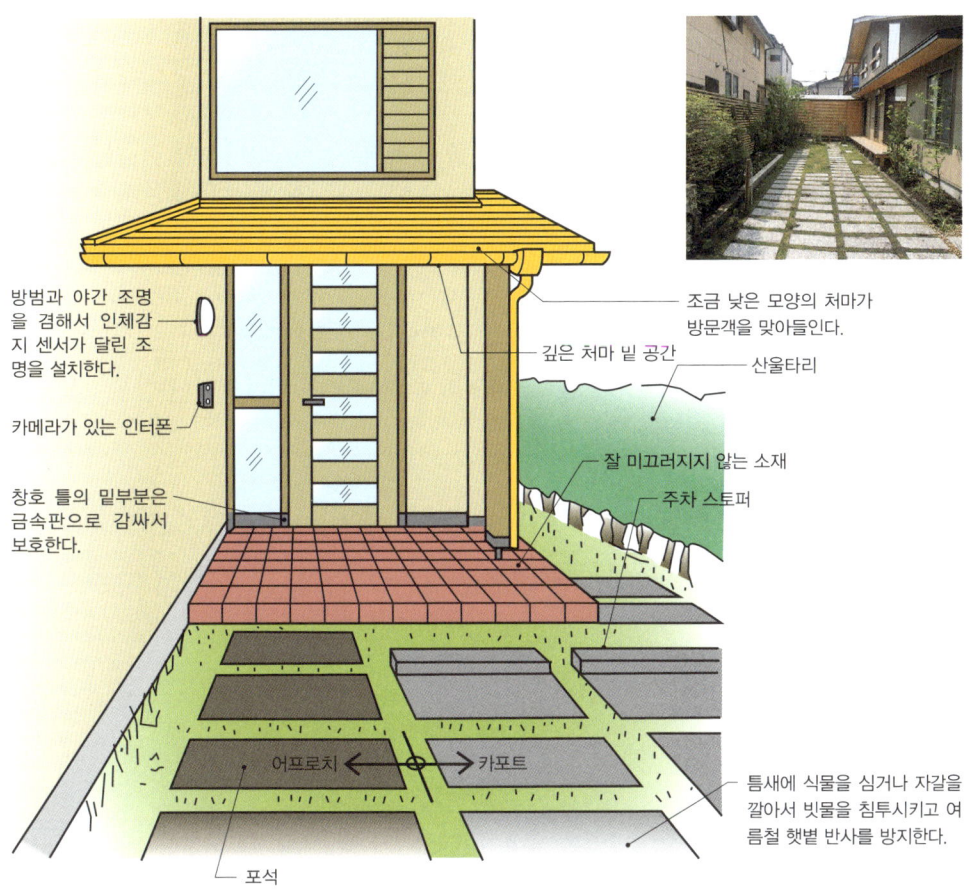

카포트에 사용할 수 있는 소재

녹화 블록 / 블록, 식물

인터로킹 블록

간벌 목재를 사용한 주차 바리케이드 / 간벌 목재 말뚝, 로프, 염화비닐 파이프(매립)

카포트는 인터로킹 블록 등 자동차의 중량을 견디는 소재로 포장한다. 원래 식물 등을 심으면 자동차에 밟히기 때문에 적합하지 않지만 녹화 블록 등을 사용하면 좋다.

Point 포치 디자인은 현관과 하나로 생각한다. 빗물에 젖지 않을 정도로 처마가 긴 지붕, 방범상의 조명 등도 필요하다.

107 정원

정원의 성격 부여하기

건물 배치를 검토할 때 정원에 대략적인 성격을 부여해놓는다. 그다음에 건축물과 식물을 선정하고 배치한다.

어프로치 정원

현관까지 통하는 어프로치 정원은 방문하는 사람이나 가족을 맞아들이는 연출에 신경 써야 한다. 일부러 어프로치를 길게 만들거나 식재 및 조명을 이용해서 꾸밀 수 있다.

동적인 정원

밖에 나가서 걷거나 활동하기 위한 동적인 정원에는 걸어 다니기 쉽도록 지면에 돌이나 벽돌을 깔거나 우드덱을 만드는 방법도 좋다.

정적인 정원

건물 사이의 정원이나 안뜰, 욕실에서 이어지는 테라스 등을 설치하면 규모가 작더라도 실내 통풍을 좋게 하거나 습기를 공급하는 데 효과적이다.

실용적인 정원

빨래건조장이나 창고로 활용되는 서비스 야드는 배치 계획 초기에 정해놓는다.

차경

먼 곳의 산이나 강과 같은 자연경관과 근처의 수목 등을 차경借景으로 활용한다.

설비

정원에도 급수 장치가 필요하다. 자주 사용할 경우에는 개수대를 설치하고 콘크리트 기둥을 세워서 급수하면 편리하다. 방범용으로는 인체감지 센서가 달린 조명을 사용하는 경우가 많으며, 현관 포치에 설치해 포치를 밝히면 편리하다.

용어 해설

차경 정원 밖의 산이나 숲 등의 자연물을 정원 안의 풍경에 배경으로 포함시키는 방법을 말한다. 전경의 정원과 배경이 되는 차경을 일체화시켜 역동적인 경관을 형성한다. 교토의 슈가쿠인리큐와 엔쓰지의 가레산스이枯山水(일본 정원 양식의 하나. 물을 사용하지 않고 지형을 이용해 돌과 모래로 산수의 풍경을 표현하는 방식—옮긴이)식 정원의 차경이 유명하다.

정적인 정원(바라보는 정원)

동적인 정원

Point 외관의 각 부분에 어울리는 성격을 지닌 정원을 조성한다. 정원 보수설비도 잊지 말자.

108 조경 식재

건축과의 조화
건축과 조화를 이루는 식재를 선택하는 것이 중요하다. 굳이 손질하지 않아도 잘 자라는 식물을 심으면 관리하기가 수월하다.

종합적인 이미지
동양이나 서양풍 정원, 잡목 정원 등 공간의 이미지와 잘 어울리는 식재를 선택한다.

상징 나무
정원이나 현관 입구에 중심이 되는 상징 나무를 심는다. 집을 상징하는 수목은 모양새가 아름다운 나무를 선택해야 한다. 나머지 식재는 상징 나무를 결정한 뒤에 선택한다.

산울타리
담장을 대신해 산울타리를 만드는 방법이 있다. 산울타리에 사용하는 식물로는 회양목, 홍가시나무, 단풍 철쭉(페룰라투스 등대꽃나무) 등이 있다. 식물이 뿌리를 내릴 때까지는 **대나무 트렐리스**(격자 울타리)를 임시로 만들어 식물이 쓰러지는 것을 방지한다.

폭 10cm의 화단
주차장이나 어프로치의 벽 가장자리에 폭 10cm 정도의 화단을 만들면 콘크리트의 인상이 부드러워진다. 또 콘크리트 주차장 일부에 도랑을 파서 식물을 심을 수도 있다.

식물 커튼
여름철 햇볕을 피하기 위해 창문 밖에 그물을 쳐서 여주나 나팔꽃 같은 덩굴식물을 감기게 해 햇볕을 차단하는 식물 커튼을 만들면 좋다.

텃밭
채소나 과일을 재배하는 방법도 좋다. 텃밭은 협소한 공간에도 만들 수 있다.

용어 해설

대나무 트렐리스 대나무 울타리의 일종. 왕대를 가로로 걸친 4단 띳장과 세로로 세운 대나무가 수직 방향으로 앞뒤 번갈아가며 묶여 네 칸이 생기는 점에서 격자 모양 울타리라고 부른다. 구성이 간소하지만 다실에 딸린 정원에서도 자주 이용되는 산울타리다.

수목의 기초 지식

수목 치수

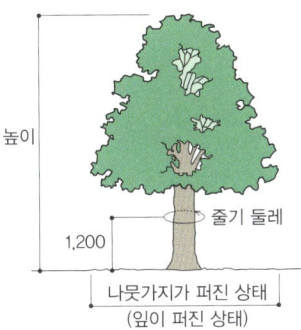

나무줄기의 종류

줄기가 뿌리 근처에서 세 개 이상 갈라진 나무

줄기가 뿌리 근처에서 여러 갈래로 갈라진 나무

줄기가 뿌리 근처에서 갈라지지 않고 하나뿐인 나무

상징 나무

집이나 건물의 상징물로 심는다. 이웃에는 푸른 초목을 제공하게 된다. 모습이 아름다운 나무로는 금송, 나한송, 단풍나무 등이 있다. 상징 나무의 수종을 정한 뒤 다른 수목을 정한다.

폭 10cm의 식재

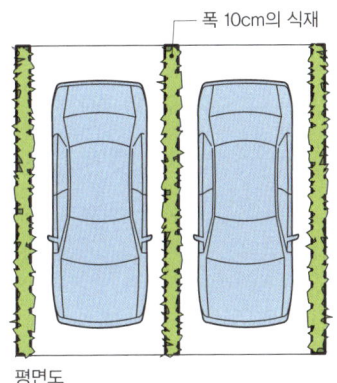

평면도

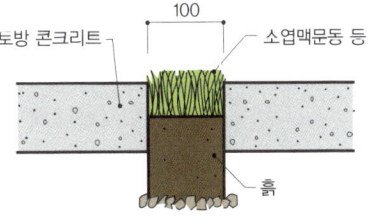

Point 조경 전문가의 도움을 받을 경우라도 식재의 기본은 알아두어야 한다.

109 덱

덱의 재료

우드덱은 실내 공간의 연장으로 매력적인 공간이다. 덱의 재료는 비바람에 노출되므로 울린(보르네오 철목)이나 밤나무, 편백나무 등과 같이 물에 강한 목재를 사용한다. 내구성이 조금 떨어지지만 웨스턴 레드 시더나 삼나무도 사용할 수 있다.

울린의 내구성이 가장 높다고는 하지만 밤나무도 내구성이 매우 좋다. 단, 울린과 밤나무 모두 고가의 재료이므로 내구성이 어느 정도 보장되는 경우 부식되었을 때 교체하면 된다고 생각하는 것도 한 가지 방법이다. 덱 재료는 나중에 결국 교체해야 할 것을 고려해 위쪽에 나사를 박아 고정해놓으면 좋다.

도장할 경우 안전성이 높은 천연소재의 목재보호 도료를 칠한다. 굳이 도장하지 않는 경우도 있다. 나무의 멋을 살리려면 표면을 도료로 완전히 코팅하지 않는 편이 좋다.

간벌 목재의 각재로 만드는 덱

편백나무의 간벌 목재 중에서 멍에에 사용하는 90mm짜리 각재를 가지런히 놓으면 덱을 손쉽게 만들 수 있다. 필자가 자주 이용하는 방법을 소개하겠다.

동바리를 동바릿돌에 세우고(덱 높이가 낮아도 상관없다면 동바리는 필요 없다) 90mm짜리 각재를 장선에 올리고 그 위에 멍에용 각재를 가지런히 놓는다. 덱의 양 끝만 아래쪽에서 스테인리스 나사를 박아 고정하면 교체할 때 쉽게 분리할 수 있다. 중간 부분은 각재의 자체 무게로 조화를 이룬다.

덱에 사용하는 목재는 3m나 4m를 기준으로 판매되고 있는데, 길이가 조금 일정하지 않더라도 그 상태로 가지런히 놓아서 덱을 만드는 방법도 좋다. 유통되는 목재의 치수를 활용하면 시간과 비용을 절약할 수 있다. 표면을 굳이 다듬지 않아도 거친 부분은 금세 제거된다.

용어 해설

목재보호 도료 외부에 사용하는 목재를 보호함으로써 수명을 늘리기 위한 도료. 목재에 침투해 표면에 도포막을 만들지 않는 침투 타입과 목재에 침투해서 도포막을 만드는 타입 두 종류가 있다. 최근에는 수성이나 천연소재의 목재보호 도료도 많이 사용되고 있다.

표준적인 우드덱의 구성

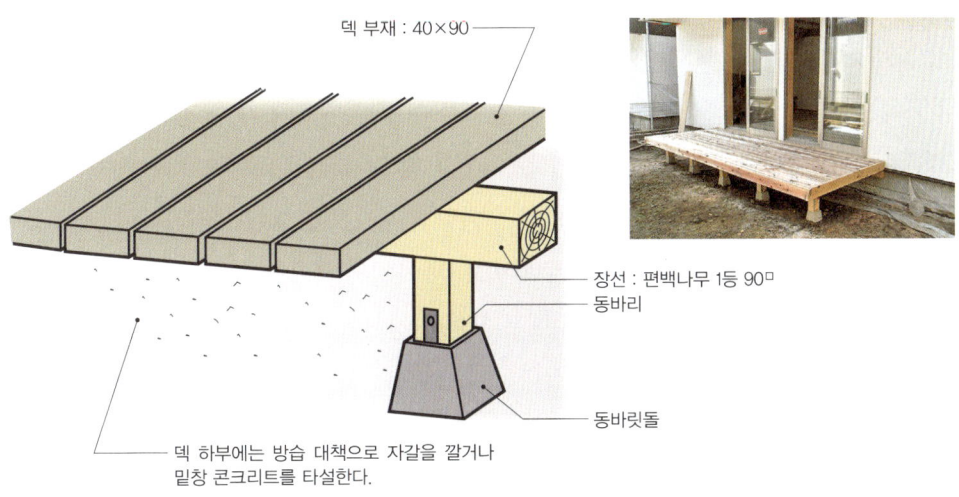

- 덱 부재 : 40×90
- 장선 : 편백나무 1등 90ㅁ
- 동바리
- 동바릿돌
- 덱 하부에는 방습 대책으로 자갈을 깔거나 밑창 콘크리트를 타설한다.

간벌 목재를 사용한 간이 우드덱

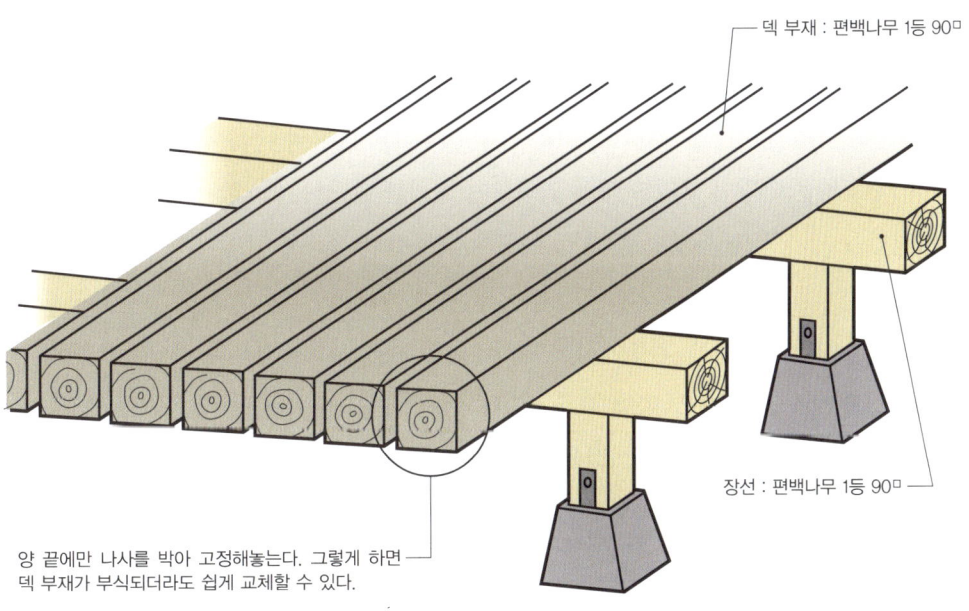

- 덱 부재 : 편백나무 1등 90ㅁ
- 장선 : 편백나무 1등 90ㅁ
- 양 끝에만 나사를 박아 고정해놓는다. 그렇게 하면 덱 부재가 부식되더라도 쉽게 교체할 수 있다.

Point 덱 부재는 내후성과 내수성이 높은 재료를 선택하고, 나중에 교체하기 쉽게 만들어야 한다.

110 방범

남의 눈에 띄지 않는 장소를 만들지 않는다

최근에는 주택의 방범 대책이 중요해져 건축주도 방범 대책에 대한 관심이 높다. 특히 주택지에서는 낮 동안 집에 사람이 없는 경우가 많고, 지나는 사람도 적기 때문에 방범 대책을 충분히 고려해야 한다. 이를테면 우편함의 우편물을 제때 처리하거나 조명 등을 활용해서 빈 집인 사실을 모르게 하는 방법도 한 가지 대책이다.

도로나 주변에서 실내가 보일 경우에는 문이나 창문을 억지로 열고 침입하기 어렵다. 따라서 높은 담장보다는 외부에서 실내의 모습이 보이는 철재 펜스 등을 설치하면 좋다. 야간에 불을 밝혀놓거나 사람이 접근하면 불이 켜지는 인체감지 센서가 달린 조명 등을 설치하면 효과적이다.

개구부의 방범 대책

도둑은 5분 안에 개구부를 못 열면 그 집에 침입하기를 포기한다고 한다. 현관에 두 종류의 열쇠를 달고 방범 성능이 높은 딤플 키(열쇠 표면에 깊이와 크기가 다른 홈이 패어 있다. 자동차 키 등에 많이 쓰이며, 레이저 키라고도 한다-옮긴이) 등을 설치한다. 작은 창문에는 격자를 달고 외부 디자인을 고려해 실내 쪽 창틀에 가로 방향의 바를 부착해도 좋다.

셔터나 덧문도 방범 효과가 있어 건축주가 설치를 요구하기도 한다. 블라인드를 달아서 닫았을 때 통풍을 확보할 수 있는 덧문이나 자잘한 통풍용 구멍이 뚫려 있는 셔터도 있다.

통계 데이터에 따르면 외부에서 침입시 약 70%가 유리를 깨고 들어온다고 한다. 따라서 망을 넣은 유리가 방범에 효과적이라고 여기는 사람이 많은데 이런 문은 화재로 유리가 깨졌을 때 파편이 튀는 것을 방지하기 위해 망이 들어 있을 뿐이며 방범 효과는 기대할 수 없다. 단, 중간 막 역할로 수지필름을 끼워 넣은 합판 유리는 방범 성능이 높다고 할 수 있다.

용어 해설

합판 유리 두 장 이상의 유리를 수지막으로 접착해서 일체화한 유리. 수지막 덕분에 깨져도 유리 파편이 튀지 않는다. 중간 막을 두껍게 하거나 특수 중간 막을 사이에 넣어 방범 성능 및 방음 효과 등을 높일 수 있다.

개구부의 방범 대책

미서기 새시의 예

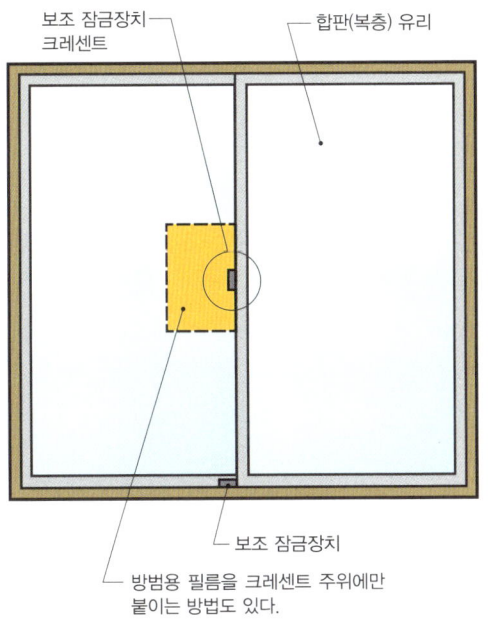

방범 합판 유리

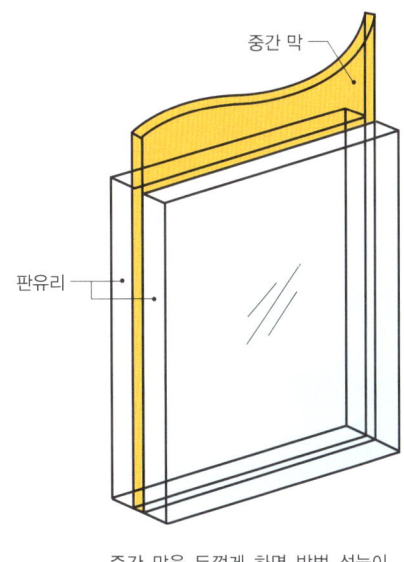

중간 막을 두껍게 하면 방범 성능이 향상된다.

현관문의 예

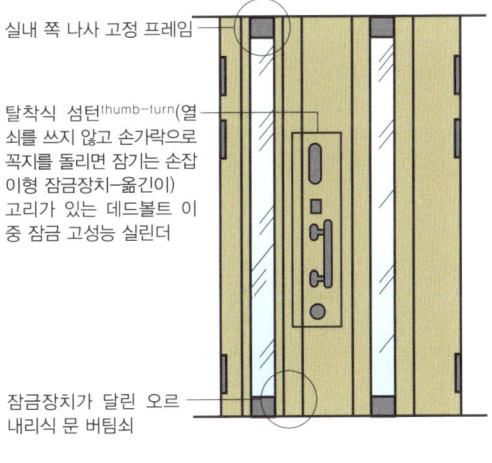

개구부 안쪽에 선반을 만든다

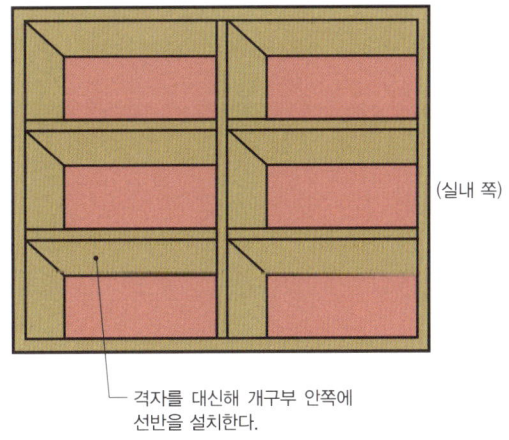

Point 방범 대책의 기본은 남의 눈에 잘 띄지 않는 장소를 만들지 않는 것이다.